市政工程技术与项目管理

靳利安 著

IC 吉林科学技术出版社

图书在版编目（CIP）数据

市政工程技术与项目管理 / 靳利安著． -- 长春：
吉林科学技术出版社，2019.10
ISBN 978-7-5578-6131-5

Ⅰ．①市… Ⅱ．①靳… Ⅲ．①市政工程－工程技术②
市政工程－工程项目管理 Ⅳ．① TU990.05

中国版本图书馆 CIP 数据核字（2019）第 232662 号

市政工程技术与项目管理

著　　者	靳利安	
出 版 人	李　梁	
责任编辑	汪雪君	
封面设计	刘　华	
制　　版	王　朋	
开　　本	185mm×260mm	
字　　数	340 千字	
印　　张	15.25	
版　　次	2019 年 10 月第 1 版	
印　　次	2019 年 10 月第 1 次印刷	
出　　版	吉林科学技术出版社	
发　　行	吉林科学技术出版社	
地　　址	长春市福祉大路 5788 号出版集团 A 座	
邮　　编	130118	
发行部电话／传真	0431—81629529　　81629530　　81629531	
	81629532　　81629533　　81629534	
储运部电话	0431—86059116	
编辑部电话	0431—81629517	
网　　址	www.jlstp.net	
印　　刷	北京宝莲鸿图科技有限公司	
书　　号	ISBN 978-7-5578-6131-5	
定　　价	65.00 元	

前　言

　　市政工程是指市政设施建设工程。市政设施是指在城市区、镇（乡）规划建设范围内设置、基于政府责任和义务为居民提供有偿或无偿公共产品和服务的各种建筑物、构筑物、设备等。市政主要包括：指城市道路、桥梁、给排水、污水处理、城市防洪、园林、道路绿化、路灯、环境卫生等城市公用事业工程。我国市政工程的项目管理已走过了二十几年的历程，形成了具有现代管理意义的项目管理机制，但还存在很多问题和不足，特别是在近几年我国市场经济逐步完善的情况下，更需要不断创新，探索有中国特色的现代建设工程项目施工管理模式，以适应市场经济发展的需要。

　　本书主要从两篇内容进行叙述：上篇主要对道路工程类的施工技术进行阐述；下篇主要对市政工程项目管理进行说明，希望能够有助于相关工作人员的工作进行和开展。

前　言

目 录

上　篇

第一章　道路工程施工技术

在我国，市政设施是指在城市区、镇（乡）规划建设范围内设置、基于政府责任和义务为居民提供有偿或无偿公共产品和服务的各种建筑物、构筑物、设备等。城市生活配套的各种公共基础设施建设都属于市政工程范畴，比如常见的城市道路，桥梁，地铁，比如与生活紧密相关的各种管线：雨水，污水，上水，中水，电力（红线以外部分），电信，热力，燃气等，还有广场，城市绿化等的建设，都属于市政工程范畴。

（一）发展

2010 年，中国城镇人口已达 6.66 亿，占 49.68%；居住在乡村的人口为 6.74 亿，占 50.32%，与 2000 年相比，城镇人口增加 2.07 亿，乡村人口减少 1.33 亿，城镇人口比重上升 13.46 个百分点。而且，从中国的城镇化规模来看，不论是年净增量还是城镇人口总量，都已经长期处于世界第一的位置。中国城镇人口总量为美国人口总数的两倍，比欧盟 27 国人口总规模高出 1/4。

在未来的二十年里，世界城市将以史无前例的速度和规模发生扩张。这一系列的城市化将主要发生在崛起中的亚洲地区以及该地区人口最多的中国和印度。从规模、效率以及投入上对两个国家的城市化进程进行对比，中国的城市化进程明显更胜一筹。

"十二五"期间，中国将进入城镇化与城市发展双重转型的新阶段，预计城镇化率年均提高 0.8 ~ 1.0 个百分点，到 2015 年达到 52% 左右，到 2030 年达到 65% 左右。城市经济发展一个具有里程碑意义的变化是城镇化率超过 50%，城镇人口将超过农村人口。这一时间大约在"十二五"中期，届时城镇人口与乡村人口都将是 6.8 亿人。由于城乡人口比例的变化，城市经济在国民经济中的主体地位更为强化。

值得注意的是，国民经济社会发展及城市化正面临严峻的挑战，一方面，城乡和区域差距进一步扩大，大城市，尤其是大城市的中心区极度繁华，大都市边缘城镇及乡村停滞和衰落。另一方面，城市化的过程也造就了交通拥堵、环境污染、贫困失业、住房紧张、健康危害、城市灾害、安全弱化等多种多样的城市病。大都市时代离中国尚有不短的距离。全球化、市场化、工业化、信息化和基础设施的现代化，使得全国的资源、要素、商品和服务越来越便捷地在全国流动。在市政工程建设和公共服务上采取的重视城市、偏好大城市、偏好城市群与中心城市，忽视边缘城市及农村、忽视非城市群的政策和措施，以及缺乏科学、合理和前瞻性的人口及产业的空间活动的规划和政策引导，使得全国的资源要素和人口活动迅速向优势区域及城市聚集，城市基础设施和公共服务难以跟上资源和人口过度集中的步伐，市政工程建设还待进一步规范化、人性化。

（二）概念

市政工程一般是属于国家的基础建设，是指城市建设中的各种公共交通设施、给水、排水、燃气、城市防洪、环境卫生及照明等基础设施建设，是城市生存和发展必不可少的物质基础，是提高人民生活水平和对外开放的基本条件。

20世纪80年代之前，我国常把城市公用设施称之为"市政工程设施"，主要指由政府投资建设的城市道路、供水、排水……改革开放后，有关研究城市问题的专家提出应以城市基础设施取代"市政工程设施"的叫法，并得到社会各界普遍的认可。

从事市政工程所涉及的市政行业类的人才包括：项目总工、项目经理、市政建造师、施工员、预算员、市政工程师，等等。

（三）管理规定

全国市政工程施工工期定额管理规定

省、自治区、直辖市建委（建设厅）、北京、上海、天津市市政工程局，各计划单列市建委：

为便于执行已颁发的《市政工程施工工期定额》，现将《全国市政工程施工工期定额管理规定》印发给你们，请遵照执行。

附：

全国市政工程施工工期定额管理规定

《全国市政工程施工工期定额》（以下简称"工期定额"）第一本为市政工程，包括道路、桥梁、排水管道、泵站和驳岸五类工程；第二本为公用管道工程，包括给水、热力、燃气、电信和电力五类工程；第三本为市政公用厂、站工程，包括给水、污水、燃气和热力四类工程。这三本定额已先后于1989年4月1日、1991年5月1日和1993年6月1日发布试行。为了切实执行工期定额，特作如下规定：

1. 总则

（1）凡城市市政工程、公用管道工程、市政公用厂、站工程均应以工期定额为依据，确定施工工期。

（2）工期定额是加强市政工程建设管理，科学地制定工资和考核工期的依据。签订承发包合同时，应以工期定额的工期为基础确定合同工期，以保证甲乙双方的正当权益，在编审可行性研究报告、设计任务书、初步设计和编制标书，也应以工期定额的工期为依据确定工程总工期。

2. 管理

（1）建设部负责全国工期定额管理工作，各省、自治区、直辖市建委（建设厅）负责本地区工期定额管理工作。

（2）各地建设主管部门所属定额站内应设专门机构具体负责工期定额管理工作。主要职责：

1）根据本地区、本部门情况，编制补充定额工期水平，制定工期定额管理细则，补充部分做出统一解释。

2）要将工期定额及其编制说明等有关文件转发市政公用工程计划、设计、施工、监理、建设银行等单位，必要时可召开交底会或组织业务培训工作。

3）监督、协调工期定额的实施。

3. 实施

（1）在某些市政公用工程建设过程中，由于特殊原因合同工期需要变动时，施工企业要有正式报告，建设单位同意后，方可调整总工期。如有争议，由主管部门裁定。

（2）对于需要压缩工期的工程项目，必须严格审定，在确认有保证质量、安全施工和必要的工程措施费用后，方可签订合同工期，由于不适当地压缩工期，造成质量下降或出现质量与安全事故时，必须追究签约人的责任。

（3）对于两项或两项以上市政公用工程同时交叉施工的工期应以定额为基础，编制综合项目、合理交叉施工进度计划或综合施工网络图，取关键线路工期或工期最长的单项工程工期乘以 1.1 ~ 1.3 的系数。

（4）凡在承包工程施工合同中执行经过审定的工期者，可根据国家有关文件规定，实行工期奖惩办法，奖惩标准以合同工期为准，每提前一天或拖后一天，奖或惩金额均为工程造价的万分之一至二，但奖惩金额不得超过工程总造价，百分之三。

4. 调整补充

为使定额贯彻执行，凡定额中需要各地主管部门进一步具体确定的量或补充项目，均应逐项加以解决。

（1）定额工期是按照一般地区条件编制的，各地区可以根据本地具体条件对定额工期水平作适应调整。对定额范围以外而本地常见项目，应自行编制补充定额。

（2）关于各种管道工程计算工期的限额长度，定额只给出一个范围，各地应根据本地区施工设备能力，技术力量和实际可能，确定具体的限额长度值，作为计算标准。

（3）关于季节补偿工期：定额工期已包含了一般季节影响和常规假日，对于冬、雨季节影响，各地区应根据本地冬、雨季各月份工期损失，确定补偿的日历天数。作为统一的季节补偿工期标准。总工期覆盖哪个月份，即可补偿相应工期天数。

（4）关于地区补偿工期：定额工期是按照一般城区环境测定的。总工程处于闹市区，因干扰因素较多，总工期可适当增加5～25%，若工程处于郊区，因干扰因素较少，总工期可适当减少5%～15%。

（5）对定额项目进行补充调整定额工期水平，应做好调查研究，进行必要的测算和相关项目工期水平对比，经过平衡调整，增补本地区普遍适用的项目，调整不适当的工期水平。

（6）各地建设主管部门，应根据本规定和执行定额的需要，制定具体实施细则并报建设部备案。

第一节　路基施工技术

一、一般路基干湿类型

路基的干湿类型表示路基在最不利季节的干湿状态，分为干燥、中湿、湿润和过湿四类。原有公路路基的干湿类型，可以根据路基的分界相对含水量或分界稠度划分；新建公路路基的干湿类型可以用路基临界高度来判别。

二、特殊路基类型

特殊路基主要有软土地区路基、滑坡地段路基、岩坍与岩堆地段路基、泥石流地区路基、岩溶地区路基、多年冻土地区路基、黄土地区路基、膨胀土地区路基、盐渍土地区路基、沙漠地区路基、雪害地段路基、涎流冰地段路基等。

（1）软土地区路基：以饱水的软弱黏性土沉积为主的地区称为软土地区。软土包括饱水的软弱黏性土和淤泥。在软土地基上修建公路时，容易产生路堤失稳或沉降过大等问题。我国沿海、沿湖、沿河地带都有广泛的软土分布。

（2）滑坡地段路基：滑坡是指在一定的地形地质条件下，由于各种自然的和人为的因素影响，山坡的不稳定土（岩）体在重力作用下，沿着一定的软弱面（带）作整体的、缓慢的、间歇性的滑动变形现象。滑坡有时也具有急剧下滑现象。

（3）膨胀土地区路基：膨胀土系指土中含有较多的黏粒及其他亲水性较强的蒙脱石或伊利石等黏土矿物成分，且有遇水膨胀，失水收缩的特点，是一种特殊膨胀结构的黏质土。多分布于全国各地二级及二级以上的阶地与山前丘陵地区

三、原地基处理原则

（1）原地基处理应按照设计要求精心施工，在确保工程质量的原则下，因地制宜，合理利用当地材料和工业废料。

（2）原地基处理除执行施工技术规范的规定外，还应符合国家及部门的有关标准、规范规定，遵守国家有关法规。

（3）原地基处理应节约用地，保护耕地和农田水利设施，保护生态环境。

四、原地基处理要求

（1）路基用地范围内的树木，灌木丛等均应在施工前砍伐或移植清理，砍伐的树木应移置于路基用地之外，进行妥善处理。

（2）路堤修筑范围内，原地面的坑、洞、墓穴等，应用原地土或砂性土地回填，并按规定进行压实。

（3）原地基为耕地或松土时，应先清除有机土、种植土、草皮等，清除深度应达到设计要求，一般不小于375PX，平整后按规定要求压实。

（4）基层原状土的强度不符合要求时，应及时进行换填，换填深度，应不小于750PX，并予以分层压实到规定要求。

（5）基底应在填筑前进行压实。高速公路、一级公路、二级公路路堤基底的压实度应符合原设计要求，当路堤填土高度小于路床厚度（2000PX）时，基底的压实度不宜小于路床的压实度标准。

（6）当路堤基底横坡陡于1∶5时，基底坡面应挖成台阶，台阶宽度不小于1m，并予以夯实。

路基填料选择：

用于公路路基的填料要求挖取方便，压实容易，强度高，水稳定性好。其中强度要求是按CBR值确定，应通过取土试验确定填料最小强度和最大粒径。

五、土石材料

巨粒土，级配良好的砾石混合料是较好的路基填料。

石质土，如碎（砾）石土，砂土质碎（砾）石及碎（砾）石砂（粉粒或黏粒土），粗粒土中的粗、细砂质粉土，细粒土中的轻、重粉质黏土都具有较高的强度和足够的水稳定性，属于较好的路基填料。

砂土可用作路基填料，但由于没有塑性，受水流冲刷和风蚀时易损坏，在使用时可掺入黏性大的土；轻、重黏土不是理想的路基填料，规范规定液限大于50、塑性指数大于26的土，以及含水量超过规定的土，不得直接作为路堤填料，需要应用时，必须采取满足设计要求的技术措施（例如含水量过大时加以晾晒），经检查合格后方可使用；粉性土必须掺入较好的土体后才能用作路基填料，且在高等级公路中，只能用于路堤下层（距路槽度 0.8m 以下）。

黄土、盐渍土、膨胀土等特殊土体不得以必须用作路基填料时，应严格按其特殊的施工要求进行施工。淤泥、沼泽土、冻土、有机土、含草物皮土、生活垃圾、树根和含有腐朽质的土不得用作路基填料。

六、工业废渣

满足要求（最小强度 CBR、最大粒径、有害物质含量等）或经过处理之后满足要求的煤渣、高炉矿渣、钢渣、电石渣等工业废渣可以用作路基填料，但在使用过程中应注意避免造成环境污染。

七、土方路堤施工技术

1. 土方路堤填筑施工工艺流程

2. 土方路堤操作程序

取土——运输——推土机初平——平地机整平——压路机碾压。

3. 土方路堤填筑作业常用推土机、铲运机、平地机、挖掘机、装载机等机械按以下几种方法作业

1）水平分层填筑法：填筑时按照横断面全宽分成水平层次，逐层向上填筑。是路基填筑的常用方法。

2）纵向分层填筑法：以路线纵坡方向分层，逐层向上填筑。常用于地面纵坡大于12%，用推土机从路堑取料填筑，且距离较短的路堤。缺点是不易碾压密实。

3）横向填筑法：从路基一端或两端按横断面全高逐步推进填筑。填土过厚，不易压实。仅用于无法自下而上填筑的深谷、陡坡、断岩、泥沼等机械无法进场的路堤。

4）联合填筑法：路堤下层用横向填筑而上层用水平分层填筑。适用于因地形限制或填筑堤身较高，不宜采用水平分层法或横向填筑法自始至终进行填筑的情况。单机或多机作业均可，一般沿线路分段进行，每段距离以 20 ~ 40m 为宜，多在地势平坦，或两侧有可利用的山地土场的场合采用。

4. 施工一般技术要领

1）必须根据设计断面，分层填筑、分层压实。

2）路堤填土宽度每侧应宽于填层设计宽度，压实宽度不得小于设计宽度，最后削坡。

3）填筑路堤宜采用水平分层填筑法施工。如原地面不平，应由最低处分层填起，每填一层，经过压实符合规定要求之后，再填写上一层。

4）原地面纵坡大于 12% 的地段，可采用纵向分层法施工，沿纵坡分层，逐层填压

密实度。

5）山坡路堤，地面横坡不陡于 1 ∶ 5 且基底符合规定要求时，路堤可直接修筑在天然的土基上。地面横坡于 1 ∶ 5 时，原地面应挖成台阶（台阶宽度不小于 1m），并用小型夯实机加以夯实。填筑应由最低一层台阶填起，并分层夯实，然后逐台向上填筑，分层夯实，所有台阶填完之后，即可按一般填土进行。

6）高速公路和一级公路，横坡陡峻地段的半填半挖路基，必须在山坡上从填方坡脚向上挖成向内倾斜的台阶，台阶宽度不应小于 1m。

7）不同土质混合填筑路堤时，以透水性较小的土填筑于路堤下层时，应做成 4% 的双向横坡；如用于填筑上层时，除干旱地区外，不应覆盖在由透水性较好的土所填筑的路堤边坡上。

8）不同性质的土应分别填筑，不得混填。每种填料层累计总厚度不宜小于 0.5m。

9）凡不因潮湿或冻融影响而变更其体积的优良土应填在上层，强度较小的土应填在下层。

10）河滩路堤填土，应连同护道在内，一并分层填筑。可能受水浸淹部分的填料，应选用水稳性好的土料。

八、填石路基施工技术

1. 填料要求

石料强度（饱水试件极限抗压强度）要求不小于 15MPA，风化程度应符合规定，最大粒径不宜大于层厚的 2/3，在高速公路及一级公路填石路堤路床顶面以下 1250PX 范围内，填料粒径不得大于 250PX，其他等级公路填石路堤路床顶面以下 750PX 范围内，填料粒径不得大于 375PX。

2. 填筑方法

竖向填筑法、分层压实法、冲击压实法和强力夯实法。

1）竖向填筑法（倾填法）。主要用于二级及二级以下且铺设低级路面的公路在陡峻山坡施工特别困难或大量爆破以挖作填路段，以及无法自下而上分层填筑的陡坡、断岩、泥沼地区和水中作业的填石路堤。该方法施工路基压实、稳定问题较多。

2）分层压实法（碾压法）。普遍采用并能保证填石路堤质量的方法。该方法自下而上水平分层，逐层填筑，逐层压实。高速公路、一级公路和铺设高级路面的其他等级公路的填石路堤采用此方法。填石路堤将填方路段划分为四级施工台阶、四个作业区段、八道工艺流程进行分层施工。四级施工台阶是：在路基面以下 0.5m 为第 1 级台阶，0.5～1.5m 为第 2 级台阶，1.5～3.0m 为第 3 级台阶，3.0m 以上为第 4 级台阶。四个作业区段是：填石区段、平整区段、碾压区段、检验区段。施工中填方和挖方作业面形成台阶状，台阶间距视具体情况和适应机械化作业而定，一般长为 100m 左右。填石作业自最低处开始，逐层水平填筑，每一分层先是机械摊铺主骨料，平整作业铺撒嵌缝料，将填石空隙以小石或石屑填满铺平，采用重型号振动压路机碾压，压至填筑层顶面石块稳定。

石方填筑路堤 8 道工艺流程是：施工准备、填料装运、分层填筑、摊铺平整、振动碾压、检测签认、路基成型、路基整修。

3）冲击压实法。利用冲击压实机的冲击碾周期性大振幅低频率地对路基料进行冲击，压密填方；强力夯实法用起重机吊起夯锤从高处自由落下，利用强大的动力冲击，迫使岩土颗粒位移，提高填筑层的密实度和地基强度。

强力夯实法简要施工程序：填石分层强夯施工，要求分层填筑与强夯交叉进行，各分层厚度的松铺系数，第一层可取 1.2，以后各层根据第一层的实际情况调整。每一分层连续挤密式夯击。夯后形成夯坑，夯坑以同类型石质填料填补。由于分层厚度为 4 ~ 5m，填筑作业采用堆填法施工，装运用大型装载机和自卸汽车配合作业，铺筑时用大型履带式推土机摊铺和平整，夯坑回填也用推土机完成，每层主夯和面层的主夯与满夯由起重机和夯锤实施，路基面需要用振动压路机进行最后的压实平整作业。

强夯法与碾压法相比，只是夯实与压实的工艺不同，而填料粒径控制、铺填厚度控制都要进行，强夯法控制夯击次数，碾压法控制压实遍数，机械装运摊铺平整作业完全一样，强夯法需要进行夯坑回填。

九、土石路堤施工技术

1. 填料要求

石料强度大于 20MPA 时，石块的最大粒径不得超过压实层厚的 2/3；当石料强度小于 15MPA 时，石料最大粒径不得超过压实层厚，超过的应打碎。

2. 填筑方法

土石路堤不得采用倾填方法，只能采用分层填筑，分层压实。当土石混合料中石料含量超过 70% 时，宜采用人工铺填；当土石混合料中石料含有量小于 70% 时，可用推土机铺填，最大层厚 1000px。

十、高填方路堤施工技术

水田或常年积水地带，用细粒土填筑路堤高度在 6m 以上，其他地带填土或填石路堤高度在 20m 以上时，称为高填方路堤。高填方路堤应采用分层填筑、分层压实的方法施工，每层填筑厚度根据所采用的填料决定。

十一、粉煤灰路堤施工技术

粉煤灰路堤可用于高速公路。凡是电厂排放的硅铝型低铝粉煤灰都可作为路堤填料。由于是轻质材料，粉煤灰的使用可减轻土体结构自重，减少软土路堤沉降，提高土体抗剪强度。

粉煤灰路堤一般由路堤主体部分、护坡和封顶层，以及隔离层、排水系统等组成，其施工步骤主要有基底处理、粉煤灰储运、摊铺、洒水、碾压、养护与封层。

十二、泡沫轻质土路堤填筑施工技术

泡沫轻质土用于路桥过渡段填筑，属于轻路堤法，其控制工后沉降的原理在于降低附加应力，当用于旧路改造项目时，如填筑厚度适当向原地面以下延伸，可使软土层的附加应力小于有效应力，软土层处于超固结状态，从而确保工后沉降为0。

十三、结构物处的回填施工技术

1. 一般规定

1）填土长度：一般在顶部为距翼墙尾端不小于台高加 2m，底部距基础内缘不小于 2m；拱桥台背不少于台高的 3 ~ 4 倍；涵洞两侧填土老式度不少于孔径的 2 倍及高出涵管顶 1.5m；挡土墙墙背回填部分顶部不少于墙高加 2m，底部距基础内缘不小于 2m。

2）桥涵等构造物处填土前，应完成台前防护工程及桥梁上部结构。

3）结构物处的回填，一般要到基础混凝土或砌体的水泥砂浆强度达到设计强度的 70% 以上时才能填筑。

4）填筑时，与路基衔接处填方区内的坡形地面做成台阶或锯齿型。

5）桥台台背填土应与锥坡同时进行。

2. 填料要求

结构物处的回填材料应满足一般路堤填料的要求，优先选用挖取方便，压实容易、强度高的透水性材料，如石质土、砂土、砂性土。禁止使用捣碎后的植物土、白亚土、硅藻土、腐烂的泥炭土。黏性土不可用于高级公路，在掺入小剂量石灰等稳定剂进行处理后可用于低等级公路结构物处的回填。

第二节　道路基层施工技术

一、填隙碎石的施工

（一）填隙碎石

用单一尺寸的粗碎石做主集料，形成嵌锁作用，用石屑填满石间的孔隙，增加密实度和稳定性，这种结构称填隙碎石。填隙碎石可适用于各等级公路的底基层和二级以下公路的基层。

1. 材料要求

填隙碎石用作基层时，碎石的最大粒径不应超过 53cm；用作底基层时，碎石的最大粒径不应超过 63cm。粗碎石可以用具有一定强度的各种岩石或漂石轧制，也可以用稳定的矿渣轧制。材料中的扁平、细长和软弱颗粒不应超过 15%。

2. 施工程序

（1）准备下承层

不论填隙碎石结构层下面是底基层、垫层或土基，都要求严整坚实，无松散或软弱地点，平整度、压实度、路拱横坡度、控制标高都要符合规范规定的要求。

（2）施工放样

在下承层上恢复中线。直线段每 15 ~ 20m 设一桩，平曲线段每 10 ~ 15m 设一桩，并在两侧路肩外设指示桩。同时要进行水平测量。在两侧指示桩上标出基层边缘的设计标高。

（3）备料

根据结构层的宽度、厚度及松铺系数（1.20 ~ 1.30）计算粗碎石的用量，填隙料的用量约为粗碎石重量的 30% ~ 40%。

（4）运输与摊铺粗碎石

将料用车辆运到下承层上（注意堆放距离），然后用平地机或其他适合的机具将粗碎石均匀地摊铺在预定的宽度上，并检验松铺厚度。

（5）撒铺填隙料和碾压

1）干法施工（干压碎石）。

①初压。用 8t 两轮压路机碾压 3 ~ 4 遍，使粗碎石稳定就位。在直线段上，碾压从两侧路肩开始，逐渐错轮向路中心进行．在有超高路段上，碾压以内侧路肩逐渐错轮向外侧路肩进行。错轮时，每次重叠 1/3 轮宽。在第一遍碾压后，应再次找平。初压终了时，表面应平整，并具有要求的路拱和纵坡。

②撒铺填隙料。用石屑撒布机或类似的设备将干填隙料均匀地撒铺在已压稳的粗碎石层上，松厚约 2.5 ~ 3.0cm

③碾压。用振动压路机慢速碾压。将全部填隙料振入粗碎石间的孔隙中。如没有振动压路机，可用重型振动板。

④再次撒布填隙料。用石屑撒布机或类似的设备将干填隙料再次撒铺在粗碎石层上，松厚约 2.0 ~ 2.5m。用人工或机械扫匀。

⑤再次碾压。用振动压路机碾压，碾压过程中，对局部填隙料不足之处，人工进行找补，将局部多余的填料扫除，使填隙料不应在粗碎石表面局部地自成一层。表层必须能见粗碎石。

⑥设计厚度超过一层铺筑厚度，需在其上再铺一层时，应扫除一部分填隙料，然后在其上摊铺第二层粗碎石及填隙料。

⑦填隙碎石表面孔除全部填满后，用 12～15t 三轮压路机再碾压 1～2 遍。在碾压过程中，不应有任何蠕动现象。

2）湿法施工（水结碎石）。

①开始的工序与干法施工相同。

②粗碎石层表面孔隙全部填满后，立即用洒水车洒水，直到饱和为止。

③用 12～15t 三轮压路机跟在洒水车后面进行碾压。在碾压过程中，将湿填隙料继续扫入所出现的孔隙中。洒水和碾压应一直进行到细集料和水形成粉浆为止。

④干燥碾压完成的路段要留待一段时间，让水分蒸发。结构层变干后，表面多余的细料，应扫除干净。

填隙碎石施工完毕后，表面粗碎石间的孔隙既要填满、填隙料又不能覆盖粗集料而自成一层，表面应看得见粗碎石。碾压后基层的固体体积率应不小于 85%，底基层的固体体积率应不小于 83%。填隙碎石基层未洒透层沥青或未铺封层时，禁止开放交通。

（二）泥结碎石

采用单一尺寸的碎石和一定比例的塑性指数较高的黏性土，经过碾压密实后形成的结构层。泥结碎石结构由于施工简便和造价较低，仍在我国现有低等级公路中占有相当大的比重。

1. 材料要求

（1）石料。可采用轧制碎石或天然碎石。轧制碎石的材料可以是各种类型的较坚硬的岩石、圆石或矿渣。碎石的扁平细长颗粒不宜超过 20% 并不得有其他杂物。碎石形状应尽量采用接近立方体，并具有棱角的为宜。

（2）黏土。泥结碎石路面中的黏土主要起黏结和填充空隙的作用。塑性指数较高的土，黏结力强而渗透性弱。其缺点是胀缩性大。反之，塑性指数低的土，则黏结力弱而渗透性强，水分容易渗入。因此，对土的塑性指数一般在 18～27 之间为宜。黏土内不得含腐殖质或其他杂质，黏土用量不宜超过石料干重的 20%。

2. 施工方法与程序

泥结碎石路面的施工方法，常用灌浆法和拌和法两种，其中灌浆法修筑的效果较好。灌浆法施工，一般可按下列工序进行。

（1）准备工作。包括放样、布置料堆，整理路槽和拌制泥浆。泥浆按水土体积比 0.8～1∶1 进行拌制，过稀或不均匀，都将直接影响到结构层的强度和稳定性。

（2）摊铺石料。将事先准备好的石料按松铺厚度一次铺足。松铺系数为 1.2～1.3 左右。

（3）初步碾压。初碾的目的是使碎石颗粒经初碾压紧，但仍保留有一定数量的空隙，以便泥浆能灌进去。因此以选用三轮压路机或振动压路机碾压为宜。碾压至碎石无松动情况为佳。

（4）灌浆。在初压稳定的碎石层上，灌注预先调制好的泥浆。泥浆要浇得均匀，数量要足够灌满碎石间的孔隙。泥浆的表面与碎石齐平，但碎石的棱角仍应露出泥浆之上，必要时，可用竹扫帚将泥浆扫匀。灌浆时务使泥浆灌到碎石层的底部，灌浆后 1 ~ 2h，当泥浆下注，孔隙中空气滋出后，在未干的碎石层表面撒嵌缝料。以填塞碎石表面的空隙，嵌缝料要撒得均匀。

（5）碾压。灌浆后，待表面已干而内部泥浆尚处于半湿状态时，再用三轮压路机或振动压路机继续碾压，并随时注意将嵌缝料扫匀，直至碾压到无明显轨迹及在碾轮下材料完全稳定为止。在碾压过程中，每碾压 1 ~ 2 遍后，即撒铺薄层石屑并扫匀，再进行碾压，以便碎石缝隙内的泥浆流到表面与所撒石屑黏结成整体。

拌和法施工与灌浆法施工不同之处，是土不必制成泥浆，而是将土直接铺撒在摊铺平整的碎石层上，用平地机、多桦犁或多齿耙均匀拌和，然后用三轮压路机或振动压路机进行碾压，碾压方法同灌浆法。在碾压过程中，需要时应补充洒水，碾压 4 ~ 6 遍后，撒铺嵌缝料，然后继续碾压。直至无明显轨迹及在碾轮下材料完全稳定为止。泥灰结碎石路面结构层施工程序与泥结碎石相同。

二、级配类路面结构层的施工

（一）施工程序与方法

级配砾（碎）石路面结构层一般采用拌和法施工。

（1）准备工作。包括整修路槽和清底放样。下承层（土基或垫层）的压实度、标高、路拱横坡、平整度、弯沉值等指标均应满足规范规定值。

（2）备料。按一定路段长度（20 ~ 50m）所需的石、砂及黏土数量进行备料。石料可直接卸在路槽内，砂及黏土堆在路肩上。堆料时，应考虑便于后续工序如拌和及运料等工作。

（3）铺料。石料是级配砾（碎）石结构的主要材料，为了保证混合料拌和均匀，宜先摊铺大石料，然后摊铺小石料，最后细料（砂或石屑）。

（4）拌和与整型。混合料拌和均匀是修好级配路面的重要一环。拌和可采用平地机或拖拉机牵引多桦犁进行。犁拌和作业长度，根据压路机的工作能力和气温高低，每段宜为 300 ~ 500m。用平地机拌和时，每个作业段长度宜为 300 ~ 500m。拌和时边拌边洒水，使混合料的湿度均匀，避免大小颗粒分离。混合料拌和均匀后，即可将混合料整平并整理成规定的路拱横坡度。

（5）碾压。混合料整型后，应在接近最佳含水量情况下立即碾压，以免水分蒸发，可采用 12t 以上三轮压路机、振动压路机或轮胎压路机进行碾压。碾压时，后轮应重叠 1/2 轮宽，并必须超过两段的接缝处。后轮压过路面全宽时，即为 1 遍，碾压一直进行到要求的密实度为止。在碾压过程中要经常检查含水量与压实度。

（6）铺封层。碾压结束后。路表常会呈现骨料外露而周围缺少细料的麻面现象，在干燥地区作面层时，路表容易出现松散。为了防止产生这种缺陷应加铺封面，其方法是在面层上浇洒黏土浆一层，用扫帚扫匀后，随即孤盖粗砂或石屑。用轻型压路机碾压 3～4 遍，即可开放交通。近年来，为了改善级配砾（碎）石结构的水稳性，也为了适应高等级公路基层的要求，出现了只采用碎石和石屑两种规格的材料按一定比例混合而成的级配碎石基层。它的施工方法是将各种材料按其粒径由大到小分三层摊铺，其配合比按摊铺虚厚控制。石屑摊铺完后，用洒水车均匀洒水，洒水量按比最佳含水量约大 1% 进行控制，然后用拌和机拌和。拌和后，用平地机整型，用压路机碾压。

级配碎石结构层施工时要注意：集料级配要满足要求，配料必须准确，特别是细料的塑性指数必须符合规定。掌握好虚铺厚度，路拱横坡符合规定。拌和均匀，避免粗细顺粒离析。当采用 12t 以上三轮压路机时，每层压实厚度以不超过 15～18cm 为宜，当采用重型振动压路机或轮胎压路机时，每层压实厚度可为 20～23cm。

三、半刚性路面基层的机械化施工

施工机械化在我国高等级公路特别是高速公路施工中已变为现实，公路施工正在由劳动力密集型产业向技术密集型产业过渡，这是我国公路建设事业发展的一个重要里程碑。

（一）半刚性路面垂层、底基层的施工工艺

在公路建设中，半刚性基层、底基层稳定土混合料的施工广泛采用两种方法，即路拌法和厂拌法，选用哪种方法，应根据公路设计施工技术规范要求及施工单位所拥有的机械设备来决定。例如一级公路和高速公路，规范规定：除直接铺筑在土基上的底基层下层可用稳定土拌和机进行路拌施工外，其上各层必须采用集中厂拌法拌和、摊铺机摊铺作业，更不允许用人工拌和施工。

下面以厂拌法为例，阐述半刚性路面基层的施工及其施工工艺。

1. 施工工艺流程

半刚性路面基层施工的工艺流程可简述为：1）准备下承层→2）施工放样今→3）厂拌稳定土混合料→4）运输到施工现场→5）摊铺→6）碾压→7）接缝和"调头"处理→8）养生。

2. 主要施工机械及对机械的技术要求

按上述施工工艺流程，所用主要施工机械有：装载机或皮带集料输送机、稳定混合料拌和机、自卸汽车、摊铺机或平地机、振动压路机及轮胎压路机、洒水车。

（1）稳定混合料拌和机

在集中厂拌法施工中，稳定土混合料拌和机是关键设备之一。国内施工应用的稳定混合料拌和机有两种形式：强制连续式稳定混合料拌和机和自由跌落式稳定土拌和机，高等级公路路面基层施工必须使用强制连续式拌和机。

（2）摊铺机

在修建高等级公路的路基时，应使用专用的稳定混合料摊铺机进行摊铺，也可以使用沥青混凝土摊铺机进行摊铺。但某些进口的沥青摊铺机由于综合性能及设计方面的原因，在摊铺稳定混合料时易造成材料离析；在宽幅度摊铺时熨平板两端部摊铺材料的均匀密实度较差，影响整体平整度。

（3）自动平地机

优良的平地机同样可以进行混合料的摊铺，但要达到设计高程则需进行多次的刮平、修正，且使用平地机容易造成粗细集料离析，甚至把粗集料刮推至路面边缘而造成流失。因此，和摊铺机相比，在保证铺层厚度、设计高程、节约混合料和时间方面，平地机都处于劣势。目前，我国使用的一些进口平地机具有动力换挡装置，速度快，操作灵活简便，使操作者能集中精力于平整作业，因而较有利于保证工程的施工质量。

（4）压实设备

压实机械是道路工程的重要施工设备。选用性能优良的振动压路机、普通压路机和轮胎压路机对保证工程质量是极为重要的。如何根据工程需要选择压路机，应从分析压路机的性能参数方面着手。

1）机重和静压力。

2）压实速度。

3）振幅和频率。

4）振动轮的宽度与直径。

5）振动轮的数量。

6）振动质量。

7）振动轮的驱动方式—主动或被动。

8）振动换向同步装置。

9）机架和振动轮的重力比。

（二）机械组合与配表

用稳定混合料修建道路的底基层与基层，必须采取科学的组织与管理，针对不同的稳定混合料，按照施工工艺及规范要求，制定出相应的组织管理措施，尤其是搞好施工机械能力的配套协调，这是保证工程质量的重要手段。施工组织方案应建立在流水作业的基础上，各工序要紧密衔接，特别要尽量缩短从拌和、摊铺到碾压成型所用的时间。对于某些稳定混合料，从拌和到碾压完毕规定有一定时间的限制，其目的是保证稳定混合料有一个良好的初凝期。

建设高等级公路，要求使用技术先进的施工机械，尤其是先进的路面机械，并实现施工作业的高度机械化，其目的在于：①完全达到高等级公路设计和施工规范的要求；②保证和提高工程质量；③提高施工速度缩短工期；④节约原材料。

1. 稳定混合料机械化施工的组合方式

在高等级公路施工中广泛采用下列两种机械组合方式：

（1）A 型机械组合：拌和设备 + 自卸汽车 + 推土机 + 平地机 + 压路机；

（2）B 型机械组合：拌和设备 + 自卸汽车 + 摊铺机 + 压路机。

2. 两种路面机械化施工组合方式评价

3. B 型机械组合的优势

（1）用摊铺机一次摊铺成型，能按规范要求保证各结构层的厚度和标高；

（2）保持混合料级配均匀，无离析现象，铺层厚度均匀、平整；

（3）能保证在限定的时间内完成从加水拌和至碾压成型的全部工艺程序；

（4）能保持最佳含水量，这是保证工程质量及碾压密实度的最重要条件；

（5）节约材料，防止混合料流失；

（6）摊铺作业速度较快，摊铺碾压衔接较紧，雨季也能很好地施工；

（7）表面看成本高，机械磨损严重，但如将节约的混合料和因速度快而完成的工作量等考虑在内，进行综合比较后就会发现，使用摊铺机的 B 型机械组合的经济效益是高的。

4. A 型组合的缺陷

（1）工序较复杂，推土机、平地机需往返多次进行推刮和平整作业，易造成表面层顺粒料被刮起或造成混合料离析，在一定程度上影响稳定混合料的级配。

（2）用推土机、平地机进行摊铺，作业时间长，如果摊铺的是水泥稳定混合料，可能会对水泥的初凝期有影响。

（3）多次推刮作业，难以保持混合料的最佳含水量，从而影响压实度指标；

（4）铺层厚度和均匀性难以保证，设计标高也难于控制；

（5）整平、修刮作业中，大粒料多被刀片刮起并基于接缝处或是丢弃都将造成混合料损失。

当然，使用技术先进、性能优良的平地机，当机手技术熟练时，可在一定程度上弥补这种组合的缺陷。

通过上述比较分析可以看出，用稳定混合料修建高等级公路的基层和底基层应采用摊铺机进行摊铺作业，而一般公路则可采用平地机进行摊铺。

（三）机械化施工应注意的几个问题

1.机械设备生产能力协调配套问题

这里包括两个方面的含意：其一为机械本身生产能力的配套，以形成真正的机械化施工工艺流程，充分发挥各种机械的效能；其二为施工组织调度，配套组织合理、科学，工序间衔接有序，以充分体现机械运行间的协调性。例如稳定材料拌和设备与摊铺能力的协调配套问题，一般摊铺机的摊铺能力都大，因此保证供料以使摊铺机连续作业就成为首要因素。

2.控制和保持最佳含水量问题

在稳定混合料中，无论是水泥土，还是石灰土或二灰土等，都要求在规定时间内完成整个作业过程，其主要原因是为了保证这些材料的初凝期，而水分又是其重要条件。要实现此目的，其一是拌和设备能按规范要求加入定量的拌和用水，并保持混合料与水的均匀混合，使各种材料颗粒间含有合适的水分；其二是减少运输过程中水分的丢失，尤其是气候炎热时应采取防止水分丢失的措施，如缩短运输周期、覆盖防晒苫布，或采取增加 1% ~ 2% 含水量的预防措施；其三是尽快摊铺、尽快碾压，减少水分丢失，一旦水分丢失要适量洒水，这也是保证混合料质量的重要因素之一。

3.摊铺机的作业速度问题

摊铺机摊铺作业的关键是保持其连续不间断的作业。为此，进行摊铺作业前应有足够的混合料运到施工现场，一旦开始摊铺，就要求连续不断地进行。如果出现其他原因影响供料，造成供料不足，现场指挥调度人员应及时了解原因并采取果断措施，适当调整作业速度，以维持不间断的作业。若因供料停机时间长，则应按摊铺作业结束来处理工作面。

4.压实作业中的问题

压实是保证工程质量的重要手段之一。选用配套压路机应考虑下列因素：

（1）工作量。指每小时需要碾压的材料总吨位量，压路机的工作量取决于摊铺机的摊铺能力。

（2）铺层厚度和振幅振频的选用。根据各种混合料的铺层厚度选择压路机的质量等级，以及振动压路机的振幅和振频。例如铺层厚度在 10m 以上时，建议采用振幅 1.0m 以下、质量在 10t 左右的中型振动压路机；铺层厚度在 20cm 时，建议采用振幅 1.0mm 以下、质量 20t 左右的大型压路机，否则难以达到较好的压实效果。

（3）公路等级。修建高等级公路和二级以下的公路所选用的压路机，因密实度要求不同而应有所区别。

（4）材料种类。碾压稳定混合料与碾压沥青混合料选用压实机械是有区别的。对沥青混合料就不宜采用轮胎驱动的压路机，而应该选用钢轮驱动的压路机。轮胎式压路机，由于它的特殊胎面和前后轮胎数量布置不同而常常被用作后处理终压机械。

（5）施工现场条件对工作量不大的狭窄地区作业，要选用机动性好的压路机。

（6）防止混合料被推移的问题。与沥青混合料相比，稳定混合材料是比较松散的，即使在最佳含水量的情况下，材料颗粒间缺少黏结力，若用轮胎驱动的振动压路机进行碾压，因振动轮是被动的，在轮胎的推动下铺层混合料易产生被推移的问题，这一点往往不被重视或被疏忽而严重影响镜层的密实度。如果含水量不当或受气温的影响，有时铺层表面会发生始终无法压实的情况而呈松散状，碾压的次数越多效果越糟，在这种情况下最好是洒水后压一下，再继续铺下一层，效果会好一些。无论是稳定混合料或沥青混合料，在压实过程中都会出现材料被推移的问题，所以驱动轮的位置是很重要的，最佳方案是选用全轮驱动的钢轮压路机。

四、石灰、粉煤灰稳定土基层施工

石灰、粉煤灰稳定土具有良好的力学性能，初期强度和稳定性较低，后期强度和稳定性较高。实践证明，强度形成较好的石灰稳定土具有较高的抗压强度（最高能达到4～5MPa）和一定的抗拉强度，且成本低，板体性好，具有很大的刚度和荷载分布能力。因此，它是一种较好的路面基层（非高等级公路）和底基层材料。

（一）操作要点

1. 施工前准备工作

（1）原材料的控制

1）石灰。石灰质量应符合Ⅱ级或Ⅱ级以上石灰的各项技术指标要求，石灰应分批进场，做到既不影响施工进度，又不过多存放，应尽量缩短堆放时间，如存放时间稍长应予覆盖，并采取封存措施，妥善保管。

石灰用插管式消解，通过流量控制消解石灰的用水量，既要保证石灰充分消解，水又不宜过多。消解好的石灰存放时间应为7～10天。消石灰采用机械过筛法，通过1cm的筛孔。消石灰布撒前应满足不低于Ⅱ级消石灰的要求。

2）粉煤灰。粉煤灰中 SiO_2、Al_2O_3 和 Fe_2O_3 总含量应大于70%，烧失量不应超过20%，比表面积宜大于 $2500cm^2/g$（或90%通 0.3mm 筛孔，70%通过 0.075mm 筛孔）。对于湿粉煤灰其含水量应 ≤ 35%，含水量过大时，粉煤灰易凝聚成团，造成拌和困难。如进场含水量偏大，可采用打堆、翻晒等措施，降低含水量。

3）土。宜采用塑料指数 12～20 的黏土（亚黏土），有机质含量＞10%的土不得使用。

4）水。牲畜饮用水的水源。

（2）二灰土各成分计量控制的方法

二灰土各成分计量控制的目的在于确保施工配合比与设计配合比吻合，保证达到规定的压实度和抗压强度。由于三种材料之间比重差异较大（石灰、粉煤灰比重2.1～2.2，素土则为 2.6 左右），比例的变异导致了密度值的变异。若片面的通过增加素土含量，减少粉煤灰的用量，则造成压实的假象。而一定配合比的二灰土的压实密度明显影响混合料的强度和耐久性，增加压实密度会改善强度和稳定性。

（二）施工工艺

1. 准备下承层

（1）对路基的外形检查。包括路基的高程、中线偏位、宽度、横坡度和平整度。

（2）路基的强度检查。碾压检查：用 12～15T 三轮压路机以低挡速度（1.5～1.7km/h）沿路基表面做全面检查（碾压 3～4 遍），不得有松散或弹簧现象。

弯沉检查。用 BZZ-100 标准车以规定频率检查路基表面回弹弯沉，按测试季节算出保证率 97.7% 下的代表弯沉值，不大于设计算得的允许值；

（3）路基的沉降。路基 95 区施工完成后，沉降速率应连续两个月小于 5mm/ 月，应当表面平整、坚实，有规定的路拱，无任何松散的材料和软弱处，且沉降量应符合要求。

（4）在路基上恢复中线，每 20m 设一桩（做试验段时每 10m 设一桩），并在两侧路肩边缘外设指示桩，横断面半幅设三个高程控制点，逐桩进行水平测量，算出各断面所需摊铺土的厚度，在所钉钢筋桩上标出其相应高度。

（5）根据实测高程、二灰土工作面宽度、厚度及试验最大干密度等计算路段所需二灰土重量，根据配合比及实测含水量算出土、石灰、粉煤灰的重量，根据运料车辆吨位计算每车料的堆放距离，并根据在相同施工条件下素土、石灰、粉煤灰的含水量与松铺厚度的关系来控制现场铺筑厚度。

2. 运输和摊铺土料

（1）路基上用石灰线标出布料网格。

（2）拖运土料，控制每车料的数量相等。

（3）推土机将土堆推开后，用平地机将土均匀地摊铺在预定地路基上，力求表面平整，并有规定的路拱。

（4）摊铺过程中，测量人员跟踪检测松铺，控制误差 ±0.5cm，必要时进行增减料工作。

（5）测定土的含水量。土含水量控制在比二灰土的最佳含水量大 4%～5%。

（6）用平地机对土层进行初步整平，并用人工进行局部找平，后用振动压路机静压一遍，使其表面平整，压实度达 85%。

3. 运输和摊铺粉煤灰

（1）用石灰线标出布料网格；

（2）拖运粉煤灰，控制每车料的数量相等；

（3）推土机将粉煤灰堆推开后，用平地机将粉煤灰均匀地摊铺在预定的路基上，用振动压路机快速静压一遍，并对各处进行松铺厚度量测，开始可采用灌砂法确定出粉煤灰的密度，计算出总重量确定出是否符合要求。

4. 拌和粉煤灰和土的混合料

（1）为了更好地将土颗粒粉碎，使粉煤灰和土拌和均匀，先对土和粉煤灰用路拌机拌和，拌和机要求：功率大于 400kW；拌和深度大于 40cm 或大于二灰土的松铺厚度，拌和过程设专人检查有无夹层。

（2）检测混合料的含水量，含水量过大时应进行翻晒，保证含水量大于最佳含水量 3%～4%。

5. 运输和摊铺石灰

（1）用石灰线标出石灰网格。

（2）布撒消石灰采用是人工摊铺，使石灰量均匀。注意控制各处的松铺厚度基本一致。

6. 路拌混合料

（1）用稳定土拌和机再次拌和混合料，拌和深度达到稳定土层底，拌和中设专人跟踪拌和机，随时检查拌和深度以便及时调整，避免拌和底部出现素土夹层。拌和中略破坏下承层表面 5～10mm 左右，以加强上下层之间的结合，拌和遍数以混合料均匀一致为止；采用挑沟法和 EDTA 滴定法随时检查拌和的均匀性、深度及石灰剂量，不允许出现花白条带和夹层；当土块最大尺寸＞15mm 且含量超过 10% 时，必须整平，稳压，再次拌和。

（2）拌和时随时检查含水量，如含水量过大则多拌和、翻晒两遍。

（3）拌和均匀后平整碾压前，按抽检频率取混合料测定灰剂量和含水量，合格后做规定压实度条件下的无侧限抗压强度试件，移置标养室养生，二灰土试件的标准养护条件是：将制好的试件脱模称量后，应立即放到相对湿度 95% 的密封湿气箱或相对湿度 95% 养护室内养生，养护温度为 25±2℃。养生期的最后一天（第 7 天），应将试件浸泡在水中，水的深度应使水面在试件顶上约 2.5cm。浸水的温度与养护温度相同。在浸泡水之前，应再次称试件的质量，在养生期间试件质量损失应不超过 1g，质量损失超过此规定的试件，应该作废。将已浸水一昼夜的试件从水中取出，用软的旧布吸去试件表面的可见自由水，并称试件的质量，用游标卡尺量试件的高度，然后测定无侧限抗压强度。

7. 整型

先用推土机推平，测量人员迅速恢复高程控制点，钉上竹片桩，桩顶高程即是控制高程。平地机开始整型，必要时，再返回刮一遍。用光轮压路机快速碾压一遍，以发现潜在不平整，对不平整处，将表面 5cm 耙松、补料，进行第一次找平。重复上述步骤，再次整型、碾压、找平，局部可人工找平。（底）基层表面高出设计标高部分应予以刮除并将其扫出路外。每次整平中，都要按规定的坡度和路拱进行，特别注意接缝要适顺平整，测量人员要对每个断面逐个检测，确定断面高程是否准确，对局部低于设计标高之处，不能采用贴补，掌握"宁高勿低""宁刮勿补"的原则，并使纵向线型平滑一致。整型过程中禁止任何车辆通行。

8. 碾压

（1）拌和好的混合料不得超过 24h，要一次性碾压成型。整型后，当混合料大于最佳含水量 1%～3% 时，进行碾压，如表面水分不足，应当适量洒水，严禁洒大水碾压。碾压必须遵循先轻后重、先慢后快、先静后振、先边后中、先下部密实后上部密实的原则，要严格控制各类压路机的碾压速度。

（2）碾压机械要求。18～21 吨的三轮压路机、振动加自重 40T 以上的振动压路机和 20T 以上的轮胎压路机。

（3）碾压速度。施工中严格控制碾压速度，前两遍碾压速度控制在 1.5～1.7km/h，以后可采用 2.0～2.5km/h，碾压速度过快，容易导致路面的不平整（形成小波浪），被压层的平整度变差。三轮压路机应重叠三分之一后轮宽。

（4）压实过程如有"弹簧"、松散，起皮现象应及时翻开重新拌和，及时碾压。

（5）严禁压路机在已成型或正在碾压的路段上"调头"和急刹车，避免基层表面破坏。

（6）两个作业搭接时，前一段碾压时留 5～8m 混合料不碾压，后一段施工时，将前段留下未压部分，一起再进行拌和，碾压；靠近路肩部分多压 2～3 遍。

（7）压实度的检查应用灌砂法从底基层的全厚取样。压实度检测的同时，对二灰土的层厚、拌和均匀性、石灰消解情况等进行检查。

9. 初期养护

二灰土的强度是在一定的条件下逐渐形成的，适当的养生及养护条件将关系到二灰土能否达到其使用性能的问题。具体养生要求：

（1）对成型的二灰土养生期间要控制交通，禁止社会车辆及施工车辆通行。

（2）洒水车车辆要慢行，注意不要粘坏灰土表面。

（3）二灰土在养生期间采用一次性塑料膜覆盖养生，以保证其一定湿度，表面始终处于湿润状态，防止二灰土底基层表面水分的蒸发而开裂，养生一般不少于 7d，气温较高时，则应连续养生。

（4）为防止二灰土干缩产生裂缝，养生工作宜延续到上层施工为止。

10. 施工中标高的控制

（1）对路线水准点进行详细复核，保证测量无误。

（2）恢复中心线，并设标高控制桩，各桩距离以整桩号为宜。

（3）在控制桩上标出二灰土压实后和未压前的标高。

（4）严格控制二灰土的摊铺厚度，整平后及时测量标高是否符合原计算的标高，不符时用平地机进行调整。路拌法施工时分为粗平、中平和细平三阶段，随时碾压，随时整平。

（5）压实后及时测量是否符合设计标高，验证压实系数是否正确，必要时调整压实系数，避免压实后的标高低于设计标高，施工时要把握"宁高勿低，宁刮勿补"的原则，控制施工，禁止贴补，以免产生起皮现象。

第三节　沥青路面施工技术

一、热拌沥青混合料路面施工

（一）沥青混合料分类

通常将未经摊铺、碾压的沥青混凝土或沥青碎石的拌和物称为沥青混合料。根据混合料中骨料的最大粒径值，将热拌沥青混合料分为粗粒式、中粒式、细粒式及砂粒式笋类型。沥青路面的集料最大粒径一般是从上至下逐渐增大，因此，中粒式及细粒式适用于上层，粗粒式只能用于中下层。

根据矿料级配类型的不同，沥青混合料可分为密级配型、开级配和半开级配型。

除上述沥青混凝土混合料外，尚有其他特殊类型的沥青混合料。如用沥青、矿粉及纤维稳定剂组成的沥青玛蹄脂与具有间断级配的矿质集料混合后即形成沥青玛蹄脂碎石混合料（简称 SMA），具有抗滑、耐磨、抗疲劳、低噪声、抗高温车辙、低温开裂少等优点。

（二）热拌沥青混合料的选用

筋青混凝土是一种优良的路用材料，主要用于高速公路和一级公路的面层。热拌沥青碎石适用于高速公路和一级公路路面的过渡层或整平层以及其他等级公路的面层。选择沥青混合料类型应在综合考虑公路所在地区的自然条件、公路等级、沥青层位、路面性能要求、施工条件及工程投资等因素的基础上。

（三）混合料配合比设计

铺筑高质量的沥青路面，除使用质量符合要求的沥青和矿料外，必须进行混合料配合比设计，确定沥青混合料的最佳组成。通常按实验室目标配合比设计、生产配合比设计及生产配合比验证三个阶段进行，设计结果作为控制沥青路面施工质量的依据。

1. 实验室目标取合比设计

实验室目标配合比设计阶段的任务是确定矿料的最大粒径，级配类型及最佳沥青用量。

1）确定矿料最大粒径

矿料最大粒径（D）对沥青混合料的路用性能影响很大。通常取结构层厚度（h）与矿料最大粒径（D）的比值 $h/D \geqslant 2$，此时沥青混合料的施工和易性、压实性较好，易于达到规定的密实度和平整度，从而保证沥青混合料的路用性能符合要求。

2）确定矿料级配

根据所在层位、气候环境、材料来源、施工条件等确定沥青混合料类型后，在保证混合料密实度和稳定性的前提下，根据级配理论和实际需要确定矿料的级配范围。确定矿料级配曲线时，可采用表中规定级配范围的中值。对于交通量大、轴载重及抗车辙性能要求高的公路，可取表中所列级配范围的中下限（矿料偏粗）；对于交通量小、轴载轻的公路或人行道，可取级配范围的中上限（矿料偏细）。矿料配合可采用试算法、图解法、正规方程法等方法确定。

3）确定最佳沥青用量

沥青混合料的最佳沥青用量通过马歇尔试验确定。矿料最大粒径及级配确定后，沥青用量范围及以往工程经验，初步估计恰当的沥青用量，并以该估计值为中值，以 0.5% 为步长上下变化沥青用量，取 5 个不同的沥青用量制备马歇尔试验的试件。按规定的试验温度和试验方法进行马歇尔试验，测定混合料的稳定度、流值、密度，并计算压实后混合料的剩余空间率、饱和度及矿料间隙率。马歇尔试验的各项指标所列技术标准要求。在沥青用量与密度、稳定度、流值、剩余空隙率及饱和度的关系曲线图中求取相应的马歇尔试验各项指标。

2. 生产配合比设计阶段

用间歇式拌和机拌和沥青混合料时，将两次筛分后进入各热料仓的矿料取样筛分，计算沥青混合料矿料级配及沥青用量范围（方孔筛）矿料的配合比比例，并用目标配合比设计阶段确定的最佳沥青用 ±0.5% 进行马歇尔试验；根据试验结果决定各热料仓的材料比例，并调整最佳沥青用量，供拌和机控制室使用，同时反复调整冷料仓比例以达到供料均衡。用连续式拌和机拌和时，目标配合比设计就是生产配合比设计。

3. 生产配合比验证阶段

生产配合比验证阶段是拌和机按生产配合比及最佳沥青用量 ±0.3% 进行试拌，并铺筑试验路段。通常用拌和机拌和的沥青混合料样品和沥青路面钻芯作马歇尔试验。若各项马歇尔试验指标均符合规范要求，则以此时的沥青混合料配合比为标准配合比，作为控制拌和质量的依据和施工质量检查的标准。

4. 施工

热拌沥青混合料路面采用厂拌法施工，集料和沥青均在拌和机内进行加热与拌和，并在热的状态下摊铺碾压成型。施工按下列顺序进行：

（1）施工前的准备

施工前的准备工作主要包括原材料的质量检查、施工机械的选型和配套、拌和厂选址与备料、下承层准备、试验路铺筑等工作。

1）原材料质量检查

沥青、矿料的质量应符合前述有关的技术要求。

2）施工机械的选型和配套

确定合理的机械类型、数量及组合方式，使沥青路面的施工连续、均衡，质量高，效益好。检修各种施工机械，保证正常运行。

3）拌和厂选址与备料

拌和厂设置应符合环保、消防安全等规定，设置在空旷、干燥、运输条件良好的地方。应配备实验室及足够的试验仪器和设备，并有可靠的电力供应。各种材料分类别、分品种、分标号按规范要求分别堆放，不得混杂。为施工提供充足的料源。

4）试验路铺筑

热拌沥青混合料路面的试验路铺筑分试拌、试铺及总结三个部分：

①通过试拌确定拌和机的上料速度、拌和数量、拌和时间及拌和温度等；验证沥青混合料目标生产配合比，提出生产用的矿料配合比及沥青用量。

②通过试铺确定透层沥青的标号和用量、喷洒方式、喷洒温度，确定热拌沥青混合料的摊铺温度、摊铺速度、摊铺宽度、自动找平方式等操作工艺，确定碾压顺序、碾压温度、碾压速度及遍数等压实工艺，确定松铺系数和接缝处理方法等；建立用钻孔法及核子密度仪法测定密实度的对比关系，确定粗粒式沥青混凝土或沥青碎石路面的压实密度，为大面积路面施工提供标准方法和质量检查标准。

③确定施工产量及作业段长度，制订施工进度计划，全面检查材料质量及施工质量，落实施工组织及管理体系、人员、通信联络方式及指挥方式等。

试验路铺筑结束后，施工单位应就各项试验内容提出试验总结报告，取得主管部门的批准后方可用以指导大面积沥青路面的施工。

（四）沥青泥合料拌和

热拌沥青混合料必须在沥青拌和厂（场、站）采用专用拌和机拌和。

1.拌和设备与拌和流程

拌和沥青混合料时，先将矿料粗配、烘干、加热、筛分、精确计量，然后加入矿粉和热沥青，最后强制拌和成沥青混合料。若拌和设备在拌和过程中骨料烘干与加热为连续进行，而加入矿粉和沥青后的拌和为间歇（周期）式进行，则这种拌和设备为间歇式拌和机。若矿料烘干、加热与沥青混合料拌和均为连续进行，则为连续式拌和机。

间歇式拌和机拌和质量较好，而连续式拌和机拌和速度较高。当路面材料多来源、多处供应或质量不稳定时，不得用连续式拌和机拌和。高速公路和一级公路的沥青混凝土宜采用间歇式拌和机拌和。自动控制、自动记录的间歇式拌和机在拌和过程中应逐盘打印沥青及各种矿料的用量和拌和温度。

2.拌和要求

拌和时应根据生产配合比进行配料,严格控制各种材料的用量和拌和温度,确保沥青混合料的拌和质量。沥青与矿料的加热温度应符合规定的要求,超过规定加热温度的沥青混合料已部分老化,应禁止使用。沥青混合料的拌和时间以混合料拌和均匀、所有矿料颗粒全部被均匀裹覆沥青为度,一般应通过试拌确定。间歇式拌和机每锅拌和时间宜为30～50s(其中干拌时间不得少于5s);连续式拌和机的拌和时间由上料速度和温度动态调节。

拌和的沥青混合料应色泽均匀一致、无花白料、无结团成块或严重粗细料离析现象,不符合要求的混合料应废弃并对拌和工艺进行调整。拌和的沥青混合料不立即使用时,可存入成品贮料仓,存放时间以混合料温度符合摊铺要求为准。

3.拌和质量检查

检查内容包括拌和温度的测试和抽样进行马歇尔试验并做好检查记录。控制拌和温度是确保沥青混合料拌和质量的关键,通常在混合料装车时用有度盘和铠装枢轴的温度计或红外测温仪测试。抽取拌和的沥青混合料进行马歇尔试验,测试稳定度、流值、空隙率。用沥青抽提试验确定沥青用量,并检查抽提后矿料的级配组成,以各项测试数据作为判定拌和质量的依据。

(五)沥青泥合料运拾

热拌沥青混合料宜采用吨位较大的自卸汽车运输,汽车车厢应清扫干净并在内壁涂一薄层油水混合液。从拌和机向运料车上放料时应每放一料斗混合料挪动一下车位,以减小集料离析现象。运料车应用基布覆盖以保温、防雨、防污染,夏季运辐时间短于0.5h时可不覆盖。

混合料运料车的运输能力应比拌和机拌和或摊铺机摊铺能力略有富余。施工过程中,摊铺机前方应有运料车在等候卸料。运料车在摊铺机前10～20km处停住,不得撞击摊铺机;卸料时运料车挂空挡,靠摊铺机推动前进以利于摊铺平整。运到摊铺现场的沥青混合料应符合摊铺温度要求,已结成团块、遭雨淋湿的混合料不得使用。

(六)沥青混合料摊铺

将混合料摊铺在下承层上是热拌沥青混合料路面施工的关键工序之一,内容包括摊铺前的准备工作、摊铺机各种参数的选择与调整、摊铺作业等工作。

1.摊铺前的准备工作

摊铺前的准备工作包括下承层准备、施工测量及摊铺机检查等。

摊铺沥青混合料前应按要求在下承层上浇洒透层、粘层或铺筑下封层。热拌沥青混合料面层下的基层应具有设计规定的强度和适宜的刚度,有良好的水温稳定性,干缩和温缩变形应较小，表面平整、密实，高程及路拱横坡符合设计要求且与沥青面层结合良好。沥青面层施工前应对其下承层做必要的检测，若下承层受到损坏或出现软弹、松散或表面浮尘时，应进行维修。下承层表面受到泥土污染时应清理干净。

摊铺沥青混合料前应提前进行标高及平面控制等施工测量工作。标高测量的目的是确定下承层表面高程与设计高程相差的确切数值，以便挂线时纠正为设计值以保证施工层的厚度；为便于控制摊铺宽度和方向，应进行平面测量。

在每工作日的开工准备阶段，应对摊铺机的刮板输送器、闸门、螺旋布料器、振动梁、熨平板、厚度调节器等工作装置和调节机构进行检查，在确认各种装置及机构处于正常工作状态后才能开始施工，若存在缺陷和故障时应及时排除。

2. 调整、确定摊铺机的参数

摊铺前应先调整摊铺机的机构参数和运行参数。其中，机构参数包括熨平板的宽度、摊铺厚度、熨平板的拱度、初始工作迎角等。

摊铺机的摊铺带宽度应尽可能达到摊铺机的最大摊铺宽度，这样可减少摊铺次数和纵向接缝，提高摊铺质量和摊铺效益。确定摊铺宽度时，最小摊铺宽度不应小于摊铺机的标准摊铺宽度，并使上下摊铺层的纵向接缝错位 30cm 以上。摊铺厚度是用两块 5～10cm 宽的长方木为基准来确定，方木长度与熨平板纵向尺寸相当，厚度为摊铺厚度。定位时将熨平板抬起，方木置于熨平板两端的下面，然后放下熨平板，此时熨平板自由落在方木上，转动厚度调节螺杆，使之处于微量间隙的中值。摊铺机熨平板的拱度和初始工作迎角根据各机型的操作方法调节，通常要经过试铺来确定。

摊铺机的运行参数为摊铺机作业速度，合理确定作业速度是提高摊铺机生产效率和摊铺质量的有效途径。若摊铺速度过快，将造成摊铺层松散、混合料供应困难，停机待料时，会在摊铺层表面形成台阶，影响混合料平整度和压实性；若摊铺时慢、时快、时开、时停，会降低混合料平整度和密实度。因此，应在综合考虑沥青混合料拌和设备的生产能力、车辆运输能力及其他施工条件的基础上，以稳定的供料能力保证摊铺机以某一速度连续作业。

3. 摊铺作业

首先是对熨平板加热，以免摊铺层被熨平板上黏附的粒料拉裂而形成沟槽和裂纹，同时对摊铺层起到熨烫的作用，使其表面平整无痕。加热温度应适当，过高的加热温度将导致熨平板变形和加速磨耗，还会使混合料表面泛出沥青胶浆或形成拉沟。

摊铺沥青路面时，所用摊铺机应尽量采用具有自动或半自动调整摊铺厚度及自动找平的装置，有容量足够的受料斗和足够的功率推动运料车，有可加热的振动熨平板，摊铺宽度可调节。摊铺时可采用单机作业或两台以上摊铺机成梯形联合作业。梯形作业应注意，相邻两幅摊铺带应适当重叠，相邻两台摊铺机相距 10～30cm，以免形成冷接缝。摊铺机在开始受料前应在料斗内涂刷防止枯竭的柴油；避免沥青混合料冷却后黏附在料斗上。摊铺机必须缓慢、均匀、连续不间断地进行摊铺，摊铺过程中不得随便变换速度或中途停顿。

摊铺机螺旋布料器应不停顿地转动，两侧应保证有不低于布料器高度 2/3 的混合料，并保证在摊铺的宽度范围内不出现离析。

（七）沥青混合料的压实

压实的目的是提高沥青混合料的密实度，从而提高沥青路面的强度、高温抗车辙能力及抗疲劳特性等路用性能，是形成高质量沥青混凝土路面的又一关键工序。碾压工作包括碾压机械的选型与组合，碾压温度、碾压速度的控制，碾压遍数、碾压方式及压实质量检查等。

1. 碾压机械的选型与组合

沥青路面压实机械分静载光轮压路机、轮胎压路机和振动压路机。静载光轮压路机分双轮式和三轮式，常用的有 6 ~ 8t 双轮钢筒压路机、8 ~ 12t 或 12 ~ 15t 三轮钢筒压路机等。静载光轮压路机的工作质量较小，常用于预压、消除碾压轨迹。轮胎压路机安装的光面橡胶碾压轮具有改变压力的性能，通常为 5 ~ 11 个，工作质量 5 ~ 25t，主要用于接缝和坡道的预压、消除裂纹、压实薄沥青层。振动压路机多为自行式，前面为钢质振动轮，后面有两个橡胶驱动轮，工作质量随振动频率和振幅的增大而增大，可作为主要的压实机械。

为了达到最佳压实效果，通常采用静载光轮压路机与轮胎压路机或静载光轮压路机与振动压路机组合的方式进行碾压。

2. 碾压作业

沥青混合料路面的压实分初压、复压、终压三个阶段进行。初压的目的是整平、稳定混合料，为复压创造条件。初压是压实沥青混合料的基础，一般采用轻型钢筒压路机或关闭振动装置的振动压路机碾压两遍，其线压力不宜小于 35N/cm。应在沥青混合料摊铺后很度较高时进行初压，压实温度应根据沥青稠度、压路机类型、气温、摊铺层厚度、混合料类型经试铺试压确定，碾压时必须将驱动轮朝向摊铺机，以免使温度较高的摊铺层产生推移和裂缝。压路机应从路面两侧向中间碾压，相邻碾压轨迹重盛 1/3 ~ 1/2 轮宽，最后碾压中心部分，压完全幅为一遍适当修整。初压后应检查平整度、路拱并对出现缺陷的部位作适当修整。

复压的目的是使混合料密实、稳定、成型，是使混合料的密实度达到要求的关键。初压后紧接着进行复压，一般采用重型压路机，碾压温度符合规定，碾压遍数经试压确定，并不少于 4 ~ 6 遍，达到要求的压实度为止。用于复压的轮胎式压路机的压实质量应不小于 15t，用于碾压较厚的沥青混合料时，总质量应不小于 22t，轮胎充气压力不小于 0.5MPa，相邻轮带重叠 1/3 ~ 1/2 的轮宽。当采用三轮钢筒压路机时，总质量不应低于 15t。当采用振动压路机时，应根据混合料种类、温度和厚度选择振动压路机的类型，振动频率取 35 ~ 50Hz，振幅取 0.3 ~ 8mm，碾压层较厚时选用较大的振幅和频率，碾压时相邻轮带重叠 20cm 宽。

终压的目的是消除碾压轮产生的轨迹，最后形成平整的路面。终压应紧接在复压后用 6 ~ 8t 的振动压路机（关闭振动装置）进行，碾压不少于两遍，直至无轨迹为止。

碾压过程中有沥青混合料黏附于碾压轮时，可间歇向碾压轮洒少量水。压路机不得在新摊铺的混合料上转向、调头，左右移动位置或突然刹车。对压路机无法压实的桥面、挡土墙等构造物接头处、拐弯死角、加宽部分等局部路面，应采用振动夯板夯实。雨水井、检查并等设施的边缘应用人工夯锤、热烙铁补充压实。压路机的碾压路线及碾压方向不应突然改变以防止混合料产生推移，压路机启动、停止必须缓慢进行。压实后的沥青路面在冷却前，任何机械不得在其上停放或行驶，并防止矿料、油料等杂物的污染。沥青路面冷却后方可开放交通。

（八）接缝处理

施工过程中应尽可能避免出现接缝，不可避免时做成垂直接缝，并通过碾压尽且消除接缝痕迹，提高接缝处沥青路面的传荷能力。对接缝进行处理时，压实的顺序为先压横缝，后压纵缝。横向接缝可用小型压路机横向碾压，碾压时使压路机轮宽的 10 ~ 20cm 置于新铺的沥青混合料上，然后边碾压边移动直至整个碾压轮进入新铺混合料层上。对于热料与冷料相接的纵缝，压路机可置于热沥青混合料上振动压实，将热混合料挤压入相邻的冷结合边内，从而产生较高的密实度；也可以在碾压开始时，将碾压轮宽的 10 ~ 20cm 置于热料层上，压路机其余部分置于冷却层上进行碾压，效果也较好。对于热料层相邻的纵缝，应先压实距接缝约 20cm 以外的地方，最后压实中间剩下的一条窄混合料层，这样可获得良好的结合。

（九）提高压实质皿的关键技术与压实质且的检测

（1）碾压温度的控制。混合料的温度较高时，可用较少的碾压遍数，获得较高的密实度和较好的压实效果；而温度较低时，碾压工作变得比较困难，且易产生很难消除的轨迹，造成路面不平整。因此在实际工作中，摊铺完毕应及时进行碾压。碾压温度应控制在合适的范围，以混合料支承路面而不产生推移为佳。

（2）合理恒定的碾压速度。压实速度过低，会使摊铺与压实工序间断，影响压实效果。压实速度过快，则会产生推移、横向裂纹等。

（3）沥青混合料施工的现场质量检测及纠正很重要，一旦成型，很难补救。因此施工中，随时检测，随时纠正，保证施工质量。

（4）压实度和厚度的检测。一般可通过钻芯取样的办法来检测，通常是在第二天，用取芯机进行钻孔取样，量取试样的厚度。将试芯样拿回试验室进行压实度检测，以确定沥青路面的压实度是否符合规范的要求，并作为计量支付的质量保证依据。

（十）沥青玛蹄脂碎石混合料路面施工

1. 原材料与配合比

沥青玛喇台碎石混合料（简称 SMA）应采用针入度较小、黏度较大的沥青，最好采用性能良好的聚合物改性沥青，沥青的用量不小于 6.2%。集料应采用磨光值在 42 以上、坚硬、耐磨的石料，集料颗粒以近于立方体为佳，质量技术指标符合要求。集料必须具有间断级配，最大粒径宜为 13mm，或 16mm，通过 4.75mm 筛孔的颗粒宜在 30% 以下。矿粉的用量较大，一般宜为 8% ~ 13%。由于沥青玛蹄脂碎石混合料的沥青用量较大，需要加入比表面积很大的纤维稳定剂，以减少或消除混合料在拌和、运输和摊铺过程中沥青流淌的现象。通常有机质的木质素纤维用量为混合料总质量的 0.3%，如果用矿质纤维代替有机纤维，则用量为 0.04%。

2. 拌和、摊铺及碾压

应采用拌和质量良好的间歇式拌和机拌和沥青玛蹄脂碎石混合料，以确保拌和均匀、施工和易性好。拌和时将装入可溶塑料袋的松散状纤维放进料斗里或直接加到桨叶式拌和机里。为了确保纤维均匀分散于混合料中，沥青玛蹄脂碎石混合料的拌和时间往往长于普通沥青混合料拌和时间，适宜的拌和时间应根据拌和机的型号和性能、纤维的数量和类型通过试拌确定。当使用聚合物改性沥青时，必须先将该沥青拌和均匀，再按上述方法进行拌和。由于沥青玛咖旨碎石混合料沥青用量多、集料为间断级配，长时间存放后混合料会出现粗细颗粒离析、沥青流淌等现象，因此，新拌和的混合料应尽快摊铺成型，不能长时间存放在贮料仓内。

运输沥青玛蹄脂碎石混合料时，汽车的车厢内底应涂脱模剂，以免混合料黏附。混合料运到摊铺现场后，采用常规方法摊铺。摊铺整平后，用静载光轮压路机或关闭振动装置的振动压路机碾压，直到达到规定的密实度要求为止。由于沥青玛蹄脂碎石混合料的沥青用量较大，碾压时沥青会大量黏附在橡胶轮胎上，因此，不能用轮胎式压路机碾压。

二、沥青路面机械化施工

（一）沥青路面机械化施工注愈率项

施工技术及要求、施工程序、施工工艺等诸方面因素，前面已有所述。

1. 摊铺作业中大宽度单机作业和二、三台机梯形施工法的分析

摊铺机的摊铺作业，目前国内有两种作业方法，一种是用最大宽度为 12 ~ 12.5m 的摊铺机，全幅一次摊铺成型。这种施工法的优点是减少了纵向接缝，提高了路面的平整度，没有纵缝痕迹，使外观平整，行车平稳、舒适，且摊铺机只用一台，降低了施工成本，经济上也是可取的，但要求沥青混合料的生产量必须满足摊铺量的要求，搅拌设备要有大容

量的热料储存仓，还要有充足的运输车辆。应该说，只要各个环节的能力匹配、协调。这种施工法是完全可行的；但若生产能力不匹配造成摊铺间断进行，导致横向接缝增多，影响路面的平整度。另一种作业方法是，使用 2 ~ 3 台摊铺机并联、梯形作业，如果能妥善地处理好摊铺中的接缝问题，应该说这也是一种适合施工企业装备能力的施工法。实际上，在保证质量、速度、效益的前提下采用什么手段，选取哪种方式，应根据具体情况而定。

2. 关键环节的质量控制

（1）矿料要干净，无垃圾、尘土等杂物，堆放要严格，防止不同粒径的料混杂，料场地面应经过压实处理；

（2）按工程设计要求，保证混合料的出料温度，拌和不要超时，成品混合料的温度过高过低都是不利的；

（3）成品混合料在运输途中应采取必要的保温措施，如加盖苫布等，应尽量缩短运距，减少运输时间，以避免料温降低过多；

（4）按照沥青混合料的供给情况调整好摊铺机的摊铺速度，以保持连续、稳定的摊铺作业；

（5）按铺层料温控制压实过程，及时检测压实后的平整度和密实度，如发现问题应趁热及时采取补救措施；

（6）正确指挥自卸车给摊铺机卸料，防止碰撞摊铺机，以免影响摊铺质量；

（7）喷洒在压路机钢轮上的碱性水是为防止钢轮上黏附沥青而采用的，喷水量应控制好，水量过多会使沥青混合料急速冷却，增加碾压的困难，并易使铺层产生裂纹。

（8）碾压速度在规范中已有明确规定。若使用振动压路机，其振幅和振频的选定很重要。一般压路机有高低两个振幅和振频 30Hz、50Hz。对碾压沥青混凝土，最佳振幅在 0.4 ~ 0.8 之间，振动频率应高于 25Hz，高频碾压的压实效果好，路面不会产生波纹和搓板，这一技术特性，特别适宜对改性沥青面层的碾压，它完全满足了改性沥青面层需要快速压实的要求。对于碾压不同厚度的沥青混合料铺层，使用多振幅振频压路机可有更好、更多的选择，能完全保证压实质量的要求。

（9）摊铺和碾压是保证沥青路面平整度和密实度的两个重要环节。首先是要摊铺的均匀、平整，但其后的压实也很重要。因为即使是摊铺得非常好，但如果碾压不当也会影响路面的平整度，碾压不决定于碾压遍数，而取决于压实效果。

（10）关于自动找平装置。目前，采用纵向找平基准方式的有钢丝基准线，浮动移动式均衡梁、拖杠、滑靴等。在铺设沥青结构层的沥青基层时，为给面层的平整度创造良好的基础，首选自动找平方式钢丝绳基准。在摊铺表面层时，第一次（或第一台）也应采用钢丝绳基准，后面的摊铺可以采用浮动移动式均衡梁、拖杠或滑靴。

（二）机械化施工的组织与管理

为确保证机械化施工和高效率，应做好机械化施工的组织与管理工作。

1. 施工现场指挥

现场总指挥全面负责路面的施工及施工单位间的协调工作，并设置施工现场如下：

（1）施工前准备工作组。负责沿线纵横断现场测量，清扫冲洗路面，清除污物，灌补裂缝，污染严重地段需重新喷洒乳液。

（2）摊铺作业组。按照准备组测定的纵横断面控制高程，挂基准线、放桩、定高程，校测摊铺后高程，摊铺机前清扫处理接缝，指挥运料车，协调各摊铺机的行驶速度。

（3）碾压组。其主要工作为指定专人测量铺设后的面层温度，插温度标志小旗，指挥压路机进行初压、复压和终压。

（4）质量保证组。负责每天摊铺时的横缝处理，派专人用3m直尺检查碾压后的平整度，指挥压路机处理横缝，测量平整度及用核子密度仪检测密实度。

（5）机械抢修、安全、运输保障组。负责机械抢修，燃料供应，沥青混合料运输。

（6）后勤保障组。负责施工人员一切后勤工作。

（7）沥青混凝土路缘石铺筑组。负责路缘石铺筑工作。

（8）沥青材料组。负责沥青主台的监磅、现场收料、结束拌料到收料总数的统计。

2. 机械配套组合（石安高速目标施工配套实例）

（1）拌和设备：玛里尼175t/h沥青拌和设备1台。

（2）摊铺机：ABG423型（全幅）沥青摊铺机1台，佛格勒1800沥青摊铺机1台。

（3）压路机：CC44振动压路机2台，CF3Q胶轮压路机2台，CC501振动压路机2台，CC21型压路机1台。

（4）运料车：18t运料车加辆。

其他如洒水车3辆，沥青洒布车2辆，油罐车1辆，青混凝土路缘铺筑机1台，手推式小型压路机1辆，ZL—O型装载机1台，切边机1台，沥1辆，手推车3辆，火焰铁2把，等等。

3. 沥青混合料的生产供应

由沥青混合料拌和站按要求生产沥青混合料，由总指挥部统一调度、协调供应。

4. 作业保证

按公路总指挥部（或项目经理部）的计划铺筑进度，实施路面铺筑。运输车辆按指定的搅拌站生产量及保障现场摊铺设备连续作业的需要，配备运输车辆。

5. 现场通信

施工现场应配备一定的通信设备，并将有关人员的联络电话及呼机号等编辑成通信录，分发有关人员，以便于联系。

三、其他沥青路面施工

（一）乳化沥青碎石混合料路面

乳化沥青碎石混合料适用于三级及三级以下公路的路面、二级公路的翠面以及各级公路的整平层。用于铺筑面层时一般采用双层式，即下层采用粗粒式乳化沥青混合料，上层采用中粒式或细粒式乳化沥青混合料。少雨干燥地区或半刚性基层上可采用单层式乳化沥青碎石混合料路面。在多雨潮湿地区必须做乳化沥青碎石混合料的上封层或下封层。乳化沥青的品种、规格、标号应根据混合料用途、气候条件、矿料类别选用。

1. 混合料组成设计

乳化沥青碎石混合料矿料级配选用。乳液用量根据交通量、气候、石料类别、沥青标号、施工机械等条件及当地经验确定，也可按热拌沥青混合料的沥青用量折算，实际的沥青用量较同规格热拌沥青混合料的沥青用量减少 155 ~ 20%。

2. 施工

（1）混合料拌和

乳化沥青碎石混合料宜采用水泥混凝土拌和机拌和，无此条件时，可采用现场人工拌和。当采用阳离子乳化沥青时，矿料在拌和前需先用水湿润，使其含水量达 5%，气温较高时可多加水，低温潮湿时少加水。矿料与乳液应充分拌和均匀，适宜的拌和时间应根据集料级配情况、乳液裂解速度、拌和机性能、气候条件等通过试拌确定。若在上述时间内不能拌和均匀，则应考虑使用性能更好的拌和机。拌和的混合料应具有良好的施工和易性以免在摊铺时出现离析。

（2）摊铺

乳化沥青碎石混合料拌和完毕，宜采用沥青混合料摊铺机摊铺。若采用人工摊铺，则应防止混合料离析。机械摊铺的松铺系数为 1.15 ~ 1.20，人工摊铺时松铺系数为 1.20 ~ 1.45。

拌和、运输和摊铺应在乳液破乳前结束，摊铺前已破乳的混合料不得使用。

（3）碾压

混合料摊铺完毕，厚度、平整度、路拱横坡等符合设计和规范要求，即可进行碾压。通常先采用 6t 左右的轻型压路机匀速初压 1 ~ 2 遍，使混合料初步稳定，然后用轮胎压路机或轻型钢筒式压路机碾压几遍。当乳化沥青开始破乳，混合料由褐色转变为黑色时用 12 ~ 15t 轮胎压路机或 10 ~ 12t 钢筒式压路机复压 2 ~ 3 遍，待晾晒一段时间水分蒸发后，再补充复压至密实。压实过程中出现推移现象时，应立即停止碾压，待稳定后再碾压。碾压时若出现松散或开裂，应立即挖除并换新料，整平后继续碾压。

压实成型后，待水分蒸发完即可加铺上封层。施工结束后应做好早期养护工作，封闭交通 2 ~ 6h 以上，开放交通后控制车速不超过 20km/h。

（二）沥青表面处治路面

1. 适用条件

沥青表面处治路面是用拌和法或层铺法施工的路面薄层，主要用于改善行车条件，厚度不大于 3cm，适用于二级以下公路，高速公路和一级公路的施工便道的面层，也可作为旧沥青路面的罩面和防滑磨耗层。采用拌和法施工时可热拌热铺，也可冷拌冷铺。热拌热铺施工时可按热拌沥青混合料路面的施工方法进行，冷拌冷铺时可按乳化沥青碎石混合料路面的施工方法进行。采用层铺法施工时，分为单层式、双层式及三层式三种。

2. 材料规格和用量

沥青表面处治面层可采用道路石油沥青、煤沥青或乳化沥青作结合料。沥青用量根据气温、沥青标号、基层等。在寒冷地区、施工气温较低、沥青针入度较小、基层空隙较大时，沥青用量宜采用高限；在旧沥青路面、清扫干净的碎（砾）石路面、水泥混凝土路面、块石路面上铺沥青表面处治层时，第一层沥青用量可增加 10% ~ 20%，不再洒透层油。

沥青表面处治路面所用集料的最大粒径与处置层厚度相等，当采用乳化沥青时，为减少乳液流失，可在主层集料中掺加 20% 以上的细粒料。沥青表面处治层施工后，应在路侧另备小碎石、石屑或粗砂作为初期养护的材料。

3. 施工方法

层铺法施工前应做好路用材料的准备及质量检验工作，调试沥青洒布车、集料撒布车及压路机等机械，使其处于正常工作状态。沥青表面处治层的下承层上应浇洒透层、粘层或铺筑封层。三层式沥青表面处治层的施工可按下列工序进行：

（1）浇洒第一层沥青。根据气温条件、沥青标号严格控制沥青洒布温度。通常条件下石油沥青的洒布温度为 130 ~ 170℃煤沥青浇洒温度宜为 80 ~ 120℃，乳化沥青和液体石油沥青在常温下浇洒。浇洒应均匀，若出现空白或缺边，应立即用人工补洒，沥青过分积聚时应予刮除。沥青浇洒长度应与集料撒布机相配合。

（2）撒布第一层集料。浇洒第一层沥青后立即撒布第一层集料，并及时扫匀，尽量达到全面覆盖，不露出沥青，局部缺料时应补撒。集料厚度应均匀一致，颗粒不重益。使用乳化沥青时，集料撒布必须在乳液破乳前完成。

（3）碾压。撒布第一段集料（不必每段全部铺完）后立即用 6 ~ 8t 钢筒双轮压路机碾压，相邻轨迹重叠等原则，碾压时先碾压路面两侧，后碾压中间部分。

经过上述三道工序的施工即完成一层沥青表面处治。第二层，第三层沥青表面处治层的施工方法和要求与第一层相同，第三层碾压完毕即可开放交通。但乳化沥青表面处治应待水分蒸发并基本成型后方可开放交通。在开放交通的初期，宜采取交通管制措施使路面整体成型。

（三）沥青贯入式路面

1. 适用条件

沥青贯入式路面是在初步压实的碎石（砾石）层上，分层浇洒沥青、撒布嵌缝料后经压实而成的路面。沥青贯入式路面适用于二级及二级以下公路的面层，还可用作热拌沥青混凝土路面的基层，厚度一般为 4 ~ 8cm，但用乳化沥青时，厚度不宜超过 8cm 沥青贯入式路面上部加铺热拌沥青混合料面层时，总厚度宜为 6 ~ 10cm，其中拌和层厚度为 2 ~ 4cm。沥青贯入式路面宜在较干燥或气温较高时施工，在雨季前或日照气温低于巧℃到来前半个月结束，通过开放交通靠行车碾压来进一步成型。

2. 材料规格和用童

沥青贯入式路面可选用黏稠石油沥青、煤沥青或乳化沥青作结合料。沥青的品种、标号按要求选用。

沥青贯入式路面集料应选用表面粗糙、棱角丰富、形态好、嵌挤性好的坚硬石料，主层集料中粒径大于级配范围中值的颗粒含量不得少于 50%。细粒料含量偏多时，嵌缝料宜用低限。主层集料最大粒径宜与沥青贯入层的厚度相同。当采用乳化沥青时，主层集料最大粒径可为厚度的。0.8 ~ 0.85 倍。

3. 施工方法

沥青贯入式路面应铺筑在已清扫干净并浇洒透层或粘层沥青的基层上进行：

（1）撒布主层集料一般按以下工序

撒布主层集料时应控制松铺厚度，避免颗粒分布不均。应尽可能采用碎石摊铺机摊铺主层集料，无此条件时用人工撒布。撒布完毕的主层集料上应禁止车辆通行。

（2）碾压主层集料

主层集料撒布后用 6 ~ 8t 的钢筒压路机进行初压，碾压速度为 2km/h。碾压自边缘逐渐向路中心进行，相邻碾压轨迹重叠 30cm。在初压过程中应及时检验路拱和横坡度，不符合设计要求时，应进行调整，然后继续碾压至集料无明显推移为止。随后用 10 ~ 12t 压路机进行碾压，相邻轨迹重叠 1/2 轮宽，碾压 4 ~ 6 遍，直至主层集料嵌挤稳定，无明显轨迹为止。

（3）浇洒第一层沥青

主层集料碾压完毕后立即用沥青洒布车浇洒沥青，浇洒方法与沥青表面处治层施工相同。浇洒时沥青的温度应根据沥青标号及施工环境气温确定。当采用乳化沥青时，为避免乳液下渗过多，可在主层集料压稳定后，先撒一部分嵌缝料，再洒主层乳化沥青。

（4）撒布第一层嵌缝料

主层沥青浇洒后，立即均匀撒布嵌缝料，必须在乳液破乳前撒布完成。

（5）碾压层嵌缝料并扫匀、找补

当采用乳化沥青时，嵌缝料扫匀后立即用 8 ～ 12t 钢筒压路机进行碾压，将较细的嵌缝集料压入主层集料空隙中，以提高沥青贯入式路面的强度和其他路用性能。碾压时，轨迹重叠 1/2 左右，碾压 4 ～ 6 遍，直至稳定为止。碾压过程中应随扫随压，使嵌缝料均匀嵌入。若气温较高造成较大推移时，应停止碾压，待气温稍低后再继续碾压。

（6）浇洒第二层沥青、撒布第二层嵌缝料，碾压，再浇洒第三层沥青，方法和要求与前述一样。

（7）撒布封层料

封层料的撒布方法及要求与嵌缝料撒布相同。

（8）终压

用 6 ～ 8t 压路机碾压 2 ～ 4 遍后，开放交通并进行交通管制，使路面全宽受到行车的均匀碾压。

当沥青贯入式路面上加铺拌和型沥青混合料时，不撒布封层料，沥青贯入式路面施工后立即铺筑沥青混合料，使上下层联为整体。沥青贯入式路面使用乳化沥青时，应待乳化沥青破乳、水分蒸发且成型稳定后才可以铺筑沥青混合料。当表面加铺拌和层的沥青贯入式路面不能连续施工而又要在短期内开放交通时，第二层嵌缝料应增加用量（2 ～ 3）$m^3/1000m^2$。在铺筑沥青混合料前，先清除沥青贯入式路面表面杂物、尘土等补充碾压，且浇洒粘层沥青。

（四）透层、粘层与封层

1. 透层

透层是为了使路面沥青层与非沥青材料层结合良好而在非沥青材料层上浇洒乳化沥青、煤沥青或液体石油沥青后形成的诱人基层表面的薄沥青层。在级配碎（砾）石及半刚性基层上铺筑沥青混合料面层时必须浇洒透层沥青。透层沥青宜采用慢裂洒布型乳化沥青，也可使用中、慢裂液体石油沥青或煤沥青。表面致密、平整的半刚性基层上宜采用较稀的透层沥青，粒料类基层宜采用较稠的透层沥青。

透层沥青应紧接在基层施工结束、表面稍干后浇洒。当基层完工后时间较长时，应对表面进行清扫；若表面过于干燥时，应在基层表面适当洒水并待稍干后浇洒透层沥青，高速公路和一级公路的透层沥青宜采用沥青洒布车喷洒，其他等级公路可采用手工沥青洒布机喷洒。

浇洒透层沥青应符合以下要求：浇洒的透层沥青应渗入基层一定深度，但又不致流淌而在表面形成油膜，气温低于 10℃ 及大风、降雨时不得浇洒透层沥青；浇洒后，禁止车辆、行人通过；未渗入基层的多余透层沥青应刮除，有遗漏的部位应补洒。

在半刚性基层上浇洒透层沥青后，立即以（2 ～ 3）$m^3/1000m^2$ 的用量将石屑或粗砂撒布在基层上，然后用 6 ~ 8t 钢筒压路机稳压一遍。当需要通行车辆时，应控制车速。透层沥青洒布后应尽早铺筑沥青面层；用乳化沥青做透层时，应待其充分渗透、水分蒸发后方可铺筑沥青面层，此段时间不宜少于 24h。

2. 粘层

粘层是为加强沥青层之间、沥青层与水泥混凝土面板之间的黏结而洒布的薄沥青层。将热拌沥青混合料铺筑在被污染的沥青层表面、旧沥青路面及水泥混凝土路面上时应浇洒粘层，与新铺沥青路面接触的路缘石、雨水井、检查井等设施的侧面应浇洒枯层沥青。粘层宜采用快裂洒布型乳化沥青，也可采用快、中凝液体石油沥青或煤沥青。根据被黏结层的结构层类型，通过试洒确定粘层沥青用量，枯层沥青宜采用洒布车喷洒并符合以下要求：洒布应均匀，浇洒过量时应予刮除；气温低于 10℃或路面潮湿时不得浇洒。浇洒后严禁除沥青混合料运输车以外的其他车辆通行，粘层沥青浇洒后应紧接着铺筑沥青层，但乳化沥青应待其破乳、水分燕发后再铺沥青层。路面附属结构侧面可用人工涂刷。

3. 封层

所谓封层即为封闭表面空隙、防止水分浸入面层或基层而铺筑的沥青混合料薄层。铺筑在面层表面的称为上封层，铺筑在面层下面的称为下封层。在下列情况下，应在沥青面层上铺筑上封层：沥青面层空隙较大，渗水严重；有裂缝或已修补的旧沥青路面，需要铺抗滑磨耗层或保护层的旧沥青路面。在下列情况下应在沥青面层下铺筑下封层：位于多雨地区且沥青面层空除较大、渗水严重的路面；基层铺筑后不能及时铺沥青面层而又需开放交通的路面。

可采用拌和法或层铺法施工的单层式沥青表面处治层作封层，二级及二级以下公路的沥青路面可采用乳化沥青稀浆作封层。层铺法铺筑沥青表面处治上封层的材料用量和要求确定，沥青用量取表中规定范围的中低限。

四、沥青混凝土路面养护

沥青混凝土路面具有表面平整、无接缝、行车舒适、耐磨、振动小、噪声低、施工期短、养护维修简便、适宜于分期修建等优点，因此获得越来越广泛的应用。在公路的建设中，我国的绝大部分公路都采用沥青混凝土路面。随着国民经济快速、协调发展、我国道路交通量日益增大，车辆迅速大型化且严重超载，使公路路面面临严峻的考验。现有公路的有效服务时间普遍未能达到其设计使用年限，常常在通车 2 ~ 3 年便出现了较为严重的早期破损现象。常见病害有深陷，纵裂、龟裂、车辙、波浪、拥包、坑槽、松散、翻浆、桥头跳车等。

（一）合理设计路面结构

尽可能减薄沥青面层厚度由于以下四方面原因，公路路面厚度可酌情减薄，控制在

9～12cm 之内。第一是半刚性基层沥青路面结构的承载能力可由半刚性材料层（基层和底基层）来承担，无需用厚面层来提高承载能力。第二是提高沥青路面使用性能不是用厚的沥青面层，而是用优质沥青。第三是沥青面层的裂缝不只是反射裂缝，在正常施工情况下，大部分是沥青面层本身的温缩裂缝。第四是一般来说厚的沥青面层易导致车辙的产生。

（二）加强沥青路面防水设计选用合理的基层和底基层结构

严格控制沥青混合料的质量。沥青的选取选用具有良好的高低温性能、抗老化性能、含蜡量低、高黏度的优质国产或进口沥青。在条件许可的情况下，可在沥青中掺加各种类型的改性剂，以提高基性能指标。

（三）料的选用

滑料应选用表面粗糙、石质坚硬、耐磨性强、嵌挤作用好、与沥青黏附性能好的集料。如果骨料呈酸性则应添加一些数量的抗剥落剂或石灰粉，确保混合料的抗剥落性能，同时应尽量降低骨料的含水量。

（四）混合料级配的确定

沥青混合料的高温稳定性和疲劳性能、低温抗裂性，路面表面特性和耐久性是两对矛盾，相互制约，照顾了某一方面性能，可能会降低另一方面性能。混合料配合比设计，实际上是在各种路用性能之间搞平衡或最优化设计，根据当地气候条件和交通情况做具体分析，尽量互相兼顾。

当然为提高沥青路面使用性能还可以考虑以下两个途径：第一是改善矿料级配，采用沥青玛蹄脂碎石混合料（SMA）；第二是改善沥青结合料，采用改性沥青。

（五）严格控制施工质量

施工质量控制不严，早期破损必然出现。所以沥青路面施工必须按全面质量管理的要求，建立健全有效的质量保证体系，实行目标管理、工序管理、明确责任，对施工全过程，每道工序的质量要进行严格的检查、控制、评定，以保证其达到质量标准。

1. 裂缝

裂缝在 6mm 以上的采用吸尘器配合其他工具清理缝中的杂物及泥土，然后灌注沥青沙及其他封缝材料，对于沥青路面较大面积的裂缝，采用铣刨破损部分。冲做面层的方法。

2. 深陷的养护

（1）铣刨或清扫

（2）喷洒粘层油

（3）摊铺

（4）碾压

3. 车辙的养护

采用沥青混合料覆盖车辙并加铺沥青混合料薄层罩面的方法，也可采用加热切割法。

4. 坑槽的养护

目前采用热补法修补。

第四节　水泥混凝土施工技术

一、施工操作程序与方法

水泥混凝土路面采用机械化施工具有生产效率高，施工质量容易得到保证等优点，是我国水泥混凝土路面施工的发展方向。现阶段由于机械设备投资等因素的影响，只是在少数比较重要的公路上得到应用，小型配套机具施工仍然是一般公路普遍采用的施工方法。小型配套机具施工需使用拌和机、运输车辆、振捣器、振动梁、抹面机具及锯缝机等，这些机具应性能稳定可靠、操作简便、易于维修并能满足施工要求。其一般工序为：施工准备→模板安装→传力杆安装→混凝土拌和与运输→摊铺与振捣→接缝施工＋表面整修→养护与填缝。

在安设模板和钢筋前，须根据设计图纸放样定出路面中心线和路面边缘线，并检查基层顶面标高和路拱横坡度。标高和横坡的偏差超出容许值时，应整修基层。

模板宜采用钢制的，长度为3m，接头处应有牢固拼装配件，装拆应简易。模板高度应与混凝土面板厚度相同。模板两侧用铁钉打入基层固定。模板的顶面应与混凝土面板顶面设计高程一致，模板底面应与基层顶面紧贴，局部低洼处（空隙）要事先用水泥砂浆铺平并充分捣实。无钢模时，也可采用木模板，但厚度宜在5cm以上。

模板安装完毕后，宜再检查一次模板相接处的高差和模板内侧是否有错位和不平整等情况，高差大于3mm。或有错位和不平整的模板应重新安装。如果正确，则在模板内侧面均匀涂刷一薄层油（如废机油等），以利脱模。

（一）接缝与安设传力杆

接缝是混凝土路面的薄弱环节，接缝施工质量不高，会引起面板的各种损坏，并影响行车的舒适性。因此，应特别认真地做好接缝的施工。

1. 纵缝

用小型机具施工时，按一个车道的宽度（3.75～4.5m）一次施工。纵缝采用三种方式设立：第一种是在模板上设孔，立模后在浇筑混凝土之前将拉杆穿在孔内，这种方式的缺点是拆模较费事；第二种是把拉杆弯成直角形，立模后用铁丝将其一半绑在模板上，另一半浇在混凝土内，拆模后将外露在已浇筑混凝土侧面上的拉杆弯直。第三种方式是采用带螺丝的拉杆，一半拉杆用支架固定在基层上，拆模后另一半带螺丝接头的拉杆同埋在已浇筑混凝土内的半根拉杆相接。

2. 横向缩缝

横向缩缝可采用混凝土结硬后用切缝机切割或在新鲜混凝土上以压入的方式修筑。切缝可以得到质量比压缝好的缩缝，应尽量采用这种方式。施工时必须严格控制切缝时间，否则易产生早期裂缝。

（1）切缝。混凝土结硬后，要在尽早的时间内用金刚石或碳化硅锯片切缝。切缝时间要特别注意掌握好，切得过早，由于混凝土的强度不足。会引起粗集料从砂浆中脱落，而不能切出整齐的缝。切得过迟，则混凝土由于温度下降和水分减少而产生的收缩，因板很硬而受阻，导致收缩应力超出其抗拉强度而在非预定位置出现早期裂缝。合适的切缝时间应控制在混凝土获得足够的强度，而收缩应力并未超出其强度的范围内时。它随混凝土的组成和性质（集料类型、水泥类型和用量、水灰比等）、施工时的气候条件（温度及其变化、风等）等因素而变化。试验表明：适宜的切缝时间是施工温度与施工后时间之乘积为 200 ~ 300 温度小时。施工技术人员须依据经验并进行试切试验后决定。

（2）压缝。为防止出现早期裂缝，可每隔 3 ~ 4 条切缝做一条压缝。用振动刀在新鲜混凝土的预定位置上压缝，至规定深度时，提出压缝刀。用原浆修平缝槽，放入嵌条，再次修平缝槽，待混凝土初凝前泌水后，取出嵌条，用抹缝瓦刀抹修缝槽。

3. 横向胀缝

胀缝应与路中心线垂直，缝壁必须垂直，缝隙宽度必须一致，缝中不得连浆。缝晾下部设胀缝板，上部灌胀缝填缝料。传力杆应固定位置，准确定向。

胀缝可在一天浇筑混凝土终了时设置或在当天施工中间设置。

一天施工终了时设置胀缝，传力杆长度的一半穿过端部挡板，固定于外测定位模板中。混凝土浇筑前应先检查传力杆位置。浇筑时，应先摊铺下层混凝土，用插入式振捣器振实，并校正传力杆位置，再浇筑上层混凝土。浇筑邻板时应拆除顶头木模，并设置下部胀缝板、木制嵌条和传力杆套管。

一天施工过程中设置胀缝，传力杆长度的一半穿过胀缝板和端头板，并应用钢筋支架固定就位。浇筑时应先检查传力杆位置，再在胀缝两侧摊铺混凝土至板面。振捣密实后，抽出端头板。空隙部分用混凝土填补，并用插入式振捣器振实。

4. 施工缝

施工缝宜设于胀缝或缩缝处，多车道施工缝应避免设在同一横断面上。施工缝如设于缩另一半应先涂沥缝处，板中应增设传力杆，传力杆必须与缝壁垂直，其一半锚固于混凝土中，另一半应先涂沥青，并作套管，允许滑动。

（二）混凝土的拌和与运输

1. 混凝土拌和

水泥混凝土拌和机械按结构形式可分为自落式和强制式两大类。

自落式的原理是将混合料提到一定高度后自由落下而达到拌和的目的。它具有能耗小，机械制作精度要求不高，价格较便宜等特点，它适用于塑性和半塑性混凝土，但对坍落度小的混凝土，难以拌和均匀，甚至粒料黏附在叶片上，不能正常拌和，出料也困难。所以自落式拌和机不能用以拌制干硬性混凝土。

强制式混凝土拌和机系在固定不动的密闭的搅拌筒内装有多组搅拌叶片，通过搅拌叶片高速旋转，对筒内材料进行强制搅拌。此种搅拌方式适用于干硬性及细粒料混凝土，且搅拌时间短、效率高、操纵系统灵巧、卸料干净。强制式拌和机又从构造上分为立轴和双卧轴式两种，其中双卧轴式能耗低、拌和时间短，其效益均好于立轴式。因而，在选择机型时优先选用双卧轴强制式拌和机。

为了按规定的配合比拌制混凝土，必须对各组成材料进行准确的计量。计量的容许误差，水和水泥为1%，集料为3%，外渗剂为2%，过去采用的体积计量法难以达到准确计量的要求，致使混凝土的质量得不到有效的控制。因而，这种方法应停止使用，而采用磅秤计量的方法。在有条件时，尽量采用电子秤等自动计量设备。

一般国产强制式拌和机，拌制坍落度为 1 ~ 5cm 的混凝土，其最佳拌和时间为：立轴强制式求法拌和机，90 ~ 100s 双卧轴强制式拌和机，60 ~ 90s 最短的拌和时间不低于最佳拌和时间的低限，最长拌和时间不超过最短拌和时间的 3 倍。

2. 混凝土的运输

混凝土在运输中要防止污染和离析。从拌和到开始浇筑的时间，应尽可能短些，因而，混凝土运输的最长时间.应以初凝时间和留有足够摊铺操作时间为限，在不能满足此要求时，使用缓凝剂。

（三）混凝土的摊铺与振捣

1. 摊铺

摊铺混凝土前,应先检查模板的位置和高度以及基层的标高和压实度等是否符合要求，钢筋安设是否准确和牢固。

混凝土混合料由运输车辆直接卸在基层上。卸料时，混合料尽可能卸成几个小堆，如发现有离析现象，应用铁锹进行二次拌和。混凝土板厚度不大于 24cm 时，可一次摊铺；大于对 24cm 时，宜分两次摊铺，下层厚度宜为总厚度的 3/5。摊铺的松铺厚度，应考虑振实的影响而预留一定的高度，具体数值，根据试验确定。用铁锹摊铺时，应用"扣锹"方法，严禁抛掷和楼耙，以防止离析。在模板附近摊铺时，用铁锹插捣几下，使灰浆捣出，以免发生蜂窝。

2. 振捣

摊铺好的混凝土混合料，应迅速用平板振捣器和插入式振捣器均匀地振捣。平板振捣器的有效作用深度一般为 18 ~ 25cm。不采用真空脱水工艺施工时，宜采用 2.2kw 的平板振捣器；采用真空脱水工艺施工时，可采用功率较小的平板振捣器。插入式振捣器宜选用频率反 6000 次 /min 加以上的。

振捣时应先用插入式振捣器在模板边缘角隅处或全面顺序插振一次，每一位置不宜少于 20s。插入式振捣器移动间距不宜大于其作用半径的 1.5 倍，其至模板的距离不应大于其作用半径的 0.5 倍，并应避免碰撞模板和钢筋。然后，再用平板振捣器全面振捣。振捣时应重叠 10 ~ 20cm。每一次振捣时，当水灰比小于 0.45 时，不宜少于 30s；水灰比大于 0.45 时，不宜少于 15s，以不冒气泡并泛出水泥浆为准。混凝土在全面振捣后，用振动梁进一步拖拉振实并初步整平。振动梁是将附着式振动器安装在焊接成的钢或其他金属梁上，由振动器激振，使梁振动而使混凝土受振密实并振动找平。振动梁往返拖拉 2 ~ 3 次，使表面泛浆，并赶出气泡。振动梁移动的速度要缓慢而均匀，前进速度以每分钟 1.2 ~ 1.5m 为宜。对有不平之处，应及时以人工挖填补平。补平时应用较细的混合料，但严禁用纯砂浆填补。振动梁行进时，不允许中途停留。牵引绳不宜过短，以减少振动梁底部的倾斜，振动梁底面要保持平直，当弯曲超过 2mm 时应调直或更换，下班或不用时。要清洗干净，放在平整处（必要时将振捣梁朝下搁放，以使自行校正平直度），不得暴晒或雨淋调匀。最后用平直的滚杠进一步滚揉表面，使表面进一步提浆。

滚杠的构造一般是用挺直的无缝钢管。在钢管两端加焊端头板，板内镶配轴承，管端焊有两个弯头式的推拉定位销，伸出的牵引轴上穿有推拉杆。这种结构既可滚拉又可平推提浆赶浆，使表面均匀地保持 5 ~ 6mm 左右的砂浆层，以利密封和作面。

如发现混凝土表面与模板有较大的高差，应重新挖填找平，重新振滚平整，最后挂线检查平整度，发现不符合之处应进一步处理刮平。

（四）表面整修和拆模

1. 表面整修

当采用真空脱水工艺时，脱水后可用振捣梁复振一次，并用滚杠拉一次，以确保板面平整度。不采用真空脱水工艺时，应用大木抹多次抹面至表面无泌水为止。

抹面结束后，即可用尼龙丝刷或拉槽器在混凝土面板表面横向拉槽或压纹。

2. 拆模

模板在浇筑混凝土 60h 以后拆除，但当车辆不直接在混凝土面板上行驶，气温又不低于 10℃时，可缩短到加 20h 后拆模，温度低于 10℃时，可缩短到 36h 后拆模。拆模时不应损坏混凝土面板和模板。

二、混凝土路面的养生与填缝

（一）常用的养生方法和要求

混凝土表面修整完毕后，应进行养生，使混凝土面板在开放交通前具备足够的强度和质量。养生期间，须防止混凝土的水分蒸发和风干，以免产生收缩裂缝；须采取措施减小温度变化，以免混凝土板产生过大的温度应力；须管制交通，以防止人畜和车辆等损坏混凝土面板的表面。一般常用的养生方法有下列两种：

1. 湿治养生

混凝土抹面 2h 后，当表面已有相当的硬度，用手指轻压不出现痕迹时，即开始养生。一般采用湿草袋或草垫，或者 20～30mm 厚的湿沙夜盖于表面。每天均匀洒水数次，使表面经常保持潮湿状态。在温差大的地区，板浇筑后 3d 内，应采取保温措施，防止板产生收缩裂缝。在养生期间禁止车辆通行。

2. 塑料薄膜养生

当表面不见浮水，用手指压无痕迹时，即均匀喷洒塑料溶液（由轻油剂，过氯乙烯树脂和苯二甲酸二丁脂三者，按 88%∶9%∶3% 的重量比配制而成），形成不透水的薄膜黏附于表面，从而阻止混凝土中水分的蒸发，保证混凝土的水化作用。

近年来，国内也有用塑料布夜盖以代替喷洒塑料溶液的养生方法，效果良好，养生时间按混凝土抗弯拉强度达到 3.5MPa 以上的要求经试验确定。通常，使用普通硅酸盐水泥时约为 14d，使用早强水泥时间约为 7d，使用中热硅酸盐水泥时约为 21d。

（二）填缝材料

接缝填封材料分为接缝板及灌缝料两种。灌缝料又分为加热施工式及常温施工式两种。施工中接缝板及灌缝料的技术性质应符合《水泥混凝土路面施工规范》的有关要求。

混凝土面板养护期满后应及时填封接缝。填缝前缝内必须清扫干净，并防止砂石掉入。灌注填缝料必须在缝槽干燥状态下进行。填缝料应与混凝土缝壁黏附紧密，不渗水。其灌注深度以 3～4cm 为宜，下部可填入多孔柔性材料。填缝料的灌注高度，夏天应与板面平，冬天宜稍低于板面。

当加热灌式填缝料时，应不断搅拌，至规定温度。气温较低时，应用喷灯加热缝壁，个别脱开处，应用喷灯烧烤，使其黏结紧密。

三、清模式摊铺机施工

（一）施工工艺

滑模式摊铺机施工混凝土路面不需要轨模，摊铺机支承在四个液压缸上，两侧设置有随机移动的固定滑模，摊铺厚度通过摊铺机上下移动来调整。滑模式摊铺机一次通过即可完成摊铺、振捣、整平等多道工序，铺筑混凝土时，首先由螺旋式布料器将堆积在基层上的混凝土拌和物横向铺开，刮平器进行初步刮平，然后振捣器进行捣实，随后刮平板进行振捣后的整平，形成密实而干整的表面，再使用搓动式振捣板对拌和物进行振实和整平，最后用光面带进行光面。整面作业与轨模式摊铺机施工基本相同，但滑模摊铺机的整面装置均由电子液压系统控制，精度较高。

（二）施工过程

1. 准备工作

滑模式摊铺机施工水泥混凝土路面的准备工作包括以下内容：

（1）基层质量检查与验收

对基层的检验项目及质量验收标准与轨模式摊铺机施工相同。一般情况下滑模式摊铺机施工的长度不少于 4km。基层应留有供摊铺机施工行走的位置，因此，基层应比混凝土面层宽出 50 ~ 80m。

（2）测量放样，悬挂基准绳

滑模式摊铺机的摊铺高度和厚度可实现自动控制。摊铺机一侧有导向传感器，另一侧有高程传感器。导向传感器接触导向绳，导向绳的位置沿路面的前进方向安装。高程传感器接触高程导向绳，导向绳的空间位置根据路线高程的相对位置来安装。测量时沿线应每隔 200m 增设一水准点，并在控制测量精度、平差后使用。摊铺机摊铺的方向和高程准确与否，取决于导向绳的准确程度，因此导向绳经准确定位后固定在打入基层的钢钎上。

（3）混凝土配合比与外加剂

滑模式摊铺机对混凝土拌和物的品质要求十分严格，骨料的最大集料粒径应小于 30 ~ 40cm，拌和物摊铺时的坍落度应控制在 4 ~ 6cm。为了增加混凝土拌和物的施工和易性，以达到所需要的坍落度，常需要使用外加剂。所掺外加剂品种、数量应先通过试验确定。

（4）根据路面设计宽度，调整滑动模板摊铺宽度，置放纵缝拉杆。

2. 施工过程

滑模式摊铺机摊铺混凝土拌和物时，用自卸汽车将拌和物运抵现场并卸在摊铺机料箱内；螺旋布料器前拌和物的高度保持在螺旋布料器高度的 1/2 ~ 2/3，过低会造成拌和物供应不足。过高则摊铺机会因阻力过大而造成机身上翘。滑模式摊铺机工作速度一般为 0.8m/min ~ 1.0m/min 混凝土强度初步形成后，用刻纹机或拉毛机制作表面纹理。混凝土路面的养护、锯缝、灌缝等施工方法与轨模式摊铺机施工相同。

滑模式摊铺机摊铺混凝土路面板时，可能会出现板边塌陷、麻面、气泡等问题，应及时采取措施进行处理。塌陷的主要形式为边缘塌落、松散无边或倒边。造成塌边的主要原因是模板边缘调整角度不正确，摊铺速度过慢。边缘塌落会影响路面的平整度，横坡达不到设计要求；双幅施工时，会造成路面排水不畅。因此，应根据混凝土拌和物的坍落度调整出一定的预抛高，使混凝土塌落变形后恰好符合设计要求。造成倒边和松散无边的主要原因是骨料针片状或圆状颗粒含量较多而造成拌和物成型性差、离析严重。此外，混凝土配合比不当、摊铺机的布料器将混凝土稀浆分到两侧也会导致倒边。为防止各种原因造成的倒边，应采用拌和质量好的拌和机；施工过程中出现骨料集中时，应将骨料分散、除去或进行二次布料。麻面主要是由于混凝土拌和物坍落值过低造成的，混合料拌和不均匀也是原因之一。因此，应严格控制混凝土拌和物的坍落度，使用计量准确且拌和效果好的拌和机，同时对混凝土的配合比做适当调整。

四、特殊季节施工

水泥混凝土路面施工质量受环境因素影响较大，对高、低温季节及雨季施工应考虑其特殊性，确保工程质量。

（一）高温季节施工

施工现场（拌和铺筑场地）的气温 30℃时，即属于高温施工。高温会促进水化作用，增加水分的蒸发量，容易使混凝土板表面出现裂缝。因而，在高温季节施工应尽可能降低混凝土的浇筑温度，缩短从开始浇筑到表面修整完毕的操作时间，并保证对混凝土进行充分的养生，施工时应提出高温施工的工艺设计，包括降温措施、保持混凝土工作性和基本性质的措施等。

当整个施工环境气温大于 35℃，且没有专门的施工工艺措施时，不应进行水泥混凝土路面施工。无论什么情况和条件，混凝土拌和物的温度不能超过 35℃。在高温季节施工时，应定时测量混凝土拌和物的温度。

在我国的地理纬度和气候条件下，绝大部分地区夏天是可以铺筑水泥混凝土路面的，但应根据工程的条件采取降温和其他措施。如材料方面可采取降低砂石料和水的温度或掺加缓凝剂等措施；铺筑方面，可通过洒水降低模板与基层温度、缩短运输时间以及摊铺后尽快覆盖表面等措施。

（二）低温季节施工

水泥混凝土路面施工操作和养生的环境温度等于或小于 5℃，或昼夜最低气温有可能低到 -2℃时，应视为低温施工。低温操作和养生时，混凝土会因水化速度降低而使强度增长缓慢，同时也会因结冰而遭受冻害。因此，在低温季节施工时，必须提出低温施工的工艺设计，包括低温操作和养生的各项措施。

1. 提高混凝土拌和温度

气温在 0℃以下时，水及集料必须加温。一般规定不允许对水泥加热，对水加热温度不能超过 60℃。砂石料应采用间接加热法，如保暖储仓、热空气加热、在矿料堆内埋设蒸气管等。不允许用火烧等方法直接加热，也不允许直接用蒸汽喷洒石料，砂石料加热不能超过 40℃。

2. 路面保温措施

混凝土铺筑后，通常采用蓄热法保温养生。即选用合适的保温材料被盖路面，使已加热材料拌成的混凝土热量和水泥水化的水化热量蓄保起来，以减少路面热量的失散，使之在适宜温度条件下硬化而达到要求的强度。这种方法只对原材料加热而路面混凝土本身不加热，施工简便，易于控制，附加费用低，是简单而经济的冬季施工养护手段。

保温层的设计应就地取材，在能满足保温要求的同时要注意经济性。常用麦秸、谷草、油毡纸、锯末、石灰等作保温材料，覆盖于路面混凝土上。保温层至少 10cm 厚，具体视气温而定。

3. 其他应注意的问题

设计混凝土配合比时，注意不宜用过大的水灰比，一般不宜超过 0.6，搅拌时应延长搅拌时间，较常温施工增加，50% 左右。混凝土摊铺时，不宜把工作面铺大、拉长，应集中力量全幅尽快推进，加速完成摊铺工艺。建立定时测定温度制度；在拌和站测检砂石料、水和水泥入拌前温度、混凝土拌和物出料时温度不能低于 10℃，每台班不少于 4 次；测定混凝土摊铺时温度，即测定运达工地卸料后的混凝土温度和摊铺振实后的温度，每台班不少于 6 次；测定混凝土养生阶段温度，在浇筑完后头两天每隔 6h 测 1 次，其后每昼夜至少 3 次，其中 1 次应在凌晨四点测定。侧温孔位置应设在路面板边缘，路面纵向每 50cm 设一对侧孔，深度 10 ~ 15cm，温度计在侧孔内应停留 3min 以上。全部测孔应按路面桩号编号，绘制侧孔布置图并绘出每一测孔的温度时间曲线。

摊铺后的路面混凝土，要求在 72h 内养生温度应保持在 10℃以上，接下来 7d 内养生温度保持 5℃以上。

（三）雨季施工

雨季来临之前，应掌握年、月、旬的降雨趋势的中期预报，尤其是近期预报的降雨时间和雨量，以便安排施工。拟订雨季施工方案和建立施工组织，了解和掌握施工路段的汇水面积和历年水情，调查施工区段内桥涵和人工排水构造物系统是否畅通，防止雨水和洪水影响铺筑场地。

在拌和场地，对拌和设备搭雨棚遮雨。砂石料场因含水量变化较大，需经常测定，以调整拌和时的用水量。雨季空气潮湿，水泥要防止淋雨和受潮。混凝土在运输途中应加以遮盖，严禁淋雨并要防止雨水流入运输车箱中。在铺筑现场，禁止在下雨施工。如铺筑前现场有水，应及时排除基层积水。在混凝土达到终凝之前，应覆盖塑料膜，不允许雨水直接浇在已抹平的路面上。需在雨下操作时，现场应配备工作雨棚，雨棚应轻便易于移动，大小高矮应按操作方便设计。

五、水泥混凝土路面养护

建立水泥混凝土路面管理系统的一个主要目的，是提供有关最佳养护和改建对策和最佳资金分配方案的分析，以便决策者选择最经济合理的方案，合理地分配和使用有限的资金。因此，进行项目排序、方案优化和辅助决策是路面管理系统的核心组成部分。

路面管理系统包括项目级和网级两个层次。对于项目级路面管理系统而言，决策与优化指在进行科学的路面的使用性能和结构状况评分后，根据其结果确定是否需要修复或改建，何时进行改建，应采取何种修复或改建对策。而对于网级系统，须考虑网内所有路段，根据各路段的使用状态和结构状态。以及各路段在路网中的地位，做出科学、合理的决策。因此，要用排序和优化以帮助做出管理决策。排序和优化方法可分为以下几种类型：

（1）根据路面的使用性能参数进行排序，例如现时服务能力指数（PSI）、路面状况指数（PCI）等。这类方法以客观路况进行分等，使用迅速简便，但所得的结果可能远非最优。

（2）根据经济分析参数进行排序，例如净现值、效益—费用比、内部回收率等。这娄方法比较简便、分析结果较接近于最优。

（3）利用线性规划和整数规划模型，按总费用最小或效益最大进行优化。此种方法较复杂，但可以得到最优结果。

（4）利用动态决策模型，按总费用最小进行优化。

1. 水泥混凝土路面养护决策与优化方法

水泥混凝土路面养护的决策与优化是建立在使用性能评价和结构状况评价的基础上。通过路面使用性能评价和结构状况的评价，可以了解各路段路面的服务水平和结构状况，知道哪些路面需采取养护和改建措施。对于需要采取措施的项目，则要进一步为之选择合适的养护和改建对策，以便估算所需费用，并进而依据效益和投资可能性筛选项目和编制计划。

养护和改建对策的合理选择，主要考虑三个方面：第一方面是路面的现状，即各项使用性能满足的程度，要依据不适应的方面和程度选择相应的对策；第二方面是今后需要改善的程度，交通量大或发展快的路段，显然要采取较重的措施；第三方面是效益和经济性，不能仅仅考虑一项对策，而应比较分析期内各可能对策方案的经济效益，据此选择最佳方案。

2. 备选方案

各地区养护部门在长期的路面养护工作过程中积累了大量的经验，都有一套适应当地自然条件（气候、土质、料源）及施工水平和习惯和路面的路面养护和改建措施。因而，可以收集和调查这些习用的措施，并邀请有经验的养护工程师，征询他们对这些措施的使用效果的评论意见。在此基础上，通过归类、舍弃和增添等分析。制订出一套更为简明而合理的典型备选对策，供系统分析和抉择。

根据句容市公路管理处的养护经验，总结各种损坏类型采用的小修保养和中修措施。

这里需要指出的是，这些备选对策并不是在养护计划中一定要具体实施的措施，而是在网级路面管理系统中供资源和选择项目时进行分析用的可考虑的典型对策。

对于使用性能很低、结构破坏严重的路段，应考虑大修或改造。一般方案可选择：①沥青混凝土罩面；①敲碎板块，碾压整平，若强度不够则作为基层，再进行补强设计路面厚度；③敲碎板块，碾压整平，若强度足够则用沥青混凝土罩面。

无论是网级不是项目级路面管理系统，都需要应用工程经济原理，分析每一个项目或每一个对策方案所的各项费用，并将它同其他项目或对策方案所需的费用做比较。

一般可用于方案比较的经济分析方法有：

（1）现值法；

（2）年费用法；

（3）收益率法；

（4）效益－费用比法；

（5）费用－效果法等。

前三种方法属于贴现金流量分析法，是比较常用的方法。

根据对现有路面质量的评价及预测结果的分析，以及对公路性质、等级和交通量等因素的考虑，并结合当地技术水平、地理区域特点（气候、土质特点等）及实际交通量增长情况，合理提出、安排大、中、小修及常规养护的对策和先后顺序，为该路段制定一个短期和中长期养护的日程安排表。

养护对策应符合下列要求：

（1）路面综合评定指标（SI）为优、良、坏板率在5%以下的路段，宜以日常养护为主，局部修补一些对行车安全有影响的板块；

（2）路面综合评定指标（SI）为优、良、坏板率在5%～15%的路段，除按正常的程序进行保养维修外，宜安排大中修进行处治；

（3）路面综合评定指标（SI）为中、差，坏板率在15%～50%的路段，必须安排大中修进行处治；

（4）坏析率在50%以上的路段，必须进行改善。优先顺序的主要考虑原则为：

1）路线行政等级高的先于路线行政等级低的；

2）路面使用质量差的先于路面使用质量好的；

3）在相同条件下，以坏板率大者为先。

依据以上原则，经综合考虑后选定优先顺序。

同时，针对某一路段的某种程度的损坏状况，按以往养护经验，公路局可能有多种养护对策，因而必须通过经济分析，在一定资金条件下使得净效益最大，从而确定最佳养护和方案。

按使用性能排序所得到的优化顺序，虽能反映出各项目需采取改建措施的迫切性，但并不能保证其优化结果，还必须进行经济效益的定量分析，以选择经济合理的最佳养护和改建试方案。

经过仔细分析后，大致选定四种方案：

1）旧水泥混凝土路面上加铺普通水泥混凝土；

2）对旧水泥混凝土路面断板逐块修补；

3）旧水泥混凝土路面上，加铺 15cm 二灰碎石，4+5cm 中粒式沥青混凝土面层；

4）旧水泥混凝土路面上，加铺 20cm 连续配筋混凝土路面。

第二章 桥梁工程施工技术

一、桥梁的组成

1. 桥梁的五"大部件"与五"小部件"

（1）五"大部件"包括：桥跨结构；支座系统；桥墩；桥台；墩台基础

（2）五"小部件"包括：桥面铺装（或称行车道铺装）；排水防水系统；栏杆（或防撞栏杆）；伸缩缝；灯光照明。

2. 相关尺寸术语名称

（1）净跨径：梁式桥是设计洪水位上相邻两个桥墩（或桥台）之间的净距，用 10 表示。对于拱式桥，净跨径是每孔拱跨两个拱脚截面最低点之间的水平距离。

（2）总跨径：是多孔桥梁中各孔净跨径的总和，也称桥梁孔径（$\sum L0$），它反映了桥下宜泻洪水的能力。

（3）计算跨径：对于具有支座的桥梁，是指桥跨结构相邻两个支座中心之间的距离，用1表示。拱圈（或拱肋）各截面形心点的连线称为拱轴线，计算跨径为拱轴线两端点之间的水平距离。

（4）桥梁全长简称桥长：是桥梁两端两个桥台的侧墙或八字墙后端点之间的距离，用 L 表示。对于无桥台的桥梁为桥面自行车道的全长。

（5）桥梁高度简称桥高：是指桥面与低水位之间的高差，或为桥面与桥下线路面之间的距离。桥高在某种程度上反映了桥梁施工的难易性。

（6）桥下净空高度：是设计洪水位或计算通航水位至桥跨结构最下缘之间的距离，以 H 表示。它应保证能安全排洪，并不得小于对该河流通行所规定的净空高度。

（7）建筑高度：是桥上行车路面（或轨顶）标高至桥跨结构最下缘之间的距离，它不仅与桥梁结构的体系和跨径的大小有关，而且还随行车部分在桥上布置的高度位置而异。公路（或铁路）定线中所确定的桥面（或轨顶）标高，与通航净空顶部标高之差，又称为容许建筑高度。桥梁的建筑高度不得大于其容许建筑高度，否则就不能保证桥下的通航要求。

（8）净矢高：是从拱顶截面下缘至相邻两拱脚截面下线最低点之间连线的垂直距离，用 f0 表示；计算矢高：是从拱顶截面形心至相邻两拱脚截面形心之间连线的垂直距离，用 f 表示。

（9）矢跨比：是拱桥中拱圈（或拱肋）的计算矢高 f 与计算跨径 1 之比（f/1），也称拱矢度，它是反映拱桥受力特性的一个重要指标。

二、桥梁的分类

1. 桥梁的基本体系

按结构体系划分，有梁式桥、拱桥、刚架桥、悬索桥四种基本体系，其他还有几种由几种基本体系组合而成的组合体系等。

（1）梁式体系

梁式体系是古老的结构体系。梁作为承重结构是以它的抗弯能力来承受荷载的。梁分简支梁、悬臂梁、固端梁和连续梁等。悬臂梁、固端梁和连续梁都是利用支座上的卸载弯矩去减少跨中弯矩，使梁跨内的内力分配更合理，以同等抗弯能力的构件断面就可建成更大跨径的桥梁。

（2）拱式体系

拱式体系的主要承重结构是拱肋（或拱箱），以承压为主，可采用抗压能力强的圬工材料（石、混凝土与钢筋混凝土）来修建。拱分单铰拱、双铰拱、三铰拱和无铰拱。拱是有水平推力的结构，对地基要求较高，一般常建于地基良好的地区。

（3）刚架桥

刚架桥是介于梁与拱之间的一种结构体系，它是由受弯的上部梁（或板）与承压的下部柱（或墩）整体结合在一起的结构。由于梁与柱的刚性连接，梁因柱的抗弯刚度而得到卸载作用，整个体系是压弯结构，也是有推力的结构。刚架分直腿刚架与斜腿刚架。刚架桥施工较复杂，一般用于跨径不大的城市桥或公路高架桥和立交桥。

（4）悬索桥

就是指以悬索为主要承重结构的桥。其主要构造是：缆、塔、锚、吊索及桥面，一般还有加劲梁。其受力特征是：荷载由吊索传至缆，再传至锚墩。传力途径简捷、明确。悬索桥的特点是：构造简单，受力明确；在同等条件下，跨径愈大，单位跨度的材料耗费愈少、造价愈低。悬索桥是大跨桥梁的主要形式。

（5）组合体系

1）连续钢构：连续钢构是由梁和钢架相结合的体系，它是预应力混凝土结构采用悬臂施工法而发展起来的一种新体系。

2）梁、拱组合体系：这类体系中有系杆拱、桁架拱、多跨拱梁结构等。它们利用梁的受弯与拱的承压特点组成联合结构。

3）斜拉桥：它是由承压的塔、受拉的索与承弯的梁体组合起来的一种结构体系。

2. 桥梁的其他分类

（1）按用途划分，有公路桥、铁路桥、公路铁路两用桥、农桥、人行桥、运水桥（渡槽）及其他专用桥梁（如通过管路、电缆等）。

（2）按桥梁全长和跨径的不同，分为特大桥、大桥、中桥和小桥。

（3）按主要承重结构所用的材料划分，有圬工桥（包括砖、石、混凝土桥）、钢筋混凝土桥、预应力混凝土桥、钢桥和木桥等。

（4）按跨越障碍的性质，可分为跨河桥、跨线桥（立体交叉）、高架桥和栈桥。

（5）按上部结构的行车道位置，分为上承式桥、下承式桥和中承式桥。

第一节　桥梁基础施工

一、明挖扩大基础施工

（一）基础定位放线

在基础开挖前，先进行基础的定位放线工作，以便正确地将图纸上的基础位置准确地设置到桥址上来。放样工作系根据桥梁的中心线与墩台的纵横轴线，推出基础边线的定位点，再放线划出基坑的开挖范围，具体的定为工作视基坑的深浅而有所不同。基坑较浅时，可使用挂线板划，拉线挂锤球进行定位；基坑较深时，用设置定位桩形成定位线等进行定位，基坑各制点标高及开挖过程中标高的检查按一般水准测量方法进行。

（二）施工方法

对刚性扩大基础的施工，一般采用明挖，根据开挖深度、边坡土质、渗水情况及施工场地、开挖方式、施工方法可以有多种选择。本标段因河床干涸、无水，故可采用放坡开挖及坑壁支撑开挖方法。

1. 放坡开挖

（1）测量放线应在基础开挖前通知监理工程师，检查、测量基础平面位置和现有地面标高。用经纬仪测出墩、台基础纵、横中心线，放出上口开挖边桩，边坡的放坡率可参照下表2-1。基坑下口开挖的大小应满足基础施工的要求，渗水的土质，基底平面尺寸可适当加宽50cm ~ 100cm，便于设置排水沟和安装模板，其他情况可放小加宽尺寸，不设基础模板时，按设计平面尺寸开挖。

（2）开挖作业方式以机械作业为主，采用反铲挖掘机配自卸汽车运输作业辅以人工清槽。单斗挖掘机（反铲）斗容量根据上方量和运输车辆的配置可选择 $0.4 \sim 0.1 \, m^3$，控制深度 4 ~ 6m。挖基土应外运或远离基坑边缘卸土，以免塌方和影响施工。

（3）施工注意事项

1）在基坑顶缘四周适当距离处设置截水沟，并防止水沟渗水，以避免地表水冲刷坑壁，影响坑壁的稳定性。

2）坑壁缘边应当留有护道，静荷载不少于 0.5m，动荷载距坑边缘不小于 1.0m，垂直坑壁边缘的护道还应适当增宽，水文地质条件欠佳时应有加固措施。

3）应经常注意观察坑壁边缘有无裂缝，坑壁有无松散、塌落现象发生，以确保安全施工。

4）基坑施工不可延续时间过长，自开挖至基础完成，应抓紧时间连续施工。

5）如用机械开挖基础，在挖至基底时，应保留不少于 30cm 的厚度，在基础浇筑坞工前用人工挖至基底标高。

2. 坑壁支撑开挖

当坑壁土质不易稳定，并有地下水影响，或者放坡工程量过大，或者施工现场与临近建筑物靠近，不能采用放坡开挖时，要采用直衬板支撑的基坑开挖方法。

（1）基底检验

基础是隐蔽工程，在基础砌筑前应按规定检验基础是否符合设计要求。检验的主要内容包括：检查基底平面位置、尺寸打下、基底标高；检查基底土质均匀性、地基稳定性及承载力等；检查基底处理和排水情况；检查施工日志及有关实验资料，等等。基底平面周线位置容许偏差不得大于 20cm，基底标高不得超过 ±5cm（土质）、+5 ~ 20cm（石质）。

（2）基底处理

天然地基上的基础是直接靠土壤来承担荷载的，故基底土壤状态的好坏，对基础及墩台、上部结构的影响极大。不能仅检查土壤的名称与容许承载力大小，还应为土壤更有效地承担荷载创造条件，即要进行基底处理。

3. 基础混凝土浇注

重要的基础构造物施工应先浇注大于 10cm 的混凝土垫层以便在其上支立模扳、绑扎钢筋，混凝土垫层也有利于施工排水。

（1）基础施工时，应加强排水，保持在无水的条件下进行基础钢筋绑扎、模板安装。

1）基础混凝土浇注前，干土基要洒水湿润，湿土基要铺以碎石垫层或水泥砂浆层，石质地基要清除松散粒料，才可浇注基础混凝土。

2）混凝土浇注应连续进行，当必须间歇时，应在前层混凝土初凝之前将下层混凝土浇注完毕。

3）在基底渗水严重的基坑中修筑基础，先浇水下混凝土封底，待其达到要求强度时，排水清淤凿出新的混凝土顶面，再进行浇注。

（2）大体积混凝土的施工

1）大体积混凝土具有以下特点：

①混凝土结构物体积大，需要浇注大量的混凝土。

②大体积混凝土常处于潮湿或与水接触的环境条件下，因此除满足强度外，还必须具有良好的。耐久性和抗渗性，甚至耐侵蚀性和抗冲击能力。

③大体积混凝土强度等级高，水泥用量大，水化热和收缩容易造成结构的开裂。

④大体积混凝土由于其水泥水化热不容易很快消失，蓄热于内部，使温度升高较大，因此对温度进行控制，是大体积混凝土施工最突出的问题。一般当结构物最小尺寸在 3m 以上，单面散热面积最小尺寸在 75cm 以上，双面散热在 100cm 以上，水化热引起的最高温度与外界气温之差大于 25℃时，即可视为大体积混凝土施工。

2）施工准备

①水泥：选用水化热低、初凝时间长的矿渣水泥 325#、425#。

②砂：选用粗砂或中砂，含泥量 < 3%。

③石子：0.5 ～ 3.2cm 粒径的碎石或卵石。

④外加剂：可选用复合型外加剂和粉煤灰以减少绝对用水和水泥用量，延缓凝结时间。

⑤施工配合比一般要求，水泥用量控制在 300kg/m³ 以下，泵送砂率在 0.4 ～ 0.45 间，坍落度 10 ～ 14cm 为宜。

⑥夏季施工采用冷却拌和水或掺冰屑的方法，达到降低拌和温度的目的。夏季砂石料堆可设简易遮阳棚，必要时可向骨料喷水。

⑦混凝土搅拌：加料顺序如下：石子—水泥—砂子—（水 + 外加剂），为使混凝土拌和均匀，自全部拌和料倒入搅拌筒中算起，搅拌时间应不少于 1.5 分钟。

4. 混凝土的浇注

（1）混凝土必须分层浇注，分层捣实。根据基础不同情况、浇注方案可分为：

1）一次整体浇注：采用全面分层法，即第一层全面浇筑完毕后再浇注第二层，每层的间隔时间以混凝土未初凝为准，如此逐层进行。施工时从短边开始，沿长边进行，必要时也可以从中间向两边或两边向中央进行。除此之外还可以选用分段分层和斜面分导的混凝土浇注方法。施工前，根据基础尺寸、混凝土数量、初凝时间，分层厚度，选择浇注方法和硅泵、罐车数量及相应的搅拌混凝土设备能力。如设计要求敷设冷却水管，应适当增加一些构造钢筋，保证冷却水管有一定的稳定性。

2）分层浇筑：当基础厚度较厚，一次浇筑混凝土方量过大时，可分层浇筑，分层的厚度 0.6 ～ 1.5m 为宜。分层的目的是通过增加表面系数，以利于混凝土的内部散热，层间的间隔时间从理论上讲应以混凝土表面温度降至大气平均温度为好，最小间隔时间应不小于混凝土内部最高温度出现以后，一般 5 ～ 14 天之间。上层浇筑前，应清除下层混凝土水泥薄膜和松动石子以及软弱混凝土面层，并进行湿润、清洗。

（2）大体积混凝土的水化热温度控制

①选用低水化热的矿渣水泥或大坝水泥。

②采用双掺技术，即在硅中掺加高效外加剂和粉煤灰。

③掺加适量缓凝剂，推迟凝固时间。

④在高温季节对混凝土用水、砂、石采取降温措施尽量降低混凝土入模温度。

⑤严格控制混凝土的坍落度，在保证强度的前提下尽量减少水泥用量。

⑥如设计要求在混凝土中埋设冷却水管，通过冷却降温进出水温差不宜大于10℃，以防止水管周围产生温度裂缝。

⑦保持混凝土内部温度与外界温差＜25℃。

（3）混凝土的振捣

使用插入式振捣器，振捣方式可以垂直于混凝土面插入振捣棒，或与混凝土面成40～50倾角斜向插入振捣棒，振捣棒的使用要"快插慢拔"，每一个插点振捣时间以20～30s为宜，为保证混凝土质量最好采用复振措施。

（4）混凝土的养护

混凝土达到初凝后即开始进行塑料布覆盖，为防止混凝土脱水开裂，在塑料布上应再双层覆盖草袋，二层草袋迭缝，因一般混凝土浇筑后第3、4天内部温度最高，以后逐渐降低，所以覆盖的拆除不能过早、过快，一般以10天左右为宜。

（5）测温工作

1）根据基础平面尺寸、厚度的不同情况，合理、经济地布设测温点，并绘制测温布置图。

2）采用热电隅温度计和玻璃温度计共同测温方式，其敷设间距高度方向50～80cm，平面方向250～500cm。距边角和表面应大于5cm。测温应有专人负责，每4小时一次。

（6）大体积混凝土施工工艺流程：施工准备—清理和湿润模板—埋设测温装置—确定混凝土配合比—混凝土搅拌—混凝土运输—混凝土浇筑（分层）—振捣—混凝土养护—测温。

5. 基坑回填

（1）基坑的回填必须采用监理工程师批准的能够充分压实的材料，坚决禁用草皮土、垃圾和有机土等回填，严禁结构物基础超挖回填虚土。

（2）未经监理工程师的许可，不对基坑进行回填。回填时应同时在两侧及基本相同的标高进行，特别要防止对桥墩、台形成单侧施压。必要时，挖方内的边坡应修成台阶形。

（3）回填材料应分层摊铺并用蛙式打夯机压实至设计或监理工程师要求的标准。回填土的含水量要严格控制。

（4）需回填的即及时排水，若无法排除基坑积水时，则应用沙砾材料回填，并在水中分薄层铺筑，直到回填进展到该处的水全部被回填的沙砾材料所掩盖并达到充分压实的程度时，再进行充分夯实。

二、桩基础施工

（一）施工技术措施

1. 准备工作

（1）测量放线

建立临时施工控制网：为保证桩位定点的准确性，本工程拟采用外围控制网及场内定点控制网的方法进行施工测量、定点；

①建立外围控制网：根据施工图纸各轴线关系，选择控制轴线，延伸至施工场地外建立控制点网，以便校对桩位时进行测量复核；

②建立场内控制网：因本工程的轴线交错较大，场外控制网点不能完全确定轴位走向及定点，因而必须在场内建立与场外控制网关联的牢固网点，进行控制；

③放桩定位，在建立控制网后，对全建筑物桩位进行放样，建立固定标桩，标桩采用≥Φ16钢筋，其埋设深度不低于0.8m，并高出地面10cm，标桩固定用混凝土覆盖加以保护；

④建立标桩时，应反复测量核对，建立放线册，交付监理单位存档及现场复核。

（2）护筒设置及桩机定位：

①冲孔桩径小，护筒一般用4～8mm厚的钢板加工制成，高度为1.5～2m。冲孔桩的护筒内径应比钻头直径大100mm。护筒顶部应开设溢浆口，并高出地面0.15～0.30m。

②护筒有定位、保护孔口和维持水位高差等重要作用。护筒位置要根据设计桩位，按纵横轴线中心埋设。埋设护筒的坑不要太大。坑挖好后，将坑底整平，然后放入护筒，经检查位置正确，筒身竖直后，四周即用黏土回填，分层夯实，并随填随观察，防止填土时护筒位置偏移。护筒埋好后应复核校正，护筒中心与桩位中心应重合，偏差不得大于50mm。

③护筒的埋设深度：在黏性土中不得小于1m；在砂土中不得小于1.5m，并应保持孔内泥浆液面高于地下水位1m以上。

④桩机定位：桩机对桩位采用十字交叉法，即在已设置的护筒上拉十字线，令其十字交叉点与标桩重合，然后移机就位，将桩机钢丝绳的作用中心与十字交叉点重合；

⑤桩机安装定位后，要精心调平，保持机座水平，天车转盘中心与桩位中心三点在同一直线上，再将冲机固定，确保施工中不发生偏移。

2. 循环系统布置

在整个施工过程中钻孔采用自流式正循环系统，在灌注混凝土前的清孔中则采用掏渣筒掏渣，因而在循环系统在布置上亦分设两部分：

（1）自流式正循环系统；在施工现场内配设循环池，循环池容积不少于3m；具体位置在成孔位附近，水沟长度不少于 3m，这样有利于碴样沉淀。

（2）掏渣筒掏渣：在灌注混凝土前的清孔阶段采用。

3. 基坑土方开挖后进行钻（冲）孔桩的地基处理

（1）基坑支护及土方开挖是由上一标段施工，土方开挖后根据现场地基地质的实际情况进行地基处理，并必须修筑道路至基坑底。

（2）地基处理方法：采用 50 ~ 150mm 的碎石（毛石）500mm 厚进行基层处理，在基层处理时边用挖土机边铺设平整进行来回压实。

4. 施工道路的设置

（1）按勘察结果资料查明该工程地基存在溶洞。在桩基础施工时，有可能随时出现地面下沉、坍塌等事情发生，必须备足填充材料。

（2）在钻（冲）孔（溶洞）施工过程中，有可能造成的塌孔、地陷等现象发生。

（二）成孔作业

1. 成孔注意事项

（1）根据工程地质情况，成孔直径及入岩情况，工程高层房屋的桩基成孔采用冲机冲进成孔，开孔时，应低锤密击；

（2）在冲进时，根据各地层的地质情况，适当选择泥浆的稠度，在开始冲进时，由于表层回填土较易形成泥浆，可加入清水冲进，待至一定的深度后，可进行泥浆循环冲进；

（3）在冲进过程中，注意地层的变化，对不同的土层，在冲进时，要适当调整泥浆的浓度，以利形成有效的护壁，防止出现塌孔。根据超前钻的勘察报告中看出，地质土层由砂层为主，在冲孔过程中冲锤的震动等原因可能会导致砂层松动塌落下来，桩会变为大肚桩，使得实际混凝土用量增大。为防止这情况出现，设计给出建议在施工过程中桩身每冲进 2 米左右时添加相应体积的黄泥来增加泥浆的黏稠度，保证泥浆比重保持在一个高值，泥浆护壁的厚度，控制好桩身的尺寸。

（4）保证成孔的垂直度，要注意观察桩机的机座是否平稳，钢丝绳是否与孔中心重合。如果出现偏孔，应回填块石进行修孔，在确保成孔垂直后方可继续冲进；

（5）进入基岩后，应低锤冲击或间断冲击，如发现偏孔应回填片石至偏孔上方 300mm ~ 500mm 处，然后重新冲孔；

（6）遇到孤石时，采用高低冲程交替冲击，将大孤石击碎或击入孔壁；

（7）每冲进 5m 深度验孔一次，在更换钻头前或容易缩孔处应进行验孔；

（8）进入基岩后，非桩端持力层每钻进 300 ~ 500mm，桩端持力层每钻进 100 ~ 300mm 取样一次。

2. 入岩深度的判断与终孔

入岩深度的判断是本工程的关键控制因素，是关系本工程桩质量的主要技术环节。

入岩深度的判断方法，主要参考设计要求、地质勘查资料反映的持力层埋深，结合孔底的岩渣样进行判断。在确定持力层岩样达到设计要求时，应及时通知监理及甲方代表，会同地质勘查单位、设计单位进行确认。当桩孔按要求达到设计的岩层深度后，由现场监理及甲方确认签字后，方可终孔，并留取碴样，以备检查。

3. 垂直度及桩孔直径检查

为了保证桩的垂直度和桩的直径满足设计和规范要求，在确定达到入岩深度后，在桩锤上用 Φ14 钢筋焊接一个同桩的直径相同的圆，然后将桩锤放入桩孔中上下垂直运动两次，将桩的孔壁上附着的超厚泥浆刮掉，以保证桩的直径符合要求。

4. 清孔

当冲孔达到设计深度，冲孔应停止冲进，泥浆同时通过泥浆泵泵入孔中补充，自然溢出，反复循环将孔内的泥土带出，泥浆比重将逐渐随之下降。这一工序谓之清孔，当泥浆比重下降至 1.05 ～ 1.20，黏度 ≤ 28s，含砂率 ≤ 8% 时，清孔完毕，可将钻孔交付验收。

（1）清孔

第一次清孔：冲进达到设计深度后，先将冲头提离孔底约 50mm，进行换浆清孔，回流泥浆比重控制在 1.30 左右。

第二次清孔：在下入钢筋笼、灌注混凝土前，用掏渣筒进行第二次清孔，确保沉渣厚度满足设计要求。

（2）清孔时，必须检测桩底沉渣厚度、泥浆比重、泥浆性能是否满足规范要求。符合要求时，立即停止清孔，以防孔壁塌落。桩底沉渣厚度用标准绳量测，泥浆比重用比重计测定，黏度用黏度计测定。

（3）第二次清孔时，应不断换泥浆，直到混凝土车运到孔桩边或用混凝土泵送开始（注：如果先挖土后进行冲孔桩施工采用泵送混凝土施工），孔底沉渣、泥浆性能满足要求后，立即开始进行混凝土灌注准备，浇注水下混凝土。浇灌混凝土前，孔底 500mm 以内的泥浆比重小于 1.25，含砂率不大于 8%，黏度不大于 28s。

5. 冲孔桩成孔施工允许偏差

（1）桩径允许偏差 +100，-50；

（2）垂直允许偏差 0.8%；

（3）桩位允许偏差

1）单桩、双桩沿垂直轴线方向以及群桩基础的边桩：

当桩径 ≤ 1000mm 时，不大于 100mm；

当桩径 >1000mm 时，不大于 100+0.01H mm；

2）双桩沿轴线方向以及群桩基础的中间桩：

当桩径≤ 1000mm 时，不大于 150mm；

当桩径 >1000mm 时，不大于 150+0.01H mm。

（三）钢筋施工

1. 钢筋加工

钢筋加工在现场所设加工场内完成，严格按加工料表执行，发现料表有误时应遵循正常程序予以改正。

（1）钢筋切断

将规格钢筋根据不同长短搭配，统筹排料，先断长料，后断短料，减少短头，减低损耗。断料时钢筋切断机安装平稳，并在工作台上标出尺寸刻度线和设控制断料尺寸用的挡板，切断过程中如发现断口有襞裂缩头、严重弯头或断口呈马蹄形时必须切掉。并要求钢筋加工人员如发现钢筋硬度与钢种有较大出入时，要及时反映，查明情况。钢筋切断长度力求准确，其允许偏差为 ±10mm。

（2）钢筋弯曲成型

1）加劲箍由钢筋弯曲机完成，弯曲前，根据料表尺寸，用粉笔将弯曲点位置画出，弯曲时应控制力度，一步到位，不允许一次反弯或重复弯曲。

2）钢筋笼主筋保护层为 70mm，允许偏差不超过 20mm。

3）钢筋笼的螺旋箍要点焊在主筋上。

4）为防止钢筋在搬运和吊装过程中产生变形，钢筋笼成形后要焊接斜接钢筋作加固处理。

（3）钢筋接头

钢筋的接长一般用焊接接头，钢筋的接头根据图纸和规范要求进行。钢筋现场接头要符合如下要求：

1）在加劲箍上点焊固定主筋时，位置要准确，间距要均匀。

2）在钢筋笼搭接的主筋接头要错开，在 35d 钢筋直径区段范围内的接头数量不超过钢筋总数的 50%。

（4）焊接钢筋保护层钢筋时，应控制保护层钢筋的高度，钢筋保护层厚度为 70mm，混凝土护筒直径比桩径大 200mm，所以在钢筋笼的四个对角靠近混凝土护筒最下一节与桩直径相同处用 Φ14 钢筋焊高度为 160mm 的保护层定位钢筋，以便保证钢筋保护层满足设计要求。

2. 钢筋笼吊装

本工程桩的钢筋笼现场加工，用人工配合机械搬运到桩位后采用汽车吊吊装，若因条件所限整体吊放有困难，钢筋笼可分段制作安装，使用吊机将下节钢筋笼吊起，对准孔中心，直将钢筋笼缓慢放入孔内，临时搁稳在孔口处，将上节钢筋笼与下节钢筋笼的上端垂直对准，笼上的长短钢筋对应，用手工电弧焊接，两主筋搭接长度单面焊接应为10d。为了提高工效，钢筋笼在焊接接口时，用2～3名焊工，均衡从几个方面同时进行焊接。全部主筋焊接完毕，绕上钢筋笼连接段的螺旋箍筋绑扎牢固，并等待主筋降温然后将钢筋笼全部下放到桩孔内。钢筋笼的固定采用在钢筋笼上部焊二个吊环穿上钢管固定在设计标高位置，避免钢筋笼在浇注水下混凝土时上浮或下沉。

（四）混凝土工程

先进行基坑土方开挖后进行钻（冲）孔桩施工，采用长臂式汽车泵进行泵送混凝土到桩位的施工方法进行施工。

1. 桩顶浮浆的确定

由于本工程采用泥浆护壁成孔，在清孔过程中，泥浆须保持一定的浓度，因此桩顶会形成混凝土与泥浆的混合体，为保证桩身的混凝土质量，将桩顶的浇灌高度预先统一加高600mm。含泥浆的混凝土在混凝土灌注完毕可以用泵抽出，但必须保证桩顶标高满足设计要求。

2. 作业条件

项目部在下达混凝土任务单时，对商品混凝土必须包括工程名称、地点、桩号、数量，对混凝土的各项技术要求（强度等级、防腐等级、缓凝及特种要求）、现场施工方法、生产效率（或工期），交接班交接要求，须由供需双方及时协调，互相配合。混凝土配合比通知单应由混凝土搅拌站（混凝土供应商）连同混凝土一起送到现场，交给资料员。

3. 现场混凝土生产的质量要求

（1）每个工作班应安排质安员值班。

（2）对现场使用的水泥合格证及复检单等资料进行核对，核对是否符合要求。试配混凝土，确定混凝土的配合比。

（3）混凝土生产前，搅拌站及混凝土泵需进行检查，确定设备运转正常后方可开拌，在泵送前，混凝土的坍落度经检验合格后方可进行泵送。

4. 现场检验混凝土坍落度的要求

（1）搅拌站生产出第一盘混凝土时，质安员应检验混凝土的坍落度，坍落度如符合180mm～220mm要求，则可以泵送浇筑；坍落度如不能满足180mm～220mm要求，混凝土倒掉重新拌制，直至符合要求；生产过程中的坍落度检验，按规范要求执行。

（2）商品混凝土运到现场后，质安员应检验混凝土的坍落度，坍落度如符合180mm～220mm要求，则可以泵送浇筑；坍落度如不能满足180mm～220mm要求，混凝土退回商品混凝土生产厂，由混凝土生产厂重新调整坍落度。

5.原地面商品混凝土运载车混凝土施工

（1）准备工作：修筑行车、行机道路，保证机械设备施工作业的安全。

（2）备用好修筑运输道路的材料（拆除旧房的废砖头渣土等物料），备用于混凝土及下雨时的修筑道路铺垫。

6.泵送混凝土施工

（1）准备工作：在准备开始施工前，要将混凝土汽车泵设置在基坑的运输道路靠近混凝土桩芯位置附近；在开始泵送前；要检查泵管安装是否牢固，管内是否干净；保证不漏气，不含杂物，防止在泵送过程出现堵管现象；

（2）泵送时，要先放入约 $1m^3$ 水泥砂浆，泵送出泵体后，才可放入混凝土泵送；

（3）在泵送过程中，要确保混凝供应的连续性，如出现堵管现象，应及时组织人力进行抢修；

（4）在泵送完毕后，应彻底清洗输送管，以备下次使用。

7.导管浇注水下混凝土

（1）采用 ¢255 两端带法兰、中间垫橡胶止水圈的导管，导管最下一段长度为4米，其余每节长度为2.5m，另备0.5m、1.0m、1.5m短管各2节，以适应不同深度的桩，在浇注时调节整根导管的总长度。

（2）导管使用前必须进行拼装试压，试压压力一般为0.6～1.0MPa，管接头如有漏损，必须及时修补或更换，否则导管在桩孔内作业时渗入泥水，造成混凝土骨料与水泥砂浆离析，导管堵塞，正常的浇注作业被迫中止，造成断桩。

（3）每次浇注水下混凝土前，导管须进行连接拆卸检查，各管之间的连接，采用螺旋快速接头或法兰胶垫止水接头，均应将螺纹或连接螺栓拧紧，密封止水胶圈，胶垫完好无损，否则其后果与第二项所述一样，会给工程带来较大的损失。

（4）导管可以数根相连为一段，在孔口处数段连成一整根缓慢下放到下端距孔底0.3～0.5m处。也可整根或分两根由吊车吊起插入孔中，加快操作进度，节约时间，相对缩短二次清孔后至浇注开始之间的时间，对于减少孔底沉渣大有好处。

（5）整根导管的上口应连接容量为3m&sup3；～5m&sup3；以上的储料漏斗（小于Φ1600桩采用不少于3m&sup3；以上的储料漏斗），在漏斗出口与竖管连接处，悬吊一个用轻质木头制成的隔水塞，初始首槽浇注，漏斗内必须装满混凝土。剪断吊隔水塞的铅丝（8#），漏斗中的流态混凝土推压着隔水塞猛冲坠落，开始了导管浇注水下混凝土的第一道工序。

（6）第一漏斗流态混凝土落入孔底，混凝土导管将下口封住，这时导管之内已是无水状态，此后相继而来的流态通过漏斗倒入管中，流态混凝土因重力作用自行从导管下口流出，混凝土表面随着管中混凝土浇注而升高，最终形成桩身。

灌注首批混凝土时，导管埋入混凝土内的深度不小于0.8m，在以后的灌注过程中，导管埋入混凝土中的埋深不宜少于2m，严禁导管提出混凝土面，并派专人测量导管埋深及管内外混凝土面高差。

（7）浇注过程中，流态混凝土主要靠自身的重力作用下坠到桩孔内，也可以在每斗混凝土注入之后，间歇性地上下提升导管捣插，这样可以进一步使混凝土密实并加快浇注速度。

（8）水下灌注的混凝土必须具有良好的和易性，浇筑前应对导管的接缝进行密封处理，防止浇筑中漏水影响混凝土质量。

三、沉井基础施工

（一）施工前准备

1.详细调查了解水文地质情况

对沉井下沉所通过的地层地质构造，土层深度，特性，地勘孔位（每个沉井应至少有两个钻孔），以及河道通航，流水，高水位等各项水文资料。

2.清理场地

（1）筑岛沉井在修围堰和筑岛前，应对墩位场地的孤石，杂草，树根，等杂物予以清除，并平整场地，对软硬不均的地表应换土或加固。

（2）浮式沉井在浮运前，对河床标高，冲刷情况进行测定，对倾斜较大的河床面应整平。

（二）沉井制作（混凝土及钢筋混凝土沉井制作）

1.筑岛：分无围堰的土岛和有围堰的岛（用砂夹卵石填筑）

（1）土岛：适用于浅水，流速不大的场所，筑岛用料为砂及砾石，其外侧边坡不应陡于1：2。为避免冲刷迎水面应堆码草袋。

（2）围堰筑岛：各种围堰形式详见桩基施工。

2.混凝土及钢筋混凝土沉井制作

在岸滩式浅水中修造沉井，采用筑岛法施工，在深水中修造沉井，采用浮式沉井施工。

（1）筑岛法施工沉井的制作

①筑岛：依据设计图纸和桥位测量基线桩定出筑岛中心桩，整平，填实，筑岛顶面应高出施工水位0.5m以上。

②铺设垫木：刃脚下应满铺垫木，一般使用长、短两种垫木相同布置。

③沉井模板安装：首先精确放出沉井平面大样（弹线）。

a.外侧要刨光，拼接平顺。

b.模板安装顺序为：刃脚斜面及隔墙面模板→井孔模板→绑扎钢筋→主外模→调整各

部尺寸→全面紧固拉杆，拉箍，支撑等。

c. 沉井模板支好后，须复核尺寸，位置，刃脚标高，井壁垂直度，检查模板支撑。

d. 支立第二节以上各节模板时，应用圆钢拉杆，环箍夹紧牢固，不易支撑于地面上，以防沉井浇筑中下沉造成跑模。

④沉井混凝土灌筑，养护及拆模

a. 沉井混凝土灌注应沿四壁对称均匀进行，避免因高差产生不均匀下沉，每节沉井混凝土应一次浇完。

b. 养护：正常洒水，覆盖。沉井顶面混凝土凿毛可在混凝土强度 >2.5MP 时提早进行。

c. 拆模：混凝土达到规定强度后即可拆模，拆模顺序为：井壁外侧面模板及井孔内侧模板→隔墙下支撑及隔墙底模→刃脚斜面下支撑及刃脚斜面模板。

拆模的注意事项：

➢ 隔墙及刃脚下支撑应对称依次拆模，由中向边进行。

➢ 拆模后，下沉抽垫前应将刃脚回填密实，防止不均匀下沉。

⑤沉井接高注意事项

a. 接高时底节顶面应高出地面 0.5 ~ 1.0m，应在下沉偏差允许范围内接高。

b. 当沉井底节在偏斜状态时，严禁竖直向上接高，接高时各节的竖向中轴线应与下面的一节重合，外壁应竖直。

第二节　涵洞与墩台施工

一、涵洞施工

涵洞还是一种洞穴式水利设施，有闸门以调节水量。《清会典 • 工部三 • 都水清吏司》："凡工有堤，有坝，有埽，有牐，有涵洞。"注："涵洞之式，有淤洼涵洞，有泄水涵洞，有溉田涵洞。以石为之，墙身砌面石，下为铺底石，上为盖口石，墙后衬砌城砖，馀与石牐同。"

（一）结构

涵洞是设于路基下的排水孔道，通常有洞身、洞口建筑两大部分组成。洞身由若干管节组成，是涵洞的主体。它埋在路基中，具有一定的纵向坡度，以便排水；端墙和翼墙位于入口和出口及两侧，起挡土和导流作用，同时还可以保护路堤边坡不受水流冲刷。涵洞组成，涵洞一般横穿路堤下部，多数洞顶有填土，采用单孔或双孔，孔径 0.75 ~ 6 m。

1. 洞身建筑

洞身形成过水孔道的主体，它应具有保证设计流量通过的必要孔径，同时又要求本身坚固而稳定。洞身的作用是一方面保证水流通过，另一方面也直接承受荷载压力和填土压力，并将其传递给地基。洞身通常由承重结构（如拱圈、盖板等）、涵台、基础以及防水层、伸缩缝等部分组成。钢筋混凝土箱涵及圆管涵为封闭结构，涵台、盖板、基础联成整体，其涵身断面由箱节或管节组成，为了便于排水，涵洞涵身还应有适当的纵坡，其最小坡度为 0.3%。

2. 洞口建筑

洞口是洞身、路基、河道三者的连接构造物。洞口建筑由进水口、出水口和沟床加固三部分组成。洞口的作用是：一方面使涵洞与河道顺接，使水流进出顺畅；另一方面确保路基边坡稳定，使之免受水流冲刷。沟床加固包括进出口调治构造物，减冲防冲设施等。

（二）特点

由于涵洞是处于大自然环境（风、霜、雨、雪、冰冻、高温、水流冲击）和行车荷载的作用下，因此要求涵洞必须具备如下特点：

（1）满足排泄洪水能力，保证在 50 年一遇洪水的情况下，顺利快捷地排泄洪水。

（2）具有足够的整体强度和稳定性，保证在设计荷载的作用下，构件不产生位移和变形。

（3）具有较高的可靠性和耐久性，保证在自然环境中，长期完好，不发生破损。

（三）分类

涵洞根据不同的标准，可以分为很多种。按建筑材料可分为砖涵、石涵、混凝土涵、钢筋混凝土涵；按照构造形式，涵洞可分为圆管涵、拱涵、盖板涵、箱涵。按照填土情况不同分类，涵洞可以分为明涵和暗涵。明涵是指洞顶无填土，适用于低路堤及浅沟渠处。暗涵洞顶有填土，且最小的填土厚度应大于 50cm，适用于高路堤及深沟渠处。按水利性能分类，涵洞可分为无压力式涵洞、半压力式涵洞、压力式涵洞。无压力涵洞指的是入口处水流的水位低于洞口上缘，洞身全长范围内水面不接触洞顶的涵洞。半压力式涵洞指的是入口处水流的水位高于洞口上缘，部分洞顶承受水头压力的涵洞。压力式涵洞进出口被水淹没，涵洞全长范围内以全部断面泄水。

（四）洞身

1. 圆管涵

圆管涵由洞身及洞口两部分组成。

洞身是过水孔道的主体，主要由管身、基础、接缝组成。洞口是洞身、路基和水流三者的连接部位，主要有八字墙和一字墙两种洞口型式。

圆管涵的管身通常由钢筋混凝土构成，管径一般有 0.75m、1m、1.25m、1.5m 和 2m 等五种，管径的大小根据排水要求选择，多采用预制安装，预制长度通常为 2m。当采用 0.5m 或 0.75m 管径时用单层钢筋，而孔径在 1m 及 1m 以上时采用双层钢筋。0.5m 管径时其管壁厚度不小于 6cm，0.75m 管径时管壁厚度不小于 8cm，1m 管径时管壁厚度不小于 10cm，1.25m 及 1.5m 管径时管壁厚度不小于 12cm。

2. 拱涵

拱涵是指洞身顶部呈拱形的涵洞，一般超载潜力较大，砌筑技术容易掌握，便于群众修建，是一种普遍的涵洞形式。

拱涵的构造由洞身、出入口端墙、翼墙和出入口的铺砌组成。洞身又分为拱圈、边墙（双孔的还有中墩）及基础三部分。拱圈一般采用最小厚度为 40 cm 的等截面圆弧，边墙及中墩用以支承拱圈，边墙内侧为竖直面，外侧为适应拱脚较大水平力而设有斜坡；基础根据孔径大小一般采用整体式或分离式；洞身全长一般不做成整体，而是用沉降缝将洞身分割为若干涵节，以适应不同基底应力导致不均匀下沉产生的不规则断裂。拱涵的出入口均设有端墙和翼墙，作用是保证水流顺畅流入洞内，防冲、防渗及维护路堤的稳定。此外，为防止对出入口基础及路堤的冲刷，在其一定范围内的沟床还应进行铺砌加固。

3. 盖板涵

盖板涵是涵洞的一种形式，它受力明确，构造简单，施工方便。盖板涵主要由盖板、涵台及基础等部分组成。盖板涵与单跨简支板梁桥的结构形式基本相同，只是盖板涵的跨径较小。

钢筋混凝土盖板箱涵，洞身由钢筋混凝土圆管构成，管节形状均较简单，基础工程亦简易，又可在成品厂集中预制。在既有铁路增建涵洞时，用圆涵可便于采用顶进法施工，对铁路运营影响小。但其过水面积远较拱涵、箱涵为小，泄洪能力差，更不适用洪水夹石块的河沟，也不宜用作立交涵或人工灌溉渠道。另外，圆涵涵顶填土愈高，孔径愈大，不仅运输安装不便，而且工程量增大，因此常用的圆涵孔径一般小于 2.5 m，填土高度不大于 15m，所以圆涵适用于孔径小，且沙石料缺乏地区。

4. 箱涵

箱涵以盖板取代拱圈，洞身截面变成了箱形，称为盖板箱涵，常采用的跨度在 0.75 ~ 3.00m 间。盖板为梁式结构，其边墙尺寸较拱涵小，工程量节省；盖板箱涵内过水面积比同孔径的拱涵大，排水能力较拱涵为强；高路堤采用盖板涵时，其盖板跨中弯矩要增大，不如拱涵经济，故盖板涵一般只适用于低路堤。

5. 倒虹吸管涵

（1）倒虹吸管涵主要由进口段、水平段和出口段组成。进口段由进水河沟、沉淀池、进水井等组成。水平段是倒虹吸的主体，由基础、管身、接缝等组成。出口段由出水井、出水河沟等组成。

（2）管身宜为钢筋混凝土圆管，管身基础由级配砂石垫层和混凝土基础构成。管身接缝宜为钢丝网抹带接口或环带接口。

（3）进出水井宜由混凝土构成，也可由水泥砂浆砌片石构成。竖井上应设置活动的钢筋混凝土顶盖。沉淀池宜由浆砌块、片石构成。基础由混凝土和砂砾垫层构成。进出口河沟一定范围内应做铺砌加固。

6. 钢波纹管涵

（1）管身由薄钢板压成波纹后，卷制成管节构成。整体式波纹管采用法兰连接；分片拼装式波纹管采用钢板搭接，并用高强螺栓连接。

（2）钢波纹管涵地基或基础应均匀坚固，其地基或基础的最小厚度与宽度应符合相应规定。

（3）钢波纹管管节内外面和紧固连接螺栓或铆钉，应进行热镀锌防腐处理。

（4）管身楔形部分应采用砾类土、砂类土回填。管顶填土应在管两侧保持对称均匀、分层摊铺、逐层压实，层厚宜为 150 ~ 250mm，其压实度不应小于96%。

此外，还广泛采用钢筋混凝土刚架式箱涵、钢筋混凝土卵式拱涵及拼装式箱涵等。其优点为泄洪能力强，圬工量小，结构轻巧，便于预制拼装，缺点是钢材用量较多。这些涵洞多用于砂石材料供应困难，施工条件较差的地区。而在某些特殊情况下除桥涵排水方案外，还应考虑其他工程措施，如选用倒虹吸管、渡槽或泄水隧道等。

二、墩台施工

（一）概述

桥墩和桥台是支承桥跨结构并将恒载和车辆等活载传到地基的结构物。通常设在桥梁两端的称为桥台，设在中间的称为桥墩。桥墩除承受上部结构的荷重外，还要承受流水压力，水面以上的风力以及可能出现的冰荷载、船只、排筏或漂浮物的撞击力。桥台除了是支承桥跨结构的结构物外，它又是衔接两岸接线路堤的构筑物，既要能承受上部结构的荷重，又要能挡土护岸、承受台背填土及填土上车辆荷载所产生的附加侧压力。因此，桥梁墩、台不仅本身应具有足够的强度、刚度和稳定性，而且对地基的承载能力、沉降量、地基与基础之间的摩阻力等也都提出一定的要求，以避免在这些荷载作用下有过大的水平位移、转动或者沉降发生。桥梁下部结构的发展趋势为向轻型合理的方向发展。自20世纪50年代以来，国内外出现了不少新型的桥梁墩台，尤其是在桥墩的表现形式上显得更为突出，把结构上的轻型合理与艺术造型上的美观有机地统一起来。目前桥梁墩台种类繁多，本章的目的是从最基本和常见的墩台形式入手，掌握它们的基本构造、设计原则和一般的计算方法。公路桥梁上常用的墩台按受力特点和构造特点大体可归纳为重力式墩台和轻型墩台两大类。

1. 重力式墩、台

重力式墩台由墩（台）帽、墩（台）身和基础三个部分组成。这类墩、台的主要特点是靠自身重量来平衡外力而保持其稳定。因此，墩、台身比较厚实，可以不用钢筋，而用天然石材或片石混凝土砌筑。它适用于地基良好的大、中型桥梁或流冰、漂浮物较多的河流中。在砂石料方便的地区，小桥也往往采用重力式墩、台。重力式墩、台的主要缺点是圬工体积较大，因而其自重和阻水面积也较大。

2. 轻型墩、台

属于这类墩、台的型式很多，而且都有各自的特点和使用条件。选用时必须根据桥位处的地形、地质、水文和施工条件等因素综合考虑确定。一般说来，这类墩台的刚度小、受力后允许在一定的范围内发生弹性变形。所用的建筑材料大都以钢筋混凝土和少量配筋的混凝土为主，但也有一些轻型墩台，通过验算后，可以用石料砌筑。

（二）钢筋混凝土墩台施工

1. 适用范围

适用于公路及城市桥梁工程中基础（承台或扩大基础）以上的现浇钢筋混凝土轻型墩台、重力式墩台的施工。

2. 施工准备

（1）技术准备

1）认真审核设计图纸，编制分项工程施工方案，进行模板设计并经审批。

2）已进行钢筋的取样试验、钢筋翻样及配料单编制工作。

3）组织有关方面对模板进行进场验收。

4）进行混凝土各种原材料的取样试验工作，设计混凝土配合比。

5）对操作人员进行培训，向有关人员进行安全、技术交底。

（2）材料要求

1）钢筋：钢筋出厂时，应具有出厂质量证明书和检验报告单。品种、级别、规格和性能应符合设计要求；进场时，应抽取试件做力学性能复试，其质量必须符合国家现行标准《钢筋混凝土用热轧带肋钢筋》《钢筋混凝土用热轧光圆钢筋》等的规定。当发现钢筋脆断、焊接性能不良或力学性能显著不正常等现象时，应对该批钢筋进行化学分析或其他专项检验。

2）电焊条：电焊条应有产品合格证，品种、规格、性能等应符合国家现行标准《碳素钢焊条》的规定。选用的焊条型号应与母材强度相适应。

3）水泥：宜采用硅酸盐水泥和普通硅酸盐水泥。水泥进场应有产品合格证或出厂检验报告，进场后应对强度、安定性及其他必要的性能指标进行取样复试，其质量必须符合国家现行标准《硅酸盐水泥、普通硅酸盐水泥》等的规定。

当对水泥质量有怀疑或水泥出厂超过 3 个月时，在使用前必须进行复试，并按复试结果使用。不同品种的水泥不得混合使用。

4）砂：应采用级配良好、质地坚硬、颗粒洁净、粒径小于 5mm 的河砂，也可用山砂或用硬质岩石加工的机制砂。砂的品种、质量应符合国家现行标准《公路桥涵施工技术规程》的规定，进场后按国家现行标准《公路工程集料试验规程》（JTJ 058）进行复试合格。

5）石子：应采用坚硬的碎石或卵石。石子的品种、规格、质量应符合国家现行标准《公路桥涵施工技术规程》的规定，进场后按现行《公路工程集料试验规程》进行复试合格。

6）外加剂：外加剂应标明品种、生产厂家和牌号。出厂时应有产品说明书、出厂检验报告及合格证、性能检测报告，有害物含量检测报告应由有相应资质等级的检测部门出具，其质量和应用技术应符合国家现行标准《混凝土外加剂》和《混凝土外加剂应用技术规范》的规定。进场应取样复试合格，并应检验外加剂与水泥的适应性。

7）掺合料：掺合料应标明品种、等级及生产厂家。出厂时应有出厂合格证或质量证明书和法定检测单位提供的质量检测报告，进场后应取样复试合格。混合料质量应符合国家现行相关标准的规定，其掺量应通过试验确定。

8）水：宜采用饮用水。当采用其他水源时，其水质应符合国家现行标准《混凝土拌合用水标准》的规定。

（3）机具设备

1）脚手架：Φ48 扣件式钢管脚手架或碗扣式钢管脚手架、钢管扣件、脚手板、可调底托等。

2）钢筋加工机具：钢筋弯曲机、钢筋调直机、钢筋切断机、电焊机、砂轮切割机等。

3）模板施工机具：电锯、电刨、手电钻、模板、方木或型钢、可调顶托等。

4）混凝土施工机具：混凝土搅拌机、混凝土运输车、混凝土输送泵、行走式起重机、混凝土振捣器等。

5）其他机具设备：空压机、发电机、水车、水泵等。

6）工具：气焊割枪、扳手、铁契、铁锹、铁抹、木抹、斧子、钉锤、缆风绳、对拉螺杆及 PVC 管、钉子、8# 铁丝、钢丝刷等。

（4）作业条件

1）基础（承台或扩大基础）和预留插筋经验收合格。

2）基础（承台或扩大基础）与墩台接缝位置按有关规定已充分凿毛。

3）作业面已临时通水通电，道路畅通，场地平整，满足施工要求。

4）所需机具已进场，机械设备状况良好。

3. 施工工艺

（1）操作工艺

1）测量放线

墩柱和台身施工前应按图纸测量定线，检查基础平面位置、高程及墩台预埋钢筋位置。放线时依据基准控制桩放出墩台中心点或纵横轴线及高程控制点，并用墨线弹出墩柱、台身结构线、平面位置控制线。测放的各种桩都应标注编号，涂上各色油漆，醒目、牢固，经复核无误后进行下道工序施工。

2）搭设脚手架

①脚手架安装前应对地基进行处理，地基应平整坚实，排水顺畅。

②脚手架应搭设在墩台四周环形闭合，以增加稳定性。

③脚手架除应满足使用功能外，还应具有足够的强度、刚度及稳定性。

3）钢筋加工及绑扎

①墩、台身钢筋加工应符合一般钢筋混凝土构筑物的基本要求，严格按设计和配料单进行加工。

②基础（承台或扩大基础）施工时，应根据墩柱、台身高度预留插筋。若墩、台身不高，基础施工时可将墩、台身钢筋按全高一次预埋到位；若墩、台身太高，钢筋可分段施工，预埋钢筋长度宜高出基础顶面1.5m左右，按50%截面错开配置，错开长度应符合规范规定和设计要求，一般不小于钢筋直径的35倍且不小于500mm，连接时宜采用帮条焊或直螺纹连接技术。预埋位置应准确，满足钢筋保护层要求。

③钢筋安装前，应用钢丝刷对预埋钢筋进行调直和除锈除污处理，对基础混凝土顶面应凿去浮浆，清洗干净。

④钢筋需接长且采用焊接搭接时，可将钢筋先临时固定在脚手架上，然后再行焊接。采用直螺纹连接时，将钢筋连接后再与脚手架临时固定。在箍筋绑扎完毕即钢筋已形成整体骨架后，即可解除脚手架对钢筋的约束。

⑤墩、台身钢筋的绑扎除竖向钢筋绑扎外，水平钢筋的接头也应内外、上下互相错开。

⑥所有钢筋交叉点均应进行绑扎，绑丝扣应朝向混凝土内侧。

⑦钢筋骨架在不同高度处绑扎适量的垫块，以保持钢筋在模板中的准确位置和保护层厚度。保护层垫块应有足够的强度及刚度，宜使用塑料垫块。使用混凝土预制垫块时，必须严格控制其配合比，保证垫块强度，垫块设置宜按照梅花形均匀布置，相邻垫块距离以750mm左右为宜，矩形柱的四面均应设置垫块。

4）模板加工及安装

①圆形或矩形截面墩柱宜采用定型钢模板，薄壁墩台、肋板桥台及重力式桥台视情况可使用木模、钢模和钢木混合模板。

②采用定型钢模板时，钢模板应由专业生产厂家设计及生产，拼缝以企口为宜。

③圆形或矩形截面墩柱模板安装前应进行试拼装，合格后安装。安装宜现场整体拼装后用汽车吊就位。每次吊装长度视模板刚度而定，一般为 4m ~ 8m。

④采用木质模板时，应按结构尺寸和形状进行模板设计，设计时应考虑模板有足够的强度、刚度和稳定性，保证模板受力后不变形，不位移，成型墩台的尺寸准确。墩台圆弧或拐角处，应设计制作异形模板。

5）木质模板的拼装与就位

①木质模板以压缩多层板及竹编胶合板为宜，视情况可选用单面或双面覆膜模板，覆膜一侧面向混凝土一侧，次龙骨应选用方木，水平设置，主龙骨可选用方木及型钢，竖向设置，间距均应通过计算确定。内外模板的间距用拉杆控制。

②木质模板拼装应在现场进行，场地应平整。拼装前将次龙骨贴模板一侧用电刨刨平，然后用铁钉将次龙骨固定于主龙骨上，使主次龙骨形成稳固框架，然后铺设模板，模板拼缝夹弹性止浆材料。要求设拉杆时，须用电钻在模板相应位置打眼。每块拼装大小应根据模板安装就位所采用设备而定。

③模板就位可采用机械或人工。就位后用拉杆、基础顶部定位楔、支撑及缆风绳将其固定，模板下口用定位楔定位时按平面位置控制线进行。模板平整度、模内断面尺寸及垂直度可通过调整缆风绳松紧度及拉杆螺栓松紧度来控制。

6）墩台模板应有足够的强度、刚度和稳定性。模板拼缝应严密不漏浆，表面平整不错台。模板的变形应符合模板计算规定及验收标准对平整度控制要求。

7）薄壁墩台、肋板墩台及重力式墩台宜设拉杆。拉杆及垫板应具有足够的强度及刚度。拉杆两端应设置软木锥形垫块，以便拆模后，去除拉杆。

8）墩台模板，宜在全桥使用同一种材质、同一种类型的模板，钢模板应涂刷色泽均匀的脱模剂，确保混凝土外观色泽均匀一致。

9）混凝土浇筑时应设专人维护模板和支架，如有变形、移位或沉陷，应立即校正并加固。预埋件、保护层等发现问题时，应及时采取措施纠正。

4. 混凝土浇筑

（1）浇筑混凝土前，应检查混凝土的均匀性和坍落度，并按规定留取试件。

（2）应根据墩、台所处位置、混凝土用量、拌和设备等情况合理选用运输和浇筑方法。

（3）采用预拌混凝土时，应选择合格供应商，并提供预拌混凝土出厂合格证和混凝土配合比通知单。

（4）混凝土浇筑前，应将模内的杂物、积水和钢筋上的污垢彻底清理干净，并办理隐、预检手续。

（5）大截面墩台结构，混凝土宜采用水平分层连续浇筑或倾斜分层连续浇筑，并应在下层混凝土初凝前浇完上层混凝土。

水平分层连续浇筑上下层前后距离应保持 1.5m 以上。

倾斜分层坡度不宜过陡，浇筑面与水平夹角不得大于25°。

（6）墩柱因截面小，浇筑时应控制浇筑速度。首层混凝土浇筑时，应铺垫50mm～100mm厚与混凝土同配比的减石子水泥砂浆一层。混凝土应在整截面内水平分层，连续浇筑，每层厚度不宜大于0.3m。如因故中断，间歇时间超过规定则应按施工缝处理。

（7）柱身高度内如有系梁连接，则系梁应与墩柱同时浇筑，当浇筑至系梁上方时，浇筑速度应适当放缓，以免混凝土从系梁顶涌出。V形墩柱混凝土应对称浇筑。

（8）墩柱混凝土施工缝应留在结构受剪力较小，且宜于施工部位，如基础顶面、梁的承托下面。

（9）在基础上以预制混凝土管等作墩柱外模时，预制管节安装时应符合下列要求：

①基础面宜采用凹槽接头，凹槽深度不应小于50mm。

②上下管节安装就位后，用四根竖方木对称设置在管柱四周并绑扎牢固，防止撞击错位。

③混凝土管柱外模应加斜撑以保证浇筑时的稳定性。

④管口应用水泥砂浆填严抹平。

（10）钢板箍钢筋混凝土墩柱施工，应符合下列要求：

①钢板箍、法兰盘及预埋螺栓等均应由具有相应资质的厂家生产，进场前应进行检验并出具合格证。厂内制作及现场安装应满足钢结构施工的有关规定。

②在基础施工时应依据施工图纸将螺栓及法兰盘进行预埋，钢板箍安装前，应对基础、预埋件及墩柱钢筋进行全面检查，并进行彻底除锈除污处理，合格后施工。

③钢板箍出厂前在其顶部对称位置焊吊耳各一个，安装时由吊车将其吊起后垂直下放到法兰盘上方对应位置，人工配合调整钢板箍位置及垂直度，合格后由专业工人用电焊将其固定，稳固后摘下吊钩。

④钢板箍与法兰盘的焊接由专业工人完成，为减小焊接变形的影响，焊接时应对称进行，以便很好的控制垂直度与轴线偏位。混凝土浇筑前按钢结构验收规范对其进行验收。

⑤钢板箍墩柱宜灌注补偿收缩混凝土。

⑥对钢板箍应进行防腐处理。

（11）浇筑混凝土一般应采用振捣器振实。使用插入式振捣器时，移动间距不应超过振捣器作用半径的1.5倍；与侧模应保持50mm～100mm的距离；插入下层混凝土50mm～100mm；必须振捣密实，直至混凝土表面停止下沉、不再冒出气泡、表面平坦、不泛浆为止。

5. 混凝土成型养生

（1）混凝土浇筑完毕，应用塑料布将顶面覆盖，凝固后及时洒水养生。

（2）模板拆除后，及时用塑料布及阻燃保水材料将其包裹或覆盖，并洒水湿润养生。养生期一般不少于7d。也可根据水泥、外加剂种类和气温情况而确定养生时间。

6. 模板及脚手架拆除

侧模在混凝土强度能够保证结构表面及棱角不因拆模被损坏时进行，上系梁底模的拆除应在混凝土强度达到设计值的 75% 后进行。

7. 季节性施工

（1）雨期施工

1）雨期施工中，脚手架地基须坚实平整、排水顺畅。

2）模板涂刷脱模剂后，要采取措施避免脱模剂受雨水冲刷而流失。

3）及时准确地了解天气预报信息，避免雨中进行混凝土浇筑。

4）高墩台采用钢模板时，要采取防雷击措施。

（2）冬期施工

1）应根据混凝土搅拌、运输、浇筑及养护的各环节进行热工计算，确保混凝土模温度不低于 5℃。

2）混凝土的搅拌宜在保温棚内进行，对集料、水泥、水、掺和料及外加剂等应进行保温存放。

3）视气温情况可考虑水、集料的加热，但首先应考虑水的加热，若水加热仍不能满足施工要求时，应进行集料加热。水和集料的加热温度应通过计算确定，但不是超过有关标准的规定。投料时水泥不得与 80℃ 以上的水直接接触。

4）混凝土运输时间尽可能缩短，运输混凝土的容器应采取保温措施。

5）混凝土浇筑前应清除模板、钢筋上的冰雪和污垢，保证混凝土成型开始养护时的温度，用蓄热法时不得低于 10℃。

6）根据气温民政部和技术经济比较可以选择使用蓄热法、综合蓄热法及暖棚法进行混凝土养护。

7）在确保混凝土达到临界强度且混凝土表面温度与大气温度差小于 15℃ 时，方可撤除保温及拆除模板。

（三）质量标准

1. 基本要求

1）钢筋、电焊条的品种、规格和技术性能应符合国家现行标准规定和设计要求。

2）受力钢筋同一截面的接头数量、搭接长度和焊接、机械接头质量应符合规范要求。

3）所用的水泥、砂、石、水、掺和料及外加剂的质量规格，必须符合有关技术规范的要求，按规定的配合比施工。

4）混凝土应振捣密实，不得出现空洞和露筋现象。

2. 外观鉴定

（1）混凝土表面平整，施工缝平顺，外露面色泽一致，沉降装置必须垂直、上下贯通。

（2）混凝土蜂窝麻面面积不得超过该面面积的 0.5%，深度超过 10mm 的必须处理。

（3）混凝土表面不应出现非受力裂缝，裂缝宽度超过设计规定或设计未规定时超过 0.15mm 必须处理。

3. 成品保护

（1）钢模板安装前均匀涂抹脱模剂，涂好后立即进行安装，防止污染，不得在模板就位后涂刷脱模剂，以免污染钢筋。

（2）现浇墩台拆模（不含系梁）须在混凝土强度达到 2.5MPa 后进行，在拆除模板时注意轻拿轻放，不得强力拆除，以免损坏结构棱角或清水混凝土面。

（3）在进行基坑回填或台背填土时，结构易损部位要用木板包裹，以免夯实机械运行过程中将其损坏。回填时，宜对称回填对称夯实，距离结构 0.5m ~ 0.8m 范围内宜采用人工夯实。

4. 应注意的质量问题

（1）混凝土浇筑前要用高强度等级砂浆将底口封严，以防出现烂根现象。

（2）为防止出现露筋现象，要按要求的位置或数量安装保护层垫块。当使用混凝土垫块时，要保证其具有足够的强度。在施工中宜使用塑料垫块。

（3）为保证结构表面质量，要保证脱模剂涂刷均匀并避免脱模剂流失，以免混凝土硬化收缩出现粘模现象；混凝土浇筑时振捣适宜，以防产生孔洞及麻面。

（4）保证混凝土供应的连续性，以确保混凝土不出现冷缝。

（5）墩台混凝土浇筑脚手架，不得与模板支架连接，应自成体系，防止模板出现位移。

5. 环境、职业健康安全管理措施

（1）环境管理措施

1）施工垃圾及污水的清理排放处理

①在施工现场设立垃圾分拣站，施工垃圾及时清理到分拣站后统一运往处理站处理。

②进行现场搅拌作业的，必须在搅拌机前台及运输车清洗处设置排水沟、沉淀池，废水经沉淀后方可排入市政污水管道。

③其他污水也不得直接排入市政污水管道内，必须经沉淀后方可排入。

2）施工噪声的控制

①要杜绝人为敲打、叫嚷、野蛮装卸噪声等现象，最大限度减少噪声扰民。

②电锯、电刨、搅拌机、盆压机、发电机等强噪声机械必须安装在工作棚内，工作棚四周必须严密围挡。

③对所用机械设备进行检修，防止带故障作业、噪声增大。

3）施工扬尘的控制

①对施工场地内的临时道路要按要求硬化或铺以炉渣、砂石，并经常洒水压尘。

②对离开工地的车辆要加强检查清洗，避免将泥土带上道路，并定时对附近的道路进行洒水压尘。

③水泥和其他易飞扬的细颗粒散体材料，应安排在库内存放或严密遮盖。

④运输水泥和其他易飞扬的细颗粒散体材料和建筑垃圾时，必须封闭、包扎、覆盖，不得沿途泄漏遗撒，卸车时采取降尘措施。

⑤运输车辆不得超量运载。运载工程土方最高点不得超过槽帮上沿 500mm，边缘低于车辆槽帮上沿 100mm，装载建筑渣土或其他散装材料不得超过槽帮上沿。

（2）职业健康安全管理措施

1）施工前应搭好脚手架及作业平台，脚手架搭设必须由专业工人操作。脚手架及工作平台外侧设栏杆，栏杆不少于两道，防护栏杆须高出平台顶面 1.2m 以上，并用防火阻燃密目网封闭。脚手架作业面上脚手板与龙骨固定牢固，并设挡脚板。

2）采用吊斗浇筑混凝土时，吊斗升降应设专人指挥。落斗前，下部的作业人员必须躲开，不得身倚栏杆推动吊斗。

3）高处作业时，上下应走马道（坡道）或安全梯。梯道上防滑条宜用木条制作。

4）混凝土振捣作业时，必须戴绝缘手套。

5）暂停拆模时，必须将活动件支稳后方可离开现场。

（四）砌筑墩台施工

1. 施工方法

1）准确测出墩台纵横向中线，放出试样、挂线砌浇。

2）在砌筑墩台身的底层块时，如基底为岩石或混凝土时，应将其表面清洗干净，坐浆砌筑。如基底为土质时，应夯实，则不必坐浆。

3）墩台身须分段分层砌筑，两相邻工作段的砌筑高差不宜超过 1.2m，分段位置以设在沉降缝或伸缩缝处为宜。

4）砌筑用的石料应经过精细加工，分层分块编号，对号入座，砌筑时，较大石料用于下部，坐满砂浆后再依次砌筑上层，砌筑上层时，不得振动下层石料。

5）砌筑斜面墩台时，斜面要逐层收坡，保证规定坡度。

6）混凝土预制块砌筑顺序先从角石开始，竖缝用厚度比灰缝略小的铁片控制，缝内坐满灰浆，安砌后立即用扁铲捣实。

7）砌块用砂浆黏结，不得直接接触，要使砌缝均匀整齐。

8）随着砌体的升高，适时搭设脚手架，用以堆放材料及砂浆，施工脚手架有轻型固定式、梯子式、滑动升高式、简易活动式等数种，可根据具体情况选用。

9）砌筑材料及砂浆的提升方法，在砌体不高时，可用简单马凳、跳板直接运送；砌体较高时，可用各种吊机、扒杆等小型起重设备运送。

2.主要机械设备

灰浆拌和机、运输汽车。

（五）装配式墩台施工

装配式墩台是将高大的墩台沿垂直方向、按一定模数、水平分成若干构件，在桥址周围的预制场地上进行浇筑，通过运输车船，现场拼装。装配式墩台比较适用于桥梁长度较长，桥墩数量较多，桥墩高度相对较高；现场无混凝土拌和施工场地或较难布置；混凝土输送管道设备较难布置的桥梁墩台的施工。装配式墩台的主要特点是：可以在预制场预制构件，受周围外界干扰少，但相对来说，对运输、起重机械设备要求较高。

装配式柱式墩系将桥墩分解成若干构件，如承台、柱、盖梁（墩帽）等，在工厂或现场集中预制，再运送到现场装配成桥墩。其施工工序主要为预制构件、安装连接与混凝土填缝。其中拼装接头是关键工序，既要牢固、安全，又要结构简单便于施工。常用的拼装接头有以下几种：

（1）承插式接头

将预制构件插入相应的承台预留孔内，插入长度一般为 1.2 ~ 1.5 倍的构件宽度，底部铺设 2cm 的砂浆，四周以半干硬性混凝土填充，常用于立柱与基础的接头连接。

（2）钢筋锚固接头

构件上预留钢筋形成钢筋骨架，插入另一构件的预留槽内，或将钢筋互相焊接，再浇筑半干硬性混凝土，多用于立柱与墩帽处的连接。

（3）焊接接头

将预埋在构件中的钢板与另一构件的预埋钢板用电焊连接，外部再用混凝土封闭。这种接头易于调整误差，多用于水平连接杆与立柱的连接。

（4）扣环式接头

相互连接构件按预定位置预埋环式钢筋，安装时柱脚先坐落在承台的柱芯上，上下环式钢筋互相错接，扣环间插入 U 形钢筋焊接，立模浇筑外侧接头混凝土。

（5）法兰盘接头

在相连接构件两端安装法兰盘，连接时用法兰盘连接，要求法兰盘预埋件位置必须与构件垂直。接头处可以不用混凝土封闭。

装配式柱式墩台施工应注意以下几点：

（1）墩台柱构件与基础顶面预留杆形基座应编号，并检查各个墩、台高度和基坐标高是否符合设计要求；基口四周与柱边空隙不得小于 2cm。

（2）墩台柱吊入基环内就位时，应在纵、横方向测量，使柱身竖直度或倾斜度以及平面位置均符合设计要求；对重量大、细长的墩柱，需用风缆或撑木固定后，方可放吊钩。

（3）在墩台柱顶安装盖梁前，应先检查盖梁上预留槽眼位置是否符合设计要求，否则应先修凿。

（4）柱身与盖梁（墩帽）安装完毕并检查符合要求后，可在基杯空隙与盖梁槽眼处浇筑稀砂浆，待其硬化后，撤除楔子、支撑或风缆，再在楔子孔中灌填砂浆。

随着预应力技术的成熟与发展，预应力开始应用于墩台上，特别是后张法预应力钢筋混凝土装配式墩台。它的施工方法与装配式柱式墩台施工方法相似，除了安装时的连接接头处理技术之外，节段预制构件之间的连接方式主要依赖于预应力钢束。

后张法预应力钢筋混凝土装配式墩台采用的预应力钢材主要有高强度低松弛钢丝和冷拉Ⅳ级粗钢筋两种。高强度低松弛钢丝，其强度高，张拉力大，预应力束数较少；施工时穿束较容易，在预应力钢束连接处受预应力钢束连接器的影响，需要局部加大构件壁厚。冷拉Ⅳ级粗钢筋要求混凝土预制构件中的预留孔道精度高，以利冷拉Ⅳ级钢筋的连接。

后张法预应力钢筋混凝土装配式墩台的预应力张拉方式有以下两种：张拉位置可以在墩帽顶上张拉；亦可以在墩台底的实体部位张拉。一般采用墩帽顶上张拉。

（1）墩帽顶上张拉预应力钢束其主要特点是：①张拉操作人员及设备均处于高空作业，张拉操作虽然方便，但安全性较差；②预应力钢束锚固端可以直接埋入承台，而不需要设置过渡段；③在墩底截面受力最大位置可以发挥预应力钢束抗弯能力强的特点。

（2）墩底实心体张拉预应力钢束其主要特点是：①张拉操作人员和设备均为地面作业，安全方便；②在墩底处要设置过渡段，既要满足预应力钢束张拉千斤顶安放要求，同时，又要布置较多的受力钢筋，满足截面在运营阶段受力要求；③过渡段构件中预应力钢束的张拉位置与竖向受力钢筋相互关系较为复杂。

预应力钢束的张拉要求、预应力管道内的压浆要求与预应力混凝土梁的要求一致，不再重述。特别应注意的是，压浆最好由下而上压注；构件装配的水平拼装缝采用35号水泥砂浆，砂浆厚度为15mm，一方面可以起调节水平，另一方面可避免因渗水而影响预制构件的连接质量。

（五）高墩施工

1. 人工翻升模板设计

翻升模板由两节大块模板（内、外模都采用钢模板）与支架、内外钢管脚手架工作平台组合而成（施工中随着墩柱高度的增加将支架与已浇墩柱相连接，以增加支架的稳定性）。施工时第一节模板支立于基顶，第二节模板支立于第一节段模板上。当第二节混凝土强度达到3MPa以上、第一节混凝土强度达到10MPa以上时，拆除第一节模板并将模板表面清理干净、涂上脱模剂后，用塔吊和手动葫芦将其翻升至第二节模板上。此时全部施工荷载由已硬化并具有一定强度的墩身混凝土传至基顶。依此循环，形成接升脚手架→钢筋接长绑扎→拆模、清理模板→翻升模板、组拼模板→中线与标高测量→灌注混凝土和养生的循环作业，直至达到设计高度。

每一节翻转模板主要由内外模板及纵横肋、刚度加强架、内外脚手架与作业平台、模板拉筋、安全网等组成。

内外模板均分为标准板和角模板两种，每大节模板高度 6m（每节模板由高度 2m 的三个小节模板拼组而成），宽度划分以 1.5m 为模数。

模板之间用 Φ30 螺栓连接，用 [12 槽钢支撑拉筋垫板，[12 槽钢间距不超过 1m，拉筋用 Φ16mm 的圆钢或螺纹钢。在拉筋处的内外模板之间设 Φ18mmPVC 硬管，以便拉筋抽拔及再次利用。灌注混凝土前在模板顶面按 1.5m 的间距设临时木或铁支撑，以控制墩身壁厚。内外模板均设模板刚度加强架，以控制模板变形。内外施工平台搭设在内外脚手架上。在内侧施工平台上铺薄钢板，临时存放用运送来的混凝土。在外侧施工平台顶面（脚手架）的周边设立防护栏杆，并牢固地挂立安全网。

2. 翻升模板施工要点

（1）安装内外脚手架。为兼顾钢筋绑扎与混凝土灌注两方面的因素，内平台与待灌节段的混凝土顶面基本平齐，外平台与待绑扎钢筋的顶部基本平齐。脚手架安装完毕后安装防护栏杆和安全网，搭设内外作业平台。

（2）钢筋绑扎与检查。按设计要求绑扎钢筋后进行检查。绑扎中注意随时检查钢筋网的尺寸，以保证模板安装顺利。由于模板高度 4m，因此每次钢筋绑扎的最低高度不小于 4m 加钢筋搭接长度。若钢筋绑扎长度大于 6m，则需将钢筋的中上部支撑在脚手架上，以防钢筋倾斜。

（3）首次立模准备。根据墩身中心线放出立模边线，立模边线外用砂浆找平，找平层用水平尺抄平。待砂浆硬化后即可立模。

（4）首节模板安装。模板用塔吊吊装，人工辅助就位。先拼装墩身一个面的外模，然后逐次将整个墩身的第一节外模板组拼完毕。外模板安；装后吊装内模板；然后上拉筋。每节模板安装时，可在两节模板间的缝隙间塞填薄钢板纠偏。

（5）立模检查。每节模板安装后，用水准仪和全站仪检查模板顶面标高；中心及平面尺寸。若误差超标要调整，直至符合标准。测量时用全站仪对三向中心线（横向、纵向、45 方向）进行测控。每次测量要在一个方向上进行换手多测回测量。测量要在无太阳强光照射、无大风、无振动干扰的条件下进行。

（6）混凝土灌注。模板安装并检查合格后，在内外模板和钢筋之间安装 L 混凝土灌注漏斗，混凝土经混凝土输送泵送至内施工平台，通过漏斗由人工铲送入模。混凝土采用水平分层灌注，每层厚度 40cm 左右，用插入式振捣器振捣，不要漏捣和过度振捣。灌注完的混凝土要及时养生。待混凝土初凝后、终凝前，用高压水冲洗接缝混凝土表面。

（7）重复如上步骤，灌注第二节混凝土。灌注混凝土中要按要求制作试件，待第一节混凝土强度达到 10Mpa、第二节混凝土强度达到 3MPa 以土时，做翻升模板、施工第三节混凝土的准备。

（8）模板翻升。将第一节模板用手动葫芦挂在第二节模板上，松开并抽出第一节模板之间的拉筋，用塔吊和手拉葫芦分别起吊第一节模板的各部分并运至第二节模板顶部或地面，清理模板涂刷脱模剂后在第二节模板顶按上述次序安装固定各组成部分。如此循环，直至墩顶。

3. 墩顶段施工

当模板翻升至墩顶实心段底部时，拆除墩身内施工平台和脚手架，搭设外侧施工平台和安装防护栏杆与安全网，并在墩身内侧安装封闭段托架和模板。然后绑扎钢筋、安装外模板、灌注混凝土、养生。墩柱施工高度至墩柱截面变化的底面处。封闭段托架采用横桥向布设 7 根 I20b 工字钢，工字钢间距为 60 厘米，工字钢上铺方木，方木上铺设模板，模板采用木模。

4. 模板拆除

待模板内混凝土强度大于 10Mpa 时，拆除所有外模板。拆除时按先底节段后顶节段的顺序进行。

5. 墩身钢筋制作与绑扎

钢筋在加工棚内制作，要保证制作钢筋的精度。为验证钢筋制作的精度，可在弯制少量钢筋后，先在地面平地上进行绑扎试验，并根据实验结果调整弯制方法与尺寸。形状与尺寸已确定的钢筋可采取经常拉尺检查的办法对精度进行有效的控制。钢筋必须严格进料、出库管理，加工好的钢筋分类存放，挂牌标识。标识内容包括规格、型号、安装位置等，对检验不符合要求的材料做好标识，防止误用。

钢筋采用现场绑扎法。根据设计图纸要求，对 Φ25mm 以上的主筋采用机械接头接长；对直径 25mm 以下的钢筋采用搭接焊接法，接焊时，钢筋采用 T502 以上焊条。机械接头需作破坏试验，焊接接头应做焊接工艺试验。当钢筋竖直长度超过 6m 时，应将其临时支撑固定在脚手架上，以防钢筋倾斜不垂直。

6. 墩身混凝土浇筑

混凝土采用拌和站集中拌和、混凝土输送泵运送、串筒入模、插入式振捣器振捣的施工方法。灌注混凝土前应检查模板、钢筋及预埋件的位置、尺寸和保护层厚度，确保其位置准确、保护层足够。

由于混凝土施工高度大于 2m，为使混凝土的灌注时不产生离析，混凝土将通过串筒滑落。为保证混凝土的振捣质量，振捣时要满足下列要求：

（1）混凝土分层浇筑，层厚控制在 40cm 左右。混凝土垂直运输采用输送泵进行。

（2）振捣前振捣棒应垂直或略有倾斜地插入混凝土中，倾斜适度，否则会减小插入深度而影响振捣效果。

（3）插入振捣棒时稍快，提出时略慢，并边提边振，以免在混凝土中留下空洞。

（4）振捣棒的移动距离不超过振捣器作用半径的1.5倍，并与模板保持5～10cm的距离。振捣棒插入下层混凝土5～10cm，以保证上下层混凝土之间的结合质量。

（5）混凝土浇注后随即进行振捣，振捣时间一般控制在30秒以上，有下列情况之一时即表明混凝土已振捣密实：

①混凝土表面停止沉落或沉落不明显；

②振捣时不再出现显著气泡或振动器周围元气泡冒出；

③混凝土表面平坦、无气体排出；

④混凝土已将模板边角部位填满充实。

墩身施工中，注意对预埋件的施工，以便进行后续的工程的施工。

混凝土的浇注要保持连续进行，若因故必须间断，间断时间要小于混凝土的初凝时间，其初凝时间由试验确定。如果间断时间超过了初凝时间，则需按二次灌注的要求，对施工缝进行如下处理：凿除接缝处混凝土表面的水泥砂浆和松弱层，凿除时混凝土强度要达到5Mpa以上。在浇注新混凝土前用水将旧混凝土表面冲洗干净并充分湿润，但不能留有积水，并在水平缝的接面上铺一层1～2cm厚的同级水泥砂浆。根据混凝土保护层厚度采用相应尺寸的垫块，垫块数量按底模5～7个/m²、侧模3～5个/m²放置。在混凝土强度达到10Mpa以上时即可拆模。进行不少于7天的标准养护，墩身混凝土的养护在拆模后立即用塑料薄膜包裹洒水养护。

7.墩身线形、顺直度及平面误差控制

（1）在承台浇注完混凝土后，利用护桩恢复墩中心，并从大桥控制网对其校核，准确放出墩身大样，然后立模、施工墩身实心段混凝土。实心混凝土施工完后，在桥墩中心处设置一直径为40cm、高40cm的钢筋混凝圆台，将墩中心准确地定位在预理的钢筋头上。每提升1次模板根据墩不同高度，利用全站仪或经纬仪对四边的模板进行检查调整。施工中要检查模板对角线，将误差控制在5mm以内，以保证墩身线形。检查模板时，已灌混凝土的模板上每个方向作2个方向点，防止大雾天气不能检查模时，可以拉线与经纬仪互为校核，不影响施工。检查模板时间在每天9点以前或下午4点以后，避免日照对墩身的影响；墩身上的后视点要量靠近承台，每次检查前校核各个方向点是否在一条直线土，如有偏差，按墩高比例向相反方向调整。

（2）墩身竖直度及错台控制

由于墩身高、循环浇注次数多、测量作业面小等因素导致墩身垂直度控制难度很大，而墩身垂直度的偏差对整体受力及外观都会产生严重的影响。我们采取了如下措施确保墩身竖直度及错台：

1）建立独立的三角网，确保导线基点不下沉、不偏位；严格执行换手复测制度，精确定位后反测后视点坐标。通过采用三角高程配合悬挂钢尺法精确测定墩柱模板顶标高，采用全站仪精确放样墩身模板主要角点的平面位置，使其满足设计要求。全站仪放样后钢尺校核各个角点的相对尺寸，两者无误后才准许锁紧拉杆，锁完后再次复测确保无误。

2）翻模安装：翻模组装前对各部件尺寸、规格进行检查，按预排顺序组装成片，检查合格后方可进行基础段墩身模板安装。模板与模板连接采用Φ16螺栓锁紧，上好纵横拉杆。

3）安装第1节模板时，先准确放样出墩身的4个角点，然后弹出墨线，再安装模板，模板的4个角支垫钢板将模板顶面调整水平，其余处用M10#水泥砂浆填塞，顶面4个角的相对高差控制在2mm以内。

4）模板初步安装好后用全站仪或经纬仪检校模板的竖直度，每层模板的竖直度偏差大于5mm时，用不同厚度的钢板块支垫模权的角点进行纠偏。混凝土浇筑前对模板的纵、横向竖直度进行复检。

5）施工中要严格控制模板刚度、加工精度及测量定位的准确性，重视模板紧固措施，尽量避免过大调整模板。

6）保证主筋预埋位置的准确；首先在承台钢筋上焊接固定墩身4角的主筋骨架，保证预埋主筋的竖直度；浇筑承台混凝土时，防止主筋倾斜，在主筋骨架4角对称用Φ6mm钢绞线加地锚锚固；接长主筋时，将主钢筋上部用水平钢筋将位置固定，然后用倒链校正其竖直度。

7）混凝土浇筑时对称浇筑，对称振捣。从一端浇筑，一端浇筑过高一端没料，容易对模板形成偏压，振捣的不对称，也容易对模板形成偏压，影响模板的竖直度。

8）固定模板的拉杆由于在振捣过程中会引起螺栓的松动而引起模板变形，在振捣过程中尽量避开拉杆，加派专人观察，发现有松动螺母及时紧固。

9）模板在安装、拆卸、翻升过程中，严禁碰撞，拆卸后立即清理刷油，放置平整。如放置不平整，模板易产生扭曲变形，影响模板的竖直度。

10）随着墩身高度的增加，日照引起的摇摆摆幅越来越大，为避免日照影响，浇筑前的模板校验与精确定位均在早晨日出之前进行。

11）每节混凝土浇注3m高，模板刚度稍有不足，在浇注下一节时，接缝处均易产生错台，影响墩身的竖直度，如将混凝土浇注面比模板顶面降低10cm，可避免接缝错台。

12）模板刷油宜使用食用油，可使混凝土表面光泽一致。

13）浇注完成一层，墩身表面及时用塑料薄膜包裹养生。

8.支架搭设、稳定性验算

（1）技术要求。墩柱脚手架主要起操作架及垂直运输作用，必须具有足够的强度、刚度和稳定性；支承部分必须有足够的支承面积，如有底托的碗扣件安置在铺设好的枕木上或已浇筑的承台上，有基土时必须坚实并有排水措施；脚手架立杆间距及横杆步距必须满足使用要求。

（2）搭设方法。清平夯实基土（条件容许时最好将脚手架支承于墩柱承台上），围绕墩柱搭设碗扣件支架，我们在三口大桥3#高墩柱施工过程中采用双排碗扣件作为支架，立杆及横杆采用1.2m间距，排间距为0.9m。

（3）支架受力分析及计算。对于一般的扣件式钢管脚手架在搭设前首先必须力学验算，架体结构的主要传力途径为：操作平台上的各种竖向荷载横向—水平杆—纵向水平杆—立杆—垫木—地基。从传力途径可以看出，结构杆件中立杆底段是受力最大，因此在计算过程中主要计主杆底段和地基。计算时主要考虑的荷载可分为恒荷载和活荷载。前者主要包括结构自重和构配件自重，后者主要包括操作平台上的施工荷载和水平风荷载，还应考虑河流中水的冲刷产生的荷载。在脚手架的搭设计算中，最主要的是通过荷载的分布情况及大小，验算立杆的刚度和稳定性是否满足要求。另外，脚手架构造、脚手架加强加固必须满足施工要求和安全技术规范要求。

第三节　预应力混凝土桥梁施工技术

预应力混凝土连续梁桥，因为地形适应性强，设计、施工技术成熟，跨越能力大，造价合理，近年来被广泛采用。它具有结构受力性能好、变形小、伸缩缝少、行车平稳舒适、养护简易、造型简洁美观等优点。预应力混凝土连续梁桥是一种经典的梁式结构体系，在20世纪50年代前，预应力混凝土连续梁虽是一种常被采用的结构体系，但跨度均在百米以下，当时主要采用满堂支架施工，费工费时，限制了它的发展。50年代后期，由于应用了传统的钢桥悬臂施工拼装方法，并加以改进与发展，及逐跨架设法与顶推法的应用，使连续梁桥废弃了昂贵的满堂支架施工方法，代之以经济有效的高度机械化施工方法，从而使连续梁桥方案获得新的竞争力。20世纪80年代，特别是90年代以来，随着高速公路交通的迅速发展，连续梁桥在行车平稳舒适及跨越能力上获得了新的竞争力，在桥梁界得到了迅速的推广。

一、后张法预应力施工

预应力混凝土T梁制作在预制场内完成，台座制作时考虑梁板的预拱度，按设计要求在跨中设置2.4cm的反拱值（下拱度）。

二、模板的拼拆

预应力T梁内外模均为专门生产的定型钢模板，模板到场后先进行试拼，发现问题及时联系模板厂家进行处理。预应力T梁的长度及局部地方用小尺寸的调整板调整。浇筑之前内外模均应安装校正好，内模的底模暂不安装，边浇边封底模。人工进行模板的安装和拆除，龙门吊辅助吊装，装拆时应注意以下事项：

1. 在整个施工过程中要始终保持模板的完好状态，认真做好维修保养工作，及时刷脱模剂。

2. 模板在吊运过程中，注意避免碰撞。

3. 装拆时，要注意检查接缝的严密情况，必要时采用石膏粉或原子灰等材料填缝，以保证接缝不漏浆。预制前应对钢模板进行预拼，对与混凝土接触的钢模表面应打磨除锈，达到视觉上无锈迹；

为保证 T 梁内模位置准确，在两侧腹板内对应每段内模应设置两根内模定位钢筋，该定位钢筋应与腹板内钢筋点焊。内模底板上面的垫块应在钢筋绑扎后一次布置。

4. 在安装过程中，要及时对各部分模板进行精度控制，安装完毕后应进行全面检查，若超出容许偏差，则及时纠正。

三、钢筋骨架的制作与安装

钢筋骨架的制作在加工厂进行，钢筋下料尺寸严格按照设计图纸进行，由于两侧钢筋直径较细，注意保持钢筋的平直度，底板主筋采用焊接头，并保证规范规定的焊缝长度，在同一搭接长度段内的接头数量不得超过钢筋总截面积的 50%，其加工安装必须符合公路桥涵施工技术规范规定。

当钢筋和预应力管道在空间发生干扰时，移动钢筋以保证钢束管道位置准确。

钢筋绑扎好后，校正内外模，在监理工程师检查合格后进行混凝土浇筑。进行预制 T 梁的技术干部和钢筋班组、模板施工班组必须固定，不准随意调换主要技术人员，以保证钢筋、模板施工有条不紊地进行，增进熟练程度，加快速度，节约时间。

当在安装有预应力筋的构造附近进行电焊时，对全部预应力筋和金属件均进行保护，防止溅上焊渣或造成其他损坏。

四、波纹管及锚具预埋

预留孔道的制作为预埋波纹管。预留孔道的位置应准确，注意管道轴线在垫板处必须与锚垫板垂直，管道与管道间、管道与喇叭管的连接要密封，每块管道沿长度方向每隔一米设井字形定位钢筋并焊在主筋上，管道位置的容许偏差纵向不得大于 10mm，横向不得大于 5mm。

混凝土浇筑前按施工需要设置压浆孔、排气孔、检查孔，其中排气孔应设在孔道最高位置，孔径 8 ~ 10mm，灌浆孔宜设在下方，孔径 25mm。

五、预应力钢绞线的下料

钢绞线运到现场后，下料长度由孔道长度和工作长度决定：

钢绞线的下料长度：

$$L = L_1 + 2L_2$$

式中：L_1——构件混凝土孔道长度

　　　L_2——张拉端所需要的钢绞线工作长度，视具体所采用的锚具和张拉千斤顶类型确定。

六、穿钢绞线

穿钢绞线前，可用空压机吹风等方法清理孔道内的污水和积水，以确保孔道畅通。穿线工作一般采用人工直接穿束，或借助一根 $\Phi5$ 的长钢丝作为引线，用卷扬机牵引较长的束筋进行穿束。

七、混凝土浇筑

预应力 T 梁混凝土的浇筑整体施工顺序为：底板→腹板→顶板，为确保 T 梁混凝土浇筑质量现场浇筑预应力 T 梁时分两次进行浇筑即第一次进行底板、腹板浇筑，第二次进行顶板混凝土浇筑施工。

顶板混凝土必须在腹板混凝土初凝前完成，为此混凝土应具备足够的初凝时间。底板混凝土振捣只能使用振捣棒在底板上顺板跨方向顺拖。为避免振捣棒碰坏波纹管，必要时可先用铁丝标线，规定振捣范围。

为使桥面铺装与 T 梁紧密地结合为整体，预制梁板时先清除顶板浮浆，在顶面混凝土初凝前对板顶横桥方向拉毛。

钢筋、模板和预埋件安装完毕，经监理工程师检查验收并签认后方可进行混凝土的浇筑施工。梁体混凝土一般应水平分段、分层，一次整体浇筑成型。

混凝土在拌和站集中拌制，水平运输采用混凝土运输车，门机配吊罐直接入模。

浇筑混凝土时，侧模采用附着式振动器联合振动为主，以插入式振捣器振捣为辅，振捣器布置时按照间距 2m 呈梅花形布置，具体布置参数根据实际情况进行调整。预应力 T 梁腹板、预应力钢材锚固端以及其他钢筋密集部位，宜特别注意振捣，应避免碰撞预埋管道及预埋件等，以保证其位置及尺寸符合要求。

每片板除留足标准养护试件外，还应制作随梁同条件养护的试件 3 组，作为拆模、张拉等工序强度控制依据。

根据施工工期及进度安排，T 梁的预制需要在冬季进行，T 梁除覆盖草席洒水养护外，必要时采用蒸汽养护。

八、后张法工艺

1. 预应力锚具及锚垫板

桥梁设计的预应力锚具型号为 M15-5 扁锚、BM15-4 扁锚、BM15-5 扁锚。浇筑混凝土前按照设计图纸要求布置锚垫板，浇筑混凝土时必须对锚板后的部分进行充分捣固，以避免发生蜂窝。

2. 张拉工艺

梁板混凝土强度达到设计标号的 90% 以上（龄期 7 天以后），方可进行张拉，采用两端张拉。施加预应力采用张拉力与引伸量双控，单根钢绞线控制张拉力为 195.3 kN，伸长量误差为 ±6% 以内，每束钢绞线断丝和滑丝不应超过 1 丝，每断面断丝之和不超过该断面钢绞线总数的 1%。每次张拉应有完整的原始张拉记录，且应在监理在场的情况下进行。

张拉前，应就实测的弹性模量和截面积对计算引伸量做修正。

引伸量修正公式为：

$$\triangle' = EA / E'A' \times \triangle$$

式中：　　E′、A′ 为实测弹性模量及截面积；

　　　　　E、A 为计算弹性模量及截面积；

　　　　　△ 为设计计算引伸量值。

　　　　　△′ 为修正引伸量值。

张拉前还需做好千斤顶和压力表的校验，与张拉吨位相应的油压表读数和钢绞线伸长量的计算、张拉顺序的确定和清孔、穿束等工作。对千斤顶和油泵进行标定，以保证各部分不漏油并能正常工作。画出油压表读数和实际拉力的标定曲线，确定预应力钢绞线中应力值和油压读数间的直接关系。

初应力宜为张拉控制应力 σcom 的 10% ~ 15%。引伸量的量测应测定钢绞线的直接伸长值，不宜测千斤顶油缸变位。若伸长量误差超过 ±6%，应查明原因并采取措施解决后，方可继续张拉。

各钢绞线的张拉顺序，对称于构件截面的竖直轴线，同时考虑不使构件的上下缘混凝土应力超过容许值。

钢绞线运抵工地后放置在室内并防止锈蚀。钢绞线切割不准采用电焊或气焊切割，使用砂轮锯切割，严禁钢绞线作电焊机导线用，且钢绞线的放置应远离电焊地区。

千斤顶和油泵必须配套标定后配套使用，且采用后卡式千斤顶，不允许使用前卡式千斤顶；张拉前应检查千斤顶内摩阻是否符合有关规定要求，否则停止使用。张拉施工过程中要注意梁板的变化，若发现梁板开裂立即停止张拉施工，查明原因后再进行处理。

3. 孔道压浆和封锚

压浆的目的是防护构件内的预应力钢绞线免于锈蚀，并使它们与构件相黏结而形成整体。预应力钢束张拉完毕压浆封锚应在 24 小时内完成。

压浆是用压浆机将水泥浆压入孔道，务使孔道从一端到另一端充满水泥浆，并且不使水泥浆在凝结前漏掉。为此需在两端锚头上或锚头附近的构件上设置连接带阀压浆嘴的接口和排气孔。

水泥浆配合比需做实验确定最优配合比，水灰比不大于 0.4，不得掺入各种氯盐。根据试验结果掺入一定量的铝粉或膨胀剂，能使水泥浆凝固时的膨胀稍大于体积收缩，因而使孔道能充分填满。水泥浆强度等级不得低于结构自身的混凝土强度等级。

压浆前先压水冲洗孔道，然后从压浆嘴慢慢压入水泥浆，这时另一端的排气孔有空气排出，直至有水泥浆流出为止。流出浓浆后，关闭压浆和出浆口的阀门，静置一段时间后（在水泥浆初凝前）补压一次。

压浆前需将预应力钢绞线露于锚头外的部分（张拉时的工作长度）截除。压浆后将所有锚头用混凝土封闭，最后完成梁的预制工作。

（1）压浆的压力以保证压入孔内的水泥浆密实为准，开始压力要小，逐步增加，一般为 0.5 MPa ~ 0.7 MPa，每个孔道压浆至最大压力后，有一定的稳定时间。压浆应达到孔道另一端饱满出浆，并应达到排气孔排出与规定稠度相同的水泥浆为止。

（2）孔道压浆顺序是先下后上，要将集中在一处的孔一次压完。若中间因故停歇时，立即将孔道内的水泥浆冲洗干净，以便重新压浆时，孔道畅通无阻。

（3）压浆过程中及压浆后 48 小时内，结构混凝土的温度不得低于 5℃，否则采取保温措施。当气温高于 32℃时，停止压浆施工。

（4）为检查孔道内水泥浆的实际密度，压浆后从检查孔抽查压浆的密实情况，如有不实，及时处理和纠正。要在拌制水泥浆同时，制作标准试块，经与构件同等条件养护到 30 MPa 后可撤销养护，方可进行移运和吊装。

孔道压浆后立即将梁端水泥浆冲洗干净，同时清除支承垫板，锚具及端面混凝土的污垢，并将端面混凝土凿毛，以备浇筑封端混凝土，封端混凝土程序如下：

九、预应力 T 梁存放

采用捆绑吊装，将 T 梁吊至堆放场地集中堆放，梁板堆放均采用四点支承堆放，支承中心顺桥向距梁端 28 厘米左右，横桥向距腹板外缘 15cm，支承垫板宽平面尺寸为 20×20cm。当受场地限制需采用多层堆放时，最多可叠放三层，各层之间用垫木（在吊点处）隔开，且板与板之间的支撑垫块高度宜为 30cm。

第四节 拱桥施工技术

现代拱桥技术的施工方法一般有五种，有支架施工，悬臂浇筑法施工，装配式拱桥安装施工，转体施工，钢管混凝土施工等。而钢管凝土由于重量轻、刚度大、拱桥断面尺寸小吊装方便等优点，给大跨度施工带来了十分有利的条件，被广泛采用。以下将为大家简单介绍一下施工方法。

一、钢管混凝土拱桥构造特点

（1）截面形式

钢管混凝土结构的主要特点之一就是钢管对混凝土的套箍作用，使钢管内混凝土处于三向受力状态，提高了混凝土的抗压强度与抗变形能力。因此，目前钢管混凝土拱桥基本上都采用圆形钢管组成。刚拱桥跨度较小时可以用单圆管。跨度在150米以内，采用哑铃型截面。超过150之后，一般采用桁式截面。

（2）结构形式

拱桥的形式一般都受到地质条件的影响，当地质条件教好时，一般采用有推力的中承式拱桥。当地质条件较差时一般采用中承式带两个半跨的自锚结构形式，同时也可以采用下承式系杆拱结构，而且下承式也可适用于城市道路接线高度的地段，而这种系杆形式又分为两种：一种是上下部结构采用刚接联结；一种是上部结构以简支形式支撑桥墩的系杆形式。

二、中承式、下承式钢管混凝土拱桥

（一）施工工序及要点

1. 施工工序

第一步分段制作钢管及加工腹杆、横撑第二步拼接钢管拱肋，应按先端段后顶端逐渐进行，接着吊装钢管拱肋就位合拢，从拱顶向拱脚对称施焊，同时从拱顶向拱脚对称安装肋间横梁、X 撑及 K 撑等结构；第三步按照设计程序浇筑钢管内混凝土；第四步安装吊杆拱上立柱及总横梁和面板，浇筑桥面混凝土。

2. 施工要点

钢管制作时，下料要准确，成管直径误差要在正负 2mm 之内。

拱肋拼接应在 1：1 大样的样台上进行，焊接时应严格保证其质量。

浇筑混凝土时为了保证混凝土的质量以及混凝土的拉应力变形，浇筑时每根钢管应连续进行，上下钢管、相邻钢管必须按照一定的顺序或设计要求进行。

为保证桁架在施工时的稳定性，拱肋间应设置横梁、X 撑、K 撑，调整管内混凝土的浇筑顺序等措施。

进行桥面系的安装时钢管混凝土必须达到一定的强度后才能进行。

（二）钢管拱肋制作

钢管混凝土拱桥所用的钢管直径一般都比较大，所选钢材一般都是 A3 钢和 16Mn 钢钢管由钢板卷制成型长度一般为 120 ~ 180 厘米。采用桁式截面时腹杆可以直接采用无缝钢管。

1. 钢管卷制与焊接

钢板要用切割机切割，但需要去除热应力的影响，大约 3 ～ 5cm。拱肋以及横撑结构的外表面均应先喷砂除锈。钢板卷制焊接管可以采用工厂卷制和工地冷弯卷制，一般都采用前者。轧制的管筒的失圆度对口偏差一定要遵循施工要求。对焊成的直钢管应进行检查与校正，以确保其精度。

2. 拱肋放样

卷制成的成品通常为 8 ～ 12m 长的直管，然后加工形成拱肋。首先根据图纸要求绘制施工详图，然后根据规范进行放样。沿放样的拱肋轴线设置胎架在大样上放出吊杆位置以及混凝土注孔位置。拱肋分段式应避开吊杆孔和混凝土注孔位置。拱肋加工段长度进行钢管接长时，第一步应对两管对端进行校圆，一定要符合设计要求和国家标准，否则必须进行调校。第二步进行坡口处理，包括对接端不平度的检查然后焊接，工地弯管一般采用加热预压方式，但温度不得超过 800°。第三步钢管的对接焊缝有单面坡口缝和无衬管的双面熔透焊两对接环焊缝的间距应满足设计要求，无规定时直接焊接管不小于管的直径，螺旋焊接管不小于 3m。

3. 拱肋段的拼装

精确放样和下料。

在 1：1 放样台上组成拼装拱肋。先进行组拼，然后做固定点焊焊接，在拱肋初步形成后，详细检查调校尺寸。

对管段涂刷油漆作防锈防护处理。

三、拱肋安装和拱柱混凝土浇筑

（一）拱肋安装

钢管拱肋的安装，我国用得最多的方法是少支架或无支架缆索吊装、转体施工或斜拉扣索悬拼法施工。

1. 支架施工法

支架施工法就是在桥位处按照钢管拱肋的设计线性加预拱度，拼装好支架，在支架上就位拼装、焊接成拱的施工方法。在施工中结合汽车吊、门架吊或浮吊等机械，而且施工中为了调整拱肋的标高，吊面位置和成拱后的落架，在支架顶部还设置了微调装置，一般用千斤顶和丝杠。支架可用满堂式，或分离式。这种施工方法无须大型设备，拱肋线形容易控制。不足之处在于接头较多，焊接施工难度大且质量不易保障，工期长，对桥下地形要求高。

2.无支架缆索吊装

缆索吊装施工法就是根据缆索系统设计的承载能力，将拱肋分段预制好，有卷扬机牵引将拱肋吊装就位，再用扣索固定，再一次吊装其余各段并与之拼接，直至全桥合拢为止。施工较经济，但施工时在空中对接精度难以控制，质量和工期也难以控制。

（二）拱肋混凝土浇筑

1.人工浇筑法

首先用索道吊点悬吊活动平台，在钢管拱肋顶部每隔四米开孔作为灌注孔和振捣孔。然后吊斗将混凝土运至拱肋灌注孔，混凝土由人工铲进，插入式和附着式振捣器振捣。对于哑铃型一般都是先腹板，后下管，再上管。顺序从拱脚向拱顶，按对称、均衡的原则进行。

2.泵送顶升浇筑法

这种方法适用于桁架式钢管拱肋内混凝土的浇筑，也可以用于单管、哑铃型等实体形拱肋截面的混凝土浇筑一般输送泵设于两岸拱脚，对称均衡地一次压住混凝土。浇筑时钢管应每隔一定距离开设气孔，以减小孔内空气压力。

3.浇筑混凝土的注意事项

每根钢管的混凝土须由拱脚至拱顶一次连续浇筑完成，不得中断。混凝土初凝时间内不能浇完一根钢管时，可设隔板把钢管分为三段或五段。

浇筑入口应设在浇筑段根部，应从两拱脚向拱顶对称浇筑。

浇筑混凝土的前进方向，应每隔30m左右设一个排气孔，有助于排除空气，提高混凝土的密实度。

桁式钢管拱肋浇筑，一般先下管后上管，或者上下管和相邻管的混凝土浇筑按一定程序交错进行或按设计要求进行。

浇筑时环境气温应大于5°。当环境气温高于40°时，钢管温度高于60°时，应采取措施降低温度。

第三章　市政工程施工技术

第一节　市政管道工程

一、概　述

市政管道工程是市政工程的重要组成部分，是城市重要的基础工程设施。市政管道工程包括：给水管道、排水管道、燃气管道、热力管道、电力电缆。

给水管道：主要为城市输送供应生活用水、生产用水、消防用水和市政绿化及喷洒用水，包括输水管道和配水管网两部分。排水管道：主要是及时收集城市生活污水、工业废水和雨水，并将生活污水和工业废水输送到污水处理厂进行处理后排放，雨水就近排放。以保证城市的环境卫生和生命财产的安全。

燃气管道：主要是将燃气分配站中的燃气输送分配到各用户，供用户使用。热力管道：供给用户取暖使用，有热水管道和蒸汽管道。电力电缆：为城市输送电能。按功能可分为动力电缆、照明电缆、电车电缆等；按电压的高低可分为低压电缆、高压电缆和超高压电缆。

二、市政管道开槽施工

开槽铺设预制成品管是目前国内外地下管道工程施工的主要方法。

开挖前测量放线，核对水准点，建立临时水准点（临时水准点设置在沟槽附近不受施工影响的固定建筑物上）。用白灰线标出沟槽开挖范围，槽开挖以挖掘机为主，人工配合修整沟底、沟壁，保证每 10 ～ 20m 测量一次高程。开槽工程具体步骤如下：

1. 施工准备

开工前对现场进行仔细的实地勘察，依据中线走向结合管线设计高程，对现状地面进行实测，确定沟槽深度、宽度，同时查看沟槽线位内的地下设施及地面构筑物，针对不同的情况分别采取措施，并对图纸提供的现状接入管进行复测，检验高程线位等是否与设计相同，若不同应上报设计院处理。

2. 沟槽开挖

沟槽开挖采用挖掘机挖土，人工配合，机械与人工流水作业，并派专人跟机，施工时注意现状管线的安全。开槽宽度依据设计管径及土质情况而定。开槽宽度、槽底宽度、沟槽边坡坡比应满足施工规范及设计要求。沟槽挖深由现状实测路面标高确定。挖掘机挖沟槽时，预留 200 ~ 300mm 进行人工开挖，由人工开挖至设计调和，整平。

3. 支撑与支护

（1）采用木撑板支撑和钢板桩，应经计算确定撑板的规格尺寸

（2）撑板支撑应随挖土及时安装

（3）在软土或其他不稳定土层中采用横排撑板支撑时，开始支撑的沟槽开挖深度不得超过 1m；开挖与支撑交替进行，每次交替的尝试宜为 0.4 ~ 0.8m。

4. 地基处理

（1）管道地基应符合设计要求，不符合时就按设计要求加固。

（2）槽底局部超控或发生扰动时，超挖尝试不超过 150mm 时，可用挖槽原土回填夯实，其压实度不应低于原地基土的密实度。

（3）地基不良造成地基土扰动时，扰动深度在 100mm 以内，宜填天然级配砂石或砂砾处理；扰动深度在 300mm 以内，但下部坚硬时，宜填卵石或块石，并用砾石填充空隙并找平。

（4）柔性管道地基处理宜采用砂桩、搅拌桩等复合地基。

5. 下管

将排水管运抵开挖好的沟槽边，排列整齐，人工、机械配合下管。下管前应对管子等逐件进行检查，发现有裂缝、烂口或不符合尺寸者不得使用。下管应以施工安全、操作方便为原则。下管前应对沟槽进行以下检查，并作必要的处理：

1）检查槽底杂物：应将槽底清理干净。

2）检查平基高程及宽度：应符合质量标准。

3）检查槽帮：有裂缝及坍塌危险者必须处理。

4）检查堆土：下管的一侧堆土过高陡者，应根据下管需要进行整理。

6. 管道接口

1）钢筋混凝土管道接口采用橡胶圈接口。

接口时，先将胶圈及管口用清水清洗干净，再将胶圈安放在对口槽处将管头套入管口，并加入润滑剂再用紧绳器两侧拉紧，管头与管口拉紧。

2）聚乙烯缠绕管采用热熔带连接，连接前、后连接工具加热面上的污物应用洁净棉布擦净。

施工要点：

a. 将待连接二根管材端口对齐对靠并尽可能同轴，在管材椭圆度较大时应尽可能使二根管材端口长短轴对应。

b. 将电热熔带敷设于二根管材连接处内壁上，电热熔带搭接口及接线柱应位于管材上方；热熔带宽度方向上的中心线应尽可能与两管端对接线在同一垂直面上。

c. 电热熔带搭接处，用仿形热熔片将空隙填充；

d. 使用支承机具将电热熔带撑圆并均匀压紧贴合在管材内壁上，机具的所有压板均应整齐无遗漏的覆盖压合在热熔带上。

e. 将热熔焊机（电源）与电热熔带电热回路连接，依管材生产厂家提供的电流、通电时间等焊接工艺参数进行通电加热焊接。通电加热焊接过程中，电流可能有一定的连续稳定降低过程，但不得有升降突变，电热熔带熔焊区的表面温度在圆周上应是相对均匀的，如出现异常情况应对接头进行详细检查并采取相应措施。

f. 焊接完毕后，进行自然冷却，冷却过程中不许移动焊接机具，并保证接头不受外力作用，冷却后移动机具到下一个工作点。

h. 管道连接过程中使用非定长管时，采用手锯或电动往复锯进行断管，断管后端口漏出的钢带部分，必须用微型挤出机或 EVA 焊枪进行封焊。

7. 回填

回填时应清除槽内积水、木材、草帘等杂物，按照设计要求材料和标准进行分层回填，不得回填淤泥、腐殖土和有机物质，对于管顶以上 50cm 范围内，不得回填大于 10cm 的石块、砖块等杂物。管道两侧和管顶以上 500mm 范围内的回填材料，应由沟槽两侧对称运入槽内，不得直接扔在管道上；回填其他部位时，应均匀运往槽内，不得集中推入。沟槽回填从管底基础部位开始到管顶以上 500mm 范围内，必须采用人工回填；管顶以上500mm 部位，可用机具从管道轴线两侧同时夯实；每层回填高度应不大于 200mm。管道位于车行道下且铺设后即修筑路面或管道位于软土地层以及低洼、沼泽、地下水位高地段时，沟槽回填宜先用中、粗砂将管底腋角部位填充密实后，再用中、粗砂分层回填到管顶以上 500mm。

三、市政管道不开槽施工

市政管道穿越铁路、公路、河流、建筑物等障碍物或在城市干道上施工而又不能中断交通以及现场条件复杂不适宜采用开槽法施工时，常采用不开槽法施工。

不开槽铺设的市政管道的形状和材料，多为各种圆形预制管道，如钢管、钢筋混凝土管、及其他各种合金管道和非金属管道，也可为方形、矩形和其他圆形的预制钢筋混凝土管沟。

管道不开槽施工与开槽施工法相比，不开槽施工减少了施工占地面积和土方工程量，不必拆除地面上和浅埋于地下的障碍物；管道不必设置基础和管座；不影响地面交通和河道的正常通航；工程立体交叉时，不影响上部工程施工；施工不受季节影响且噪音小，有利于文明施工；降低了工程造价。因此，不开槽施工在市政管道工程施工中得到了广泛应用。

不开槽施工一般适用于非岩性土层。市政管道的不开槽施工，最常用的是掘进顶管法。

此外，还有挤压施工、牵引施工等方法。

施工前应根据管道的材料、尺寸、土层性质、管线长度、障碍物的性质和占地范围等因素，选择适宜的施工方法。

（一）顶管法施工

1. 人工取土掘进顶管法

施工前先在管道两端开挖工作坑，再按照设计管线的位置和坡度，在起点工作坑内修筑基础、安装导轨，把管道安放在导轨上顶进。把管道安放在导轨上顶进。顶进前，在管前端开挖坑道，然后用千斤顶将管道顶入。

在掘进顶管中，常用的管材为普通和加厚的钢筋混凝土圆管，管口形式以平口和企口为宜，特殊情况下也可采用钢管。

（1）顶管施工的准备工作

1）制定施工方案

顶管施工前，应对施工地带进行详细的勘查研究，进而编制可行的施工方案。在勘查研究中要掌握管道沿线水文地质资料；顶管地段地下管线的交叉情况和现场地形、交通、水电供应情况；顶进管道的管径、管材、埋深、接口和可能提供的顶进、掘进设备及其他有关资料。根据这些资料编制施工方案，其内容有：

①确定工作坑的位置和尺寸，进行后背的结构计算；

②确定掘进和出土方法、下管方法、工作平台的支搭形式；

③进行顶力计算，选择顶进设备以及考虑是否采用长距离顶进措施以增加顶进长度；

④遇有地下水时，采用的降水方法；

⑤工程质量和安全保证措施。

2）工作坑的布置

工作坑又称竖井，是掘进顶管施工的工作场所。工作坑的位置应根据地形、管道设计、地面障碍物等因素确定。其确定原则是考虑地形和土质情况，尽量选在有可利用的坑壁原状土做后背处和检查井、阀门井处；与被穿越的障碍物应有一定的安全距离且距水源和电源较近处；应便于排水、出土和运输，并具有堆放少量管材和暂时存土的场地；单向顶进时重力流管道应选在管道下游以利排水，压力流管道应选在管道上游以便及时使用。

3）工作坑的种类及尺寸

只向一个方向顶进管道的工作坑称为单向坑。

向一个方向顶进而又不会因顶力增大而导致管端压裂或后背破坏所能达到的最大长度，称为一次顶进长度。它因管材、土质、后背和后座墙的种类及其强度、顶进技术、管道埋设深度的不同而异，单向坑的最大顶进距离为一次顶进长度。

双向坑是向两个方向顶进管道的工作坑，因而可增加从一个工作坑顶进管道的有效长度。

转向坑是使顶进管道改变方向的工作坑。

多向坑是向多个方向顶进管道的工作坑。

接收坑是不顶进管道，只用于接收管道的工作坑。若几条管道同时由一个接收坑接收，则这样的接收坑称为交汇坑。

工作坑的平面形状一般有圆形和矩形两种。圆形工作坑的占地面积小，一般采用沉井法施工，竣工后沉井可作为管道的附属构筑物，但需另外修筑后背。矩形工作坑是顶管施工中常用的形式，其短边与长边之比一般为 2 ∶ 3。此种工作坑的后背布置比较方便，坑内空间能充分利用，覆土厚度深浅均可使用。如顶进小口径钢管，可采用条形工作坑，其短边与长边之比很小，有时可小于 1 ∶ 5。

4）工作坑的基础与导轨

工作坑的施工一般有开槽法、沉井法和连续墙法等方法。

开槽法是常用的施工方法。在土质较好、地下水位低于坑底、管道覆土厚度小于 2m 的地区，可采用浅槽式工作坑。其纵断面形状有直槽形、阶梯形等。根据操作要求，工作坑最下部的坑壁应为直壁，其高度一般不少于 3 m。如需要开挖斜槽，则管道顶进方向的两端应为直壁。

土质不稳定的工作坑，坑壁应加设支撑。撑杠到工作坑底的距离一般不小于 3.0m，工作坑的深度一般不超过 7.0m，以便于操作施工。

在地下水位高、地基土质为粉土或砂土时，为防止产生管涌，可采用围堰式工作坑，即用木板桩或钢板桩以企口相接形成圆形或矩形的围堰支撑工作坑的坑壁。

在地下水位下修建工作坑，如不能采取措施降低地下水位，可采用沉井法施工。即首先预制不小于工作坑尺寸的钢筋混凝土井筒，然后在钢筋混凝土井筒内挖土，随着不断挖土，井筒靠自身的重力就不断下沉，当沉到要求的深度后，再用钢筋混凝土封底。在整个下沉的过程中，依靠井筒的阻挡作用，消除地下水对施工的影响。

连续墙式工作坑，即先钻深孔成槽，用泥浆护壁，然后放入钢筋网，浇筑混凝土时将泥浆挤出来形成连续墙段，再在井内挖土封底而形成工作坑。连续墙法比沉井法工期短，造价低。

施工过程中为了防止工作坑地基沉降，导致管道顶进误差过大，应在坑底修筑基础或加固地基。基础的形式取决于坑底土质、管节重量和地下水位等因素。一般有以下 3 种形式：

①土槽木枕基础。适用于土质较好，又无地下水的工作坑。这种基础施工操作简便、用料少，可在方木上直接铺设导轨。

②卵石木枕基础。适用于粉砂地基并有少量地下水时的工作坑。为了防止施工过程中扰动地基，可铺设厚为 100 ~ 200 mm 的卵石或级配砂石，在其上安装木轨枕，铺设导轨。

③混凝土木枕基础。适用于工作坑土质松软、有地下水、管径大的情况。基础采用不低于 C10 的混凝土。

导轨的作用是引导管道按设计的中心线和坡度顶入土中，保证管道在将要入土时的位置正确。因此，导轨安装时顶管施工中的一项非常重要的工作，安装时应满足如下要求：

A 宜采用钢导轨，钢导轨有轻重之分，管径大时采用重轨

B 导轨用道钉固定于基础的轨枕上，两导轨应平行等高，其高程应略高于该处管道的设计高程，坡度与管道坡度一致。

C 安装后的导轨应该牢固，不得在使用过程中产生位移，并应经常检查校核。

顶管施工中，导轨可能产生各种质量问题：两导轨的位置发生变化。

5）后座墙与后背

后座墙与后背是千斤顶的支承结构，在顶进过程中始终承受千斤顶顶力的反作用力，该反作用力称为后座力。顶进时，千斤顶的后座力通过后背传递给后座墙。因此，后背和后座墙要有足够的强度和刚度，以承受此荷载，保证顶进工作顺利进行。

后背是紧靠后座墙设置的受力结构，一般由横排方木、立铁和横铁构成，其作用是减少对后座墙单位面积的压力。

6）顶进设备

顶进设备主要包括千斤顶、高压油泵、顶铁、下管与运土设备等。

①千斤顶（也称顶镐）。千斤顶是掘进顶管的主要设备，目前多采用液压千斤顶。液压千斤顶的构造形式分活塞式和柱塞式 2 种，其作用方式有单作用液压千斤顶和双作用液压千斤顶。由于单作用液压千斤顶只有一个供油孔，只能向一个方向推动活塞杆，回镐时须借助外力（或重力），在顶管施工中使用中不便，所以一般顶管施工中采用双作用活塞式液压千斤顶。液压千斤顶按其驱动方式分为手压泵驱动、电泵驱动和引擎驱动三种方式，顶管施工中大多采用电泵驱动或手压泵驱动。

②高压油泵。顶管施工中的高压油泵一般采用轴向柱塞泵，借助柱塞在缸体内的往复运动，造成封闭容器体积的变化，不断吸油和压油。施工时电动机带动油泵工作，把工作油加压到工作压力，由管路输送，经分配器和控制阀进入千斤顶。电能经高压油泵转换为机械能，千斤顶又把压力能转换为机械能，对负载做功——顶入管道。机械能输出后，工作油以一个大气压状态回到油箱，进行下一次顶进。

③顶铁：顶铁的作用是延长短冲程千斤顶的顶程、传递顶力并扩大管节断面的承压面积。要求它能承受顶力而不变形，并且便于搬动。顶铁由各种型钢焊接而成。根据安放位置和传力作用的不同，可分为横铁、顺铁、立铁、弧铁和圆铁等。

④刃脚。刃脚是装于首节管前端，先贯入土中以减少贯入阻力，并防止土方坍塌的设备。一般由外壳、内环和肋板三部分组成。外壳以内环为界分成两部分，前面为遮板，后面为尾板。遮板端部呈 20°～ 30° 角，尾部长度为 150 ～ 200mm。

对于半圆形的刃脚，则称为管檐，它是防止塌方的保护罩。檐长常为 600 ～ 700mm，外伸 500mm，顶进时至少贯入土中 200mm，以避免塌方。

（二）人工取土掘进顶管法

1. 顶进施工

准备工作完毕，经检查各部位处于良好状态后，即可进行顶进施工。

（1）下管就位

首先用起重设备将管道由地面下到工作坑内的导轨上，就位以后装好顶铁，校测管中心和管底标高是否符合设计要求，满足要求后即可挖土顶进。下管就位时应注意如下问题：

1）下管前应对管道进行外观检查，保证管道无破损和纵向裂缝；端面平直；管壁光洁无坑陷或鼓包；

2）下管时工作坑内管道正下方严禁站人，当管道距导轨小于500mm时，操作人员方可近前工作；

3）首节管道的顶进质量是整段顶管工程质量的关键，当首节管安放在导轨上后，应测量管中心位置和前后端的管内底高程，符合要求后才可顶进。

（2）管前挖土与运土

管前挖土是保证顶进质量和地上构筑物安全的关键，挖土的方向和开挖的形状，直接影响到顶进管位的准确性。因此应严格控制管前周围的超挖现象。对于密实土质，管端上方可有不超过15mm的间隙，以减少顶进阻力，管端下部135°范围内不得超挖，保持管壁与土基表面吻合，也可预留10mm厚土层，在管道顶进过程中切去，这样可防止管端下沉。在不允许上部土壤下沉的地段顶进时，管周围一律不得超挖。

管前挖土深度，一般等于千斤顶冲程长度，如土质较好，可超越管端300～500mm。超挖过大，不易控制土壁开挖形状，容易引起管位偏差和土方坍塌。在铁路道轨下顶管，不得超越管端以外100 mm，并随挖随顶，在道轨以外最大不得超过300 mm，同时应遵守其管理单位的规定。

在松软土层或有流沙的地段顶管时，为了防止土方坍落，保证安全和便于挖土操作，应在首节管前端安装管檐，管檐伸出的长度取决于土质。施工时，将管檐伸入土中，工人便可在管檐下挖土。有时，可用工具管代替管檐。

（3）顶进

顶进是利用千斤顶出镐，在后背不动的情况下，将被顶进的管道推向前进。其操作过程如下：

1）安装好顶铁并挤牢，当管前端已挖掘出一定长度的坑道后，启动油泵，千斤顶进油，活塞伸出一个工作冲程，将管道向前推进一定距离；

2）关闭油泵，打开控制阀，千斤顶回油，活塞缩回；

3）添加顶铁，重复上述操作，直至安装下一整节管道为止；

4）卸下顶铁，下管，在混凝土管接口处放一圈麻绳，以保证接口缝隙和受力均匀；

5）管道接口；

6）重新装好顶铁，重复上述操作。

顶进时应遵守"先挖后顶，随挖随顶"的原则，连续作业，避免中途停止，造成阻力增大，增加顶进的困难。

顶进开始时，应缓慢进行，待各接触部位密合后，再按正常顶进速度顶进。顶进过程中，要及时检查并校正首节管道的中线方向和管内底高程，确保顶进质量。如发现管前土方坍落、后背倾斜、偏差过大或油泵压力骤增等情况，应停止顶进，查明原因排除故障后，再继续顶进。

（4）顶管测量与偏差校正

顶管施工比开槽施工复杂，容易产生施工偏差，因此对管道中心线和顶管的起点、终点标高等都应精确地确定，并加强顶进过程中的测量与偏差校正。

1）顶管中线控制桩和中线桩的测设。

2）工作坑内高程桩测设。

3）导轨的安装测量。

4）顶进中管道中线测量。

5）顶进中管道高程测量。

6）测量次数。

7）顶管允许偏差。

顶进施工中，发现管位偏差 10 mm 左右，即应进行校正。校正是逐步进行的，偏差形成后，不能立即将已顶进好的管道校正到位，应缓慢进行，使管道逐渐复位，禁止猛纠硬调，以防损坏管道或产生相反的效果。

（5）顶管接口

顶管施工中，一节管道顶完后，再将另一节管道下入工作坑，继续顶进。继续顶进前，相邻两管间要连接好，以提高管段的整体性和减少误差。

顶进完毕，检查无误后，拆除内涨圈进行永久性内接口。常用的内接口有以下方法：

1）平口管。先清理接缝，用清水湿润，然后填打石棉水泥或填塞膨胀水泥砂浆，填缝完毕及时养护，

2）企口管。先清理接缝，填打深度的油麻，然后用清水湿润缝隙，再填打石棉水泥或塞捣膨胀水泥砂浆；也可填打聚氯乙烯胶泥代替油毡。

目前，可用弹性密封胶代替石棉水泥或膨胀水泥砂浆。弹性密封胶应采用聚氨酯类密封胶，要求既防水又和混凝土有较强的黏着力，且寿命长。

（6）顶进管道的质量标准

1）外观质量。顶进管道应目测直顺、无反坡、管节无裂缝；接口填料饱满密实，管节接口内侧表面齐平；顶管中如遇塌方或超挖，其缝隙必须进行处理。

（三）机械取土掘进顶管法

管前人工挖土劳动强度大、效率低、劳动环境恶劣，管径小时工人无法进入挖土。采用机械取土掘进顶管法就可避免上述缺点。

机械取土掘进与人工取土掘进除掘进和管内运土方法不同外，其余基本相同。机械取土掘进顶管法是在被顶进管道前端安装机械钻进的挖土设备，配以机械运土，从而代替人工挖土和运土的顶管方法。

机械取土掘进一般分为切削掘进、水平钻进、纵向切削挖掘和水力掘进等方法。

1.切削掘进

该方法的钻进设备主要由切削轮和刀齿组成。切削轮用于支承或安装切削臂，固定于主轮上，并通过主轮旋转而转动。切削轮有盘式和刀架式两种。盘式切削轮的盘面上安装刀齿，刀架式是在切削轮上安装悬臂式切削臂，刀架做成锥形。

2.水平钻进

一般采用螺旋掘进机，主要由旋转切削式钻头切土，由螺旋输送器运土。切削钻头和输送器安装在管内，由电动机带动工作。施工时将电动机等动力装置、传动装置和管道都放在导向架上，随掘进随向前顶进，切削下来的土由螺旋输送器运至管外。

3.纵向切削挖掘

纵向切削挖掘设备的掘进机构为球形框架或刀架，刀架上安装刀臂，切齿装于刀臂上。切削旋转的轴线垂直于管中心线，刀架纵向掘进，切削面呈半球状。

4.水力掘进

水力掘进是利用高压水枪射流将切入工具管管口的土冲碎，水和土混合成泥浆状态输送至工作坑。

水力掘进的主要设备是在首节管前端安装一个三段双铰型工具管，工具管内包括封板、喷射管、真空室、高压水枪和排泥系统等。

三段双铰型工具管的前段为冲泥舱，刃脚和格栅的作用是切土和挤土，冲泥舱后面是操作室，由胸板将它们截然分开。操作人员在操作室内操纵水枪冲泥，通过观察窗和各种仪表直接掌握冲泥和排泥情况，根据开挖面的稳定状况决定是否向冲泥舱加局部气压，通过气压来平衡地下水压力，以阻止地下水进入开挖面。必要时，还可打开小密门，从操作室进入冲泥舱进行工作。顶进时，正面的泥土通过格栅挤压进入冲泥舱，然后被水枪破碎冲成泥水，泥水通过吸泥口和泥浆管排出。为了防止流砂或淤泥涌入管内，将冲泥舱密封，在吸泥口处安装格网，防止粗颗粒进入泥浆输送管道。

装置的中段是校正环。在校正环内安装校正千斤顶和校正铰。校正铰包括一对水平铰和垂直铰，冲泥舱和校正铰之间由于校正铰的铰接可做相对转动，开动上下左右相应的校正千斤顶可使冲泥舱作上下、左右转动，从而调整掘进方向。

装置的后端是控制室。根据设置在控制室的仪表可以了解工具管的纠偏和受力纠偏状态以及偏差、出泥、顶力和压浆等情况，从而发出纠偏、顶进和停止顶进等指令。为便于在冲泥舱内检修故障，使工人由小密门进入冲泥舱，应提高工具管内气压，以维持工作面稳定和防止地下水涌入，保证操作工人安全。控制室就是工人进出高压区时升压和降压用的。

冲泥舱、校正环和控制室之间设置内外里两道密封装置，以防止地下水和泥砂通过段间缝隙进入工具管。通常采用橡胶止水带密封，橡胶圆条填塞于密封槽内。

第二节　明挖基坑施工

基坑开挖施工为本工程施工中一个重要的工序，施工中必须严格按照施工规范操作。开挖过程中掌握好"分层、分步、对称、平衡、限时"五个要点，遵循"竖向分层、纵向分区段、先支后挖"的施工原则。基坑开挖接近地下水位时先进行基坑降水。

一、基坑降水施工方法

1. 方案论证与选择

施工降水是影响工程施工的一道关键工序，合理选择降水方案，确保地下水位能够降低到基坑底面以下，从而不影响基坑开挖和基础施工，显得尤为重要。本工程基坑开挖深度为地面下 0 ~ 9.1m，而场地内地下水位埋深为 4.42 ~ 7.25m，在开挖深度范围内的含水层主要为粉砂和粉质黏土层，渗透系数适中，水量较丰富，同时要求水位降深也大，为基坑坑底以下 1m，考虑基坑占地面积大、需降水位深度大等诸多方面因素，同时考虑边坡支护与施工降水的协调一致，确定采用管井井点降水系统进行抽降水，必要时在基坑底面设置明（盲）沟排水系统。

2. 基坑降水参数选用

根据规范与设计要求，结合现场实际情况以及我部多年施工经验，基坑降水参数选用如下：

（1）降水井直径 $\Phi 500mm$

（2）含水层厚度 $H = 10.1m$

（3）渗透系数 $K = 8m/d$

（4）基坑最低处水位降深 $s=5.68m$

（5）滤管半径（内径）$rs = 0.15m$

3. 施工准备

（1）对现场的地上障碍物、渣土以及树木等进行清除，对场地进行平整碾压。

（2）在三通一平的基础上，进行施工场地围挡，根据护坡支护及降水的要求接好电源及水源，连接水、电，安装调试设备。

（3）规划现场平面布置，合理安排钻机施工顺序。

4. 施工方案

拟建工程基坑采用井点降水系统进行抽降水，井管用 Φ300（内径）混凝土预制滤管和实管，滤管每节长 0.9m，下放井管时，两滤管接缝处用编织袋包扎严实，以免涌砂埋泵。布井时根据地下水的补给、排泄途径和方向适当调整井间距。井深不小于 15m。每井配一台流量为 $30m^3/h$ 的井泵，出水管上应设置逆止闸阀，便于控制水流，停泵后可关闭阀门，不至倒灌。地面排水管用直径 400mm 的塑料波纹管，泵管与地面排水管采用软连接。由于基坑面积较大，必要时可在基坑底面设置明（盲）沟排水系统。

（1）施工工艺流程

井点降水工艺流程主要包括降水井布置、钻孔成井、洗井、下泵、铺设排水管道、连接、安装供电系统、抽降水和拆除等九道工序，简述如下：

1）降水井布置

降水井宜在基坑外缘采用封闭式布置，降水井距基坑外缘约 1.0 ~ 2.0m。在布置降水井的过程中，应考虑基坑形状及场地的实际情况来合理设计井位及井距，如施工通道的井位和井距可做适当调整。

2）钻孔成井

降水井成孔方法可采用冲击钻孔或回转钻孔等方法，用泥浆或自成泥浆护壁，一侧设排泥沟和泥浆坑。设计井深不小于 15m，成孔时应考虑到抽水期内沉淀物可能沉淀的厚度而适当加大井深。成井时保证井径不小于 500mm，滤管用混凝土预制管，每节长 0.9m，滤管外径为 400mm，内径 300mm，滤管下放时应力求垂直，两滤管接缝处用编织袋缠两层，避免淤砂埋泵，竖向用 30mm 宽竹条通长压住，用 12# 铅丝绑两道，以保证滤管的整体性。井底 6m 以上用实管，往下用滤管，井管过滤部分应放置在含水层适当位置上。井管放到底后在井管四周填入滤料作滤层，分层填密实。滤料选用磨圆度好的硬质岩石，滤料要过筛，不能含土，保证滤料的不均匀系数小于 2，以粒径 1 ~ 5cm 的混合砾料为宜。

3）洗井

成井后应按规定洗清滤井，对于混凝土预制滤管，可采用空压机洗井，也可用潜水泵抽水洗井，洗至井内清水为止。

4）下泵

井内安设潜水电泵，潜水泵的出水量为 $30m^3/h$，每井一泵，另外配备备用潜水泵 2 ~ 4 台左右，以便出现故障后及时更换。下泵时可用绳吊入滤水层部位，潜水电机、电缆、接头部位应有可靠绝缘，并配置保护开关控制。水泵应置于设计深度，水泵吸水口应始终保持在动水位以下，成井后应进行单井试抽检查井的出水能力。

5）铺设地面排水管道

成井过程中，可沿基坑外围铺设排水管道，根据排水量大小来选择排水管直径，环绕基坑的支排水管用 Φ200 的塑料管，总排水管用 Φ400 的塑料波纹管，将基坑内排出的水输送到施工区域旁魏河河道内。排水管与管的连接采用软连接。根据场地地形地物，排水管可埋入地下或高架起来，架设高度不能太高，以免因泵的扬程不够而倒灌。排水管的布置根据建筑施工场地条件和施工通道的要求进行适当调整，为施工创造便利条件。

6）连接

水泵出水管与地面排水管可采用软连接，一般采用胶管或帆布管连接，水泵出水管上设置逆止阀门，便于控制水流。

7）供电系统安装

为保证降水工作顺利进行，工地内配设供电线路降水专线，从施工现场指定的位置接出电源，接到降水施工现场，抽降水过程中，应准备双电源，且二者能互相切换。降水系统内设置两个总配电柜，每 6 ~ 7 个泵设置一个支配电柜，配电柜应设置保护开关和报警装置。电缆线沿基坑边的支排水管相伴布设，与泵连接的电缆线用 $4 \times 4mm^2$ 的铜芯电缆，从总配电柜接到支配电柜的电缆线用 $4 \times 25mm^2$ 的铜芯电缆，从电源接至总配电柜的电缆线用 $5 \times 90mm^2$ 的铜芯电缆。

8）抽降水

安设完毕后，应进行试抽，满足要求后转入正常工作。抽水过程中，应经常对电动机等设备进行检查，并观测水位，进行记录。降水过程中，应定期取样测试含砂量，保证含砂量不大于 5‰。

9）拆除

地下建筑物竣工后，经计算若地下水浮力不足以对已建部分造成破坏，则可以停泵。提泵撤管，回填井管，降水完成。

（2）施工材料要求

1）滤料为水洗砂料或碎石，粒径为 1 ~ 3mm，含泥量 <5%。

2）井管为 Φ400mm 水泥砾石滤水管，底部 2m 作为沉淀用。

3）现场准备 2 ~ 4 个水位计。

（3）施工技术要求

1）上部 0 ~ 2.0m 黏土封孔，此工作在洗井之后进行。

2）24 小时内洗井，洗到水清砂净为止。

3）下管时，井管周围用铅丝绑 3 ~ 4 个竹皮，使井管与孔中心一致。

4）填料要四周均填，使滤料均匀分布在井管周围。

5）其他要求均按通常的规范和要求执行，保证把地下水处理好，达到基础工程施工的要求。

（4）排水要求

1）提前规划好排水点 2 ~ 3 个。

2）抽水开始时，井点抽出的水先进入沉淀池，后再排到指定处。

3）排水总管采用 Φ400 的塑料波纹管，水平坡度不小于 2%。

4）排出水可以采取集中回收用于冲洗土方车轮及其他生产用水等。

二、基坑开挖施工方法

1. 施工准备

（1）平整施工场地，用推土机清理施工区域内田埂、塘埂、砖墙、树木、电杆等影响施工的构筑物。

（2）测量放线，用全站仪进行施工放样，放出隧道基坑中线、开挖边线，并用木桩打桩做标记。

（3）修筑施工便道，便道宽 4.5m，为泥结碎石便道，用于机械设备进场及基坑开挖土方出碴。

（4）沿隧道基坑坡顶布设照明用电，便于夜间施工。

（5）基坑开挖前，沿基坑四周设置截水沟，截留地表水，以防降雨流入基坑。

2. 基坑开挖

工程地质、水文地质条件差，基坑为软土开挖及防护施工，基坑土体开挖空间和开挖速率须相互协调配合，土体开挖综合纵坡不能陡于设计要求，开挖台阶高度或层厚不宜大于 2m，严禁在一个工况条件下，一次开挖到底。纵向放坡开挖时，在坡顶外设置截水沟，在坡脚设置排水沟和积水井，防止地表水冲刷坡面再回流渗入基坑内。开挖边坡采用网喷措施，做好边坡保护。基坑开挖至每层标高时及时施做坡面防护，做到随挖随防护。基坑开挖采用挖掘机施工，自卸汽车出碴，开挖时按"纵向分段、竖向分层"的方式开挖，坑底保留 200 ~ 300mm 厚土层用人工挖除整平，防止坑底土扰动。当基坑开挖深度大于 6m 时设置卸载平台，卸载平台宽 2m，距基坑底高度 6m。所有挖掘机械和车辆不得直接在边坡卸载平台上行走操作，严禁挖掘机碰撞井点管、防护面等。具体施工工艺流程如下：

（1）坡顶截水沟

采用人工开挖法在基坑坡顶 1.0m 外自然地坪处设置 60cm×60cm 的截水沟，每隔 60m 设一集水井，长 2m、宽 1.5m、高 1.5m，并配置水泵，及时将集水井内的积水排入附近魏河河道内，不让地面水流入基坑内。

（2）第一层土开挖

由测量班对基坑开挖线进行放线，并用木桩和白灰线做标记。采用挖掘机进行第一层土体开挖，边坡预留一定厚度的保护层，采用人工修整坡面至设计标高。

（3）安装钢筋网

钢筋网采用 20cm×20cm 的 Φ6 钢筋网，焊接网格允许偏差 ±10mm，钢筋网搭接长度 30cm。钢筋网应安设牢固，保证喷射混凝土时钢筋网不晃动。喷射混凝土前基坑边坡设置间距 2.4m 的 Φ40 塑料排水管，以便边坡土体积水排出，确保喷射混凝土与边坡土体的黏结能力。

（4）喷射混凝土

基坑开挖后为尽量缩短边坡土体裸露时间，混凝土在基坑边坡钢筋

网挂设好后一次喷射成型，采用 C20 混凝土进行喷射，喷射厚度 10cm。

喷射时，喷头应尽量与受喷面垂直，距离宜为 0.6～1.2m，喷射时控制好水灰比，保持混凝土表面平整、湿润光泽、无斑及滑移流淌现象。

（5）卸载平台

第一层土体开挖完成后按上述步骤进行下一层土体开挖，直至卸载平台位置，卸载平台宽 2m，距基坑底高 6m，卸载平台靠边坡坡脚侧设置 50cm×60cm 排水沟，施工方法同坡顶截水沟。

（6）卸载平台高程以下基坑土体开挖、挂设钢筋网、喷射混凝土。

（7）基坑坡脚排水沟

在基坑坡脚处设置 50cm×60cm 的排水沟，施工方法同坡顶截水沟。

第三节　喷锚暗挖（矿山）法施工

一、浅埋暗挖法与掘进方式

浅埋暗挖法施工因掘进方式不同，可分为众多的具体施工方法，如全断面法、正台阶法、环形开挖预留核心土法、单侧壁导坑法、双侧壁导坑法、中隔壁法、交叉中隔壁法、中洞法、侧洞法、柱洞法等。

（一）全断面开挖法

1. 全断面开挖法适用于土质稳定、断面较小的隧道施工，适宜人工开挖或小型机械作业。

2. 全断面开挖法采取自上而下一次开挖成形，沿着轮廓开挖，按施工方案一次进尺并及时进行初期支护。

3. 全断面开挖法的优点是可以减少开挖对围岩的扰动次数，有利于围岩天然承载拱的形成，工序简便；缺点是对地质条件要求严格，围岩必须有足够的自稳能力。

（二）台阶开挖法

1. 台阶开挖法适用于土质较好的隧道施工，软弱围岩、第四纪沉积地层隧道。

2. 台阶开挖法将结构断面分成两个以上部分，即分成上下两个工作面或几个工作面，分步开挖。根据地层条件和机械配套情况，台阶法又可分为正台阶法和中隔壁台阶法等。正台阶法能较早使支护闭合，有利于控制其结构变形及由此引起的地面沉降。

3. 台阶开挖法优点是具有足够的作业空间和较快的施工速度，灵活多变，适用性强。

（三）环形开挖预留核心土法

1. 环形开挖预留核心土法适用于一般土质或易坍塌的软弱围岩、断面较大的隧道施工。是城市第四纪软土地层浅埋暗挖法最常用的一种标准掘进方式。

2. 一般情况下，将断面分成环形拱部、上部核心土、下部台阶等三部分。根据断面的大小，环形拱部又可分成几块交替开挖。环形开挖进尺为 0.5 ~ 1.0m 不宜过长。台阶长度一般以控制在 1D 内（D 一般指隧道跨度）为宜。

3. 施工作业流程：用人工或单臂掘进机开挖环形拱部→架立钢支撑→喷混凝土。

在拱部初次支护保护下，为加快进度，宜采用挖掘机或单臂掘进机开挖核心土和下台阶，随时接长钢支撑和喷混凝土、封底。视初次支护的变形情况或施工步序，安排施工二次衬砌作业。

（四）单侧壁导坑法

1. 单侧壁导坑法适用于断面跨度大，地表沉陷难于控制的软弱松散围岩中隧道施工。

2. 单侧壁导坑法是将断面横向分成 3 块或 4 块：侧壁导坑（1）、上台阶（2）、下台阶（3），侧壁导坑尺寸应本着充分利用台阶的支撑作用，并考虑机械设备和施工条件而定。

3. 一般情况下侧壁导坑宽度不宜超过 0.5 倍洞宽，高度以到起拱线为宜，这样导坑可分二次开挖和支护，不需要架设工作平台，人工架立钢支撑也较方便。

4. 导坑与台阶的距离没有硬性规定，但一般应以导坑施工和台阶施工不发生干扰为原则。上、下台阶的距离则视围岩情况参照短台阶法或超短台阶法拟定。

（五）双侧壁导坑法

1. 双侧壁导坑法又称眼镜工法。当隧道跨度很大，地表沉陷要求严格，围岩条件特别差，单侧壁导坑法难以控制围岩变形时，可采用双侧壁导坑法。

2. 双侧壁导坑法一般是将断面分成四块：左、右侧壁导坑、上部核心、下台阶。导坑尺寸拟定的原则同前，但宽度不宜超过断面最大跨度的 1/3。左、右侧导坑错开的距离，应根据开挖一侧导坑所引起的围岩应力重分布的影响不致波及另一侧已成导坑的原则确定。

3.施工顺序：

开挖一侧导坑，并及时地将其初次支护闭合。

相隔适当距离后开挖另一侧导坑，并建造初次支护。

开挖上部核心土，建造拱部初次支护，拱脚支承在两侧壁导坑的初次支护上。

开挖下台阶，建造底部的初次支护，使初次支护全断面闭合。

拆除导坑临空部分的初次支护。

施作内层衬砌。

（六）中隔壁法（CD）和交叉中隔壁法（CRD）

1.中隔壁法也称CD工法，主要适用于地层较差和不稳定岩体且地面沉降要求严格的地下工程施工。

2.当CD工法不能满足要求时，可在CD工法基础上加设临时仰拱，即所谓的交叉中隔壁法（CRD工法）。

3.CD工法和CRD工法在大跨度隧道中应用普遍，在施工中应严格遵守正台阶法的施工要点，尤其要考虑时空效应，每一步开挖必须快速，必须及时步步成环，工作面留核心土或用喷混凝土封闭，消除由于工作面应力松弛而增大沉降值的现象。

（七）中洞法、侧洞法、柱洞法、洞桩法

当地层条件差、断面特大时，一般设计成多跨结构，跨与跨之间有梁、柱连接，一般采用中洞法、侧洞法、柱洞法及洞桩法等施工，其核心思想是变大断面为中小断面，提高施工安全度。

1.中洞法施工就是先开挖中间部分（中洞），在中洞内施作梁、柱结构，然后再开挖两侧部分（侧洞），并逐渐将侧洞顶部荷载通过中洞初期支护转移到梁、柱结构上。由于中洞的跨度较大，施工中一般采用CD、CRD或双侧壁导坑法进行施工。中洞法施工工序复杂，但两侧洞对称施工，比较容易解决侧压力从中洞初期支护转移到梁柱上时的不平衡侧压力问题，施工引起的地面沉降较易控制。特点：初期支护自上而下，每一步封闭成环，环环相扣，二次衬砌自下而上施工，施工质量容易得到保证。

2.侧洞法施工就是先开挖两侧部分（侧洞），在侧洞内做梁、柱结构，然后再开挖中间部分（中洞），并逐渐将中洞顶部荷载通过初期支护转移到梁、柱上，这种施工方法在处理中洞顶部荷载转移时，相对于中洞法要困难一些。特点：两侧洞施工时，中洞上方土体经受多次扰动，形成危及中洞的上小下大的梯形、三角形或楔形土体，该土体直接压在中洞上，中洞施工若不够谨慎就可能发生坍塌。

3.柱洞法施工是先在立柱位置施做一个小导洞，当小导洞做好后，在洞内再做底梁，形成一个细而高的纵向结构，柱洞法施工的关键是如何确保两侧开挖后初期支护同步作用在顶纵梁上，而且柱子左右水平力要同时加上且保持相等。

4.洞桩法就是先挖洞，在洞内制作挖孔桩，梁柱完成后，再施作顶部结构，然后在其保护下施工，特点：实际上就是将盖挖法施工的挖孔桩梁柱等转入地下进行。

二、喷锚加固支护施工技术

（一）喷锚暗挖与初期支护

1.喷锚暗挖与支护加固

（1）浅埋暗挖法施工地下结构需采用喷锚初期支护，主要包括：

钢筋网喷射混凝土、锚杆—钢筋网喷射混凝土、钢拱架—钢筋网喷射混凝土等支护结构形式；可根据围岩的稳定状况，采用一种或几种结构组合。

（2）在浅埋软岩地段、自稳性差的软弱破碎围岩、断层破碎带、砂土层等不良地质条件下施工时，若围岩自稳时间短、不能保证安全地完成初次支护，为确保施工安全，加快施工进度，应采用各种辅助技术进行加固处理，使开挖作业面围岩保持稳定。

（二）支护与加固技术措施

1.暗挖隧道内常用的技术措施

（1）超前锚杆或超前小导管支护；

（2）小导管周边注浆或围岩深孔注浆；

（3）设置临时仰拱。

2.暗挖隧道外常用的技术措施

（1）管棚超前支护；

（2）地表锚杆或地表注浆加固；

（3）冻结法固结地层；

（4）降低地下水位法。

（三）暗挖隧道内加固支护技术

1.喷射混凝土前准备工作

（1）喷射混凝土前，应检查开挖断面尺寸，清除开挖面、拱脚或墙脚处的土块等杂物，设置控制喷层厚度的标志。对基面有滴水、淌水、集中出水点的情况，采用埋管等方法进行引导疏干。

（2）应根据工程地质及水文地质、喷射量等条件选择喷射方式，宜采用分层湿喷方式；分层喷射厚度宜为 50 ～ 100mm。

（3）钢拱架应在开挖或喷射混凝土后及时架设；

超前锚杆、小导管支护宜与钢拱架、钢筋网配合使用，长度宜为 3.0 ～ 3.5m，并应大于循环进尺的 2 倍。

（4）超前锚杆、小导管支护是沿开挖轮廓线，以一定的外插角，向开挖面前方安装锚杆、导管，形成对前方围岩的预加固。

2. 喷射混凝土

（1）喷射混凝土应紧跟开挖工作面，应分段、分片、分层，由下而上顺序进行，当岩面有较大凹洼时，应先填平。分层喷射时，一次喷射厚度可根据喷射部位和设计厚度确定。

（2）钢拱架应与喷射混凝土形成一体，钢拱架与围岩间的间隙必须用喷射混凝土充填密实，钢拱架应全部被喷射混凝土覆盖，其保护层厚度不应小于 40mm。

（3）临时仰拱应根据围岩情况及量测数据确定设置区段，可采用型钢或格栅结合喷混凝土修筑。

3. 隧道内锚杆注浆加固

锚杆施工应保证孔位的精度在允许偏差范围内，钻孔不宜平行于岩层层面，宜沿隧道周边径向钻孔。锚杆必须安装垫板，垫板应与喷混凝土面密贴。钻孔安设锚杆前应先进行喷射混凝土施工，孔位、孔径、孔深要符合设计要求，锚杆露出岩面长不大于喷射混凝土的厚度，锚杆施工应符合质量要求。

（四）暗挖隧道外的超前加固技术

1. 降低地下水位法

（1）当浅埋暗挖施工地下结构处于富水地层中，且地层的渗透性较好，应首选降低地下水位法达到稳定围岩、提高喷锚支护安全的目的。含水的松散破碎地层宜采用降低地下水位法，不宜采用集中宣泄排水的方法。

（2）在城市地下工程中采用降低地下水位法时，最重要的决策因素是确保降水引起的沉降不会对已存在构筑物或拟建构筑物的结构安全构成危害。

（3）降低地下水位通常采用地面降水方法或隧道内辅助降水方法。

（4）当采用降水方案不能满足要求时，应在开挖前进行帷幕预注浆，加固地层等堵水处理。根据水文、地质钻孔和调查资料，预计有大量涌水或涌水量虽不大，但开挖后可能引起大规模塌方时，应在开挖前进行注浆堵水，加固围岩。

2. 地表锚杆（管）

（1）地表锚杆（管）是一种地表预加固地层的措施，适用于浅埋暗挖、进出工作井地段和岩体松软破碎地段。

（2）锚杆类型应根据地质条件、使用要求及锚固特性进行选择，可选用中空注浆锚杆、树脂锚杆、自钻式锚杆、砂浆锚杆和摩擦型锚杆。

3. 冻结法固结地层

（1）冻结法是利用人工制冷技术，用于富水软弱地层的暗挖施工固结地层。

通常，当土体的含水量大于 2.5%、地下水含盐量不大于 3%、地下水流速不大于 40m/d 时，均可"适用"常规冻结法，当土层含水量大于 10% 和地下水流速不大于 7~9m/d 时，冻土扩展速度和冻结体形成的效果"最佳"。

（2）在地下结构开挖断面周围需加固的含水软弱地层中钻孔敷管，安装冻结器，通过人工制冷作用将天然岩土变成冻土，形成完整性好、强度高、不透水的临时加固体，从而达到加固地层、隔绝地下水与拟建构筑物联系的目的

（3）在冻结体的保护下进行竖井或隧道等地下工程的开挖施工，待衬砌支护完成后，冻结地层逐步解冻，最终恢复到原始状态。

三、衬砌及防水

（一）施工方案选择

1. 施工期间的防水措施主要是排和堵两类。施工前，根据资料预计可能出现的地下水情况，估计水量，选择防水方案。施工中要做好出水部位、水量等记录，按设计要求施作排水系统，确保防水效果。当结构处于贫水稳定地层，同时位于地下潜水位以上时，在确保安全的条件下，可考虑限排方案。

2. 在衬砌背后设置排水盲管（沟）或暗沟和在隧底设置中心排水盲沟时，应根据隧道的渗漏水情况，配合衬砌一次施工。施工中应防止衬砌混凝土或压浆浆液侵入盲沟内堵塞水路，盲管（沟）或暗沟应有足够数量和过水能力的断面，组成完整有效的排水系统并应符合设计要求。

3. 衬砌背后可采用注浆或喷涂防水层等方法止水。施工前应根据工程地质和水文地质条件，通过试验进行设计，并在施工过程中修正各项参数。

（二）复合式衬砌防水层施工

（1）复合式衬砌防水层施工应优先选用射钉铺设。

（2）防水层施工时喷射混凝土表面应平顺，不得留有锚杆头或钢筋断头，表面漏水应及时引排，防水层接头应擦净。防水层可在拱部和边墙按环状铺设，开挖和衬砌作业不得损坏防水层，铺设防水层地段距开挖面不应小于爆破安全距离，防水层纵横向铺设长度应根据开挖方法和设计断面确定。

（3）衬砌施工缝和沉降缝的止水带不得有割伤、破裂，固定应牢固，防止偏移，提高止水带部位混凝土浇筑的质量。

（4）二衬混凝土施工：

1）二衬采用补偿收缩混凝土，具有良好的抗裂性能，主体结构防水混凝土在工程结

构中不但承担防水作用，还要和钢筋一起承担结构受力作用。

2）立衬混凝土浇筑应采用组合钢模板体系和模板台车两种模板体系。对模板及支撑结构进行验算，以保证其具有足够的强度、刚度和稳定性，防止发生变形和下沉。模板接缝要拼贴平密，避免漏浆。

3）混凝土浇筑采用泵送模筑，两侧边墙采用插入式振动器振捣，底部采用附着式振动器振捣。混凝土浇筑应连续进行，两侧对称，水平浇筑，不得出现水平和倾斜接缝；如混凝土浇筑因故中断，则必须采取措施对两次浇筑混凝土界面进行处理，以满足防水要求。

四、小导管注浆加固技术

（一）适用条件与基本规定

1. 适用条件

（1）小导管注浆支护加固技术可作为暗挖隧道常用的支护措施和超前加固措施，能配套使用多种注浆材料，施工速度快，施工机具简单，工序交换容易。

（2）在软弱、破碎地层中成孔困难或易塌孔，且施作超前锚杆比较困难或者结构断面较大时，宜采取超前小导管注浆和超前预加固处理方法。

2. 基本规定

（1）小导管支护和超前加固必须配合钢拱架使用。

用作小导管的钢管带有注浆孔，以向土体进行注浆加固。

（2）采用小导管加固时，为保证工作面稳定和掘进安全，应确保小导管安装位置正确和足够的有效长度，严格控制好小导管的安设角度。

（3）在条件允许时，应配合地面超前注浆加固；

有导洞时，可在导洞内对隧道周边进行径向注浆加固。

（二）技术要点

1. 小导管布设

（1）常用设计参数：钢管直径 30～50mm，钢管长 3～5m，焊接钢管或无缝钢管；钢管安设注浆孔间距为 100～150mm，钢管沿拱的环向布置间距为 300～500mm，钢管沿拱的环向外插角为 5°～15°，小导管是受力杆件，因此两排小导管在纵向应有一定搭接长度，钢管沿隧道纵向的搭接长度一般不小于 1m。

（2）导管安装前应将工作面封闭严密、牢固，清理干净，并测放出安设位置后方可施工。

2. 注浆材料

（1）应具备良好的可注性，固结体应具有一定强度、抗渗、稳定、耐久和收缩率小等特点，浆液须无毒。注浆材料可采用改性水玻璃浆、普通水泥单液浆、水泥—水玻璃双液浆、超细水泥等注浆材料。一般情况下改性水玻璃浆适用于砂类土，水泥浆和水泥砂浆适用于卵石地层。

（2）水泥浆或水泥砂浆主要成分为硅酸盐水泥、水泥砂浆；水玻璃浓度应为40 ~ 45° Be，外加剂应视不同地层和注浆工艺进行选择。

（3）注浆材料的选用和配合比的确定应根据工程条件和经试验确定。

3. 注浆工艺

（1）注浆工艺应简单、方便、安全，应根据土质条件选择注浆工艺（法）。

（2）在砂卵石地层中宜采用渗入注浆法；

在砂层中宜采用挤压、渗透注浆法；

在黏土层中宜采用劈裂或电动硅化注浆法；

在淤泥质软土层中宜采用高压喷射注浆法。

（三）施工控制要点

1. 控制加固范围

（1）按设计要求，严格控制小导管的长度、开孔率、安设角度和方向。

（2）小导管的尾部必须设置封堵孔，防止漏浆。

2. 保证注浆效果

（1）浆液必须配比准确，符合设计要求。

（2）注浆时间和注浆压力应由试验确定，应严格控制注浆压力。一般条件下：改性水玻璃浆、水泥浆初压压力宜为 0.1 ~ 0.3MPa，砂质土终压压力一般应不大于 0.5MPa，黏质土终压压力不应大于 0.7MPa。水玻璃 – 水泥浆初压压力宜为 0.3 ~ 1.0MPa，终压压力宜为 1.2 ~ 1.5MPa。

（3）注浆施工期应进行监测，监测项目通常有地（路）面隆起、地下水污染等，特别要采取必要措施防止注浆浆液溢出地面或超出注浆范围。

第四节　城市轨道工程施工

城市轨道工程采用的无砟轨道具有轨道稳定性高，刚度均匀性好，结构耐久性强和维修工作量显著减少等特点。根据道床使用功能可分为三大类，一般整体道床，可调式道床以及减振类道床。一般整体道床属典型的无砟道床，单纯的作为列车运行的载体，结构相对简单，因此本书不详加论述。

一、可调式道床

可调式道床是针对特殊的地质条件而设计的一种道床结构形式，如针对西安地铁一、二号线所经过得地裂缝地质结构，该类地质活动可对其上的地铁隧道及其他建筑物产生影响，进而使轨道的几何尺寸发生变化，可调式框架板道床就是针对这一地质结构而进行设计的一种可调式道床，当地裂缝活动对地铁隧道或其他构筑物的产生影响时，通过设计赋予道床的调节能力进行自我调整，确保轨道几何形态符合规范要求。

1. 地裂缝地质结构

地裂缝是地表岩、土体在自然或人为因素作用下，产生开裂，并在地面形成一定长度和宽度的裂缝的一种地质现象，当这种现象发生在有人类活动的地区时，便可成为一种地质灾害；地裂缝的形成是指强烈地震时因地下断层错动使岩层发生位移或错动，并在地面上形成断裂，其走向和地下断裂带一致，规模大，常呈带状分布。地裂缝对轨道的影响主要表现为：因地裂缝的活动造成隧道结构的沉降与位移，进而影响轨道的几何尺寸。

2. 可调式框架板道床

可调式框架板道床是针对西安地铁特有的地裂缝地质结构进行设计的，主要由钢轨、框架板扣件和框架板结构三部分组成。可调式框架板道床通过框架板扣件与框架板结构来应对隧道结构的位移和沉降；框架板扣件可调节轨道的轨向、中线偏差，当隧道结构因地裂缝活动而发生位移时，轨道的轨向和中线偏差随之发生变化，通过框架板扣件中的锯齿垫块和铁垫板的椭圆孔位移预留量调整轨向和中心偏差；框架板结构用于调节水平、高低、超高，当隧道结构应地裂缝活动而发生沉降时，轨道的水平、高低、超高随之发生变化，通过框架板结构下的调高垫板与调高用预制混凝土垫块进行调整。

3. 可调式框架板道床施工难点

（1）在西安地铁二号线F10地裂缝轨道工程施工过程中，在半径小于800m的曲线地段施工时，调轨难度异常大；分析原因：当遇到小半径曲线地段时，由于框架板结构刚度大，轨排钢轨无法弯曲，进而无法使轨道几何尺寸达到规范要求，因此组装轨排时应按铺轨方向先行放线模拟，对框架板轨排进行预弯，确保轨道曲线半径、曲线长度、曲线转向与所铺设地段相同。

（2）可调式框架板混凝土道床面高于框架板结构上表面，而道床中心设置排水沟，且沟底低于结构下表面，浇筑道床时结构下方易发生漏空现象，针对这一质量难题，我们在西安地铁一、二号线的可调式框架板道床混凝土施工过程中，通常采取以下措施：将混凝土坍落度控制在180mm，浇筑至框架板主体结构下表面上方2~3cm位置，严格按技术交底对框架板结构下混凝土进行振捣，并观察混凝土的流动情况，当浇筑完成约30分后，混凝土不再流动且尚未初凝时，将多余的混凝土铲掉，收光抹面，整个浇筑过程中对结构下方混凝土密实度不断检查，结果显示这是一个非常可行有效的方案。

（3）在施工过程中，我们发现框架板结构四周用泡沫塑料包裹，泡沫塑料柔软易损，胶水遇水时与混凝土黏结性差，因此加强对泡沫材料的保护，并提高框架板结构与泡沫塑料接缝处的防水性能是施工过程中的重大难点，在施工过程中通常采用透明胶带将泡沫塑料与框架板结构接缝处进行密封式粘贴，防止浇筑时接缝处浸水。

二、减振类道床

城市轨道交通属于市政工程，线路所经区域繁华，人口密集，列车运营所产生的噪音直接影响着市民的生活质量，在学校、医院、住宅等敏感区域的轨道采取减振措施是必要的。线路所在的不同地段对道床的减振要求也不尽相同，根据减振要求的等级可分为中等减振道床、高等减振道床，特殊减振道床。道床的减振效果可以通过扣配件、轨枕实现，如减振器道床与纵向轨枕道床，该类道床施工工艺类似一般整体道床，较为简单；也可以通过道床结构部分实现，如橡胶垫整体道床和钢弹簧浮板道床。本书减振类道床介绍最具代表性的钢弹簧浮置板道床。

1. 钢弹簧浮置板道床

钢弹簧浮置板道床是一种特殊的新型轨道减振轨道结构形式，由道床板、钢弹簧隔振器、剪力绞、横向限位装置、密封条、钢轨及扣件等组成。它将具有一定质量和刚度的混凝土道床板置于钢弹簧隔振器上，构成质量－弹簧－隔振系统。其基本原理就是在轨道和基础间插入一固有频率远低于激振频率的线性隔振器，借以减少传入基底的振动量，是减小向下部结构传振和传声的有效方法，弹簧－质量－道床隔振系统的隔振作用的有效性，主要取决于道床的质量、弹簧的刚度及相互作用。经过钢弹簧浮置板道床的隔离，列车产生的强大振动只有极少量会传递到下部结构，对下部结构和周围环境起到很好的保护作用。

2. 钢弹簧浮置板道床施工难度

钢弹簧浮置板道床常见的质量缺陷为隔振筒与钢轨底部贴死、隔振筒倾斜以及隔振筒悬空。分析原因最终归结于基底的高程误差与平整度；因设计时道床板强度要求决定了道床厚度，当基底高程误差较大时，隔振筒与钢轨底部贴死，这对强电专业接触网系统有着致命的影响；如果基底平整度不符合设计要求，隔振筒会出现悬空或倾斜，不利于道床的减振性能；由此可见基底的施工质量直接影响着隔振筒位置和轨顶的标高，因此基底表面的误差直接决定着浮置板的施工精度，浮置板施工的首要质量控制目标就是对基底施工误差的控制，这也是浮置板工程项目的技术配合重点。

（1）由于隧道盾构时基底高程易受盾构机姿态的影响，当现场基底空间尺寸与设计图纸有较大差异，可经设计各方确认后根据实际情况采取必要的断面调整，对基底钢筋采用增减支撑高度等措施进行变通补偿。以西安地铁一号线浐河站—半坡站区间浮置板道床为例，盾构基底高程最大偏差 +80mm，该段道床基底如果按设计图纸进行配筋下料，就会出现漏筋状况，因此我们利用测量的数据在 CAD 绘图软件上进行模拟，适当减小基底箍筋、架立筋的长度，使整个钢筋混凝土结构满足要求。

（2）当隧道曲线地段基底设置超高，即采用与浮置板、轨道超高设置相同的倾斜基底，基底面在横向始终与轨顶面的横向连线平行。施工时应严格控制基底表面的平整度；曲线地段基底内侧与外侧高程由有差异，浇筑时应合理控制混凝土的坍落度，也可采用二次浇筑施工来控制施工误差，以西安地铁一号线长乐坡站—浐河站区间浮置板道床为例，我们采取以下方式进行基底浇筑：先浇筑混凝土至上层钢筋位置，在一次浇筑混凝土初凝前，二次浇筑上层混凝土，此层混凝土采用添加止裂纤维的细骨料混凝土，并结合面层施工尽可能维持曲线段基底的表面精度。

（3）基底浇筑完毕后，对每个安装隔振器的位置的高程和水平度进行检查，对于高程差大于 0 ~ −5mm、隔振器处水平度大于 ±2mm/m² 的超差部位。可采用整体打磨或垫高的办法进行处理，严禁采用在混凝土表面局部垫高或挖深的方法来满足隔振器放置要求，垫高材料一般选用质量较好的高强灌浆料。

第五节　城市隧道工程施工

隧道结构是地下建筑结构的重要组成部分，它的结构形式可根据地层的类别、使用功能和施工技术水平等进行选择。其结构形式主要有半衬砌结构、厚拱薄墙衬砌结构、直墙拱形衬砌结构、曲墙结构、复合衬砌结构和连拱隧道结构等形式。

一、结构形式、受力特点和适用条件

1.半衬砌结构

在坚硬岩层中，若侧壁无坍塌危险，仅顶部岩石可能有局部滑落时，可仅施作顶部衬砌，不作边墙，只喷一层不小于 20mm 厚的水泥砂浆护面，即半衬砌结构。

2.厚拱薄墙衬砌结构

在中硬岩层中，拱顶所受的力可通过拱脚大部分传给岩体，充分利用岩石的强度，这种结构适宜用在水平压力较小，且稳定性较差的围岩中。对于稳定或基本稳定的围岩中的大跨度、高边墙洞室，如采用喷锚结构施工装备条件存在困难，或喷锚结构防水达不到要求时，也可考虑使用。

3.直墙拱形衬砌结构

在一般或较差岩层中的隧道结构，通常是拱顶与边墙浇在一起，形成一个整体结构，即直墙拱形衬砌结构，广泛应用的隧道结构形式。

4. 曲墙衬砌结

在很差的岩层中，岩体松散破碎且易于坍塌，衬砌结构一般由拱圈、曲线形侧墙和仰拱底板组成，形成曲墙衬砌结构。该种衬砌结构的受力性能相对较好，但对施工技术要求较高，这也是一种被广泛应用的隧道结构形式。

5. 复合衬砌结构

复合支护结构一般认为围岩具有自支承能力，支护的作用首先是加固和稳定围岩，使围岩的自承能力可充分发挥，从而可允许围岩发生一定的变形和由此减薄支护结构的厚度。工程施工时，一般先向洞壁施作柔性薄层喷射混凝土，必要时同时设置锚杆，并通过重复喷射增厚喷层，以及在喷层中增设网筋稳定围岩。围岩变形趋于稳定后，再施作内衬永久支护。复合衬砌结构常由初期支护和二次支护组成，防水要求较高时须在初期支护和二次支护间增设防水层。

6. 连拱隧道结构

隧道设计中除考察工程地质、水文地质等相关条件外，同时受线路要求以及其他条件的制约，还需要考虑安全、经济、技术等方面的综合比较。因此，对于长度不是特别长的公路隧道（100 ~ 500m），尤其是处于地质、地形条件复杂及征地严格限制地区的中小隧道，常采用连拱隧道的形式。

二、一般技术要求

1. 衬砌截面类型和几何尺寸的确定

隧道衬砌结构类型应根据隧道围岩地质条件、施工条件和使用要求确定。

高速、一级、二级公路的隧道应采用复合式衬砌；

汽车横道、三级及三级以下公路隧道，在 Ⅰ、Ⅱ、Ⅲ 级围岩条件下，除洞口段外衬砌结构类型和尺寸，应根据使用要求、围岩级别、围岩地质条件和水文地质条件、隧道埋置位置、结构受力特点，并结合工程施工条件、环境条件，通过工程类比和结构计算综合分析确定。

在施工阶段，还应根据现场围岩监控量测和现场地质跟踪调查调整支护参数，必要时可通过试验分析确定。为了便于使用标准拱架模板和设备，确定衬砌的方案时，类型要尽量少，且同一跨度的拱圈内轮廓应相同。一般采取调整厚度和局部加筋等措施来适应不同的地质条件。

2. 衬砌材料的选择

衬砌结构材料应具有足够的强度、耐久性和防水性。在特殊条件下，还要求具有抗侵蚀性和抗冻性等。从经济角度考虑，衬砌结构材料还要满足成本低、易于机械化施工等条件。

3.衬砌结构的一般构造要求

（1）混凝土的保护层

钢筋混凝土衬砌结构，受力钢筋的混凝土保护层最小厚度一般装配式衬砌为20mm，现浇衬砌内层为25mm，外层为30mm。若有侵蚀性介质作用时可增大到50mm，钢筋网喷射混凝土一般为20mm。随截面厚度的增加，保护层厚度也应适当增加。

（2）衬砌的超挖或欠挖

隧道结构施工中，洞室的开挖尺寸不可能与衬砌所设计的毛洞尺寸完全符合，这就产生了衬砌的超挖或欠挖问题。超挖通常会增加回填的工作量，而欠挖则不能保证衬砌截面尺寸，故对超、欠挖有一定的限制。衬砌的允许超欠挖均按设计毛洞计算。

现浇混凝土衬砌一般不允许欠挖，如出现个别点欠挖，欠挖部分进入衬砌截面的深度，不得超过衬砌截面厚度的1/4，并不得大于15cm，面积不大于1m2。通常隧道衬砌结构，平均超挖允许值不得超过10～15cm，对于洞室的某些关键部位，如穹顶的环梁岩台，厚拱薄墙衬砌（及半衬砌）的拱座岩台，岔洞的周边等，超挖允许值更应该严格控制，一般不宜超过15cm。

（3）变形缝的设置

变形缝一般是指沉降缝和伸缩缝。沉降缝是为了防止结构因局部不均匀下沉引起变形断裂而设置的，伸缩缝是为了防止结构因热胀冷缩，或湿胀干缩产生裂缝而设置的。因此，沉降缝是满足结构在垂直与水平方向上的变形要求而设置的，伸缩缝是满足结构在轴线方向上的变形要求而设置的。沉降缝、伸缩缝的宽度大于20mm，应垂直于隧道轴线竖向设置。

三、分类

1.按照隧道所处的地质条件分类：分为土质隧道和石质隧道。

2.按照隧道的长度分类：分为短隧道（铁路隧道规定：L ≤ 500m；公路隧道规定：L ≤ 500m）、中长隧道（铁路隧道规定：500 < L ≤ 3000m；公路隧道规定500 < L < 1000m）、长隧道（铁路隧道规定：3000 < L ≤ 10000m；公路隧道规定1000 ≤ L ≤ 3000m）和特长隧道（铁路隧道规定：L > 10000m；公路隧道规定：L > 3000m）。

3.按照国际隧道协会（ITA）定义的隧道的横断面积的大小划分标准分类：分为极小断面隧道（2～3m^2）、小断面隧道（3～10m^2）、中等断面隧道（10～50m^2）、大断面隧道（50～100m^2）和特大断面隧道（大于100m^2）。

4.按照隧道所在的位置分类：分为山岭隧道、水底隧道和城市隧道。

5.按照隧道埋置的深度分类：分为浅埋隧道和深埋隧道。

6.按照隧道的用途分类：分为交通隧道、水工隧道、市政隧道和矿山隧道。

第二节　隧道施工方法

一、施工方案概述

隧道按新奥法原理组织施工，均采用单口施工：从出口向进口方向施工。隧道施工采用大型机械快速施工，实行各工序的专业化、平行化施工。隧道工程施工开挖出碴、进料采用无轨运输方式，实施掘进（挖、装、运）、喷锚混凝土（拌、运、锚、喷）、衬砌（拌、运、灌、捣）等三条机械化作业线专业化、平行化施工。

隧道开挖采用台阶法或台阶分步法，在施工过程中严守"短进尺，弱爆破，强支护，早成环"的原则，彻底贯彻"新奥法"的设计思想，隧道开挖后立即施作初期支护，以封闭、保护围岩，控制围岩变形，使初期支护与围岩尽快形成"承载环"。根据现场监控量测结果及时修正设计参数、调整施工方案。

Ⅳ围岩的土质地段采用预留核心土台阶分步开挖法，人工配合机械开挖；Ⅱ级、Ⅲ级围岩的石质地段采用上下台阶法开挖，爆破采用光面爆破或预裂爆破技术，以降低爆破对围岩的扰动，喷混凝土采用湿喷技术。

隧道施工安排在雨季前完成洞门和明洞的开挖，并完成进洞施工。洞内施工开挖、出碴、初期支护、仰拱浇筑、片石回填与二次衬砌模筑混凝土顺序平行作业。隧道路面待贯通后统一施工。

二、施工工艺流程

隧道施工的基本工艺流程为：布设施工测量控制网→测量放样→洞口明洞开挖、防护→仰坡防护施工→洞身开挖→通风、排烟→清帮、找顶→初喷5cm混凝土→监控量测→出渣→完成初期支护及辅助措施→仰拱→填充→边墙基础→初期支护变形量测稳定→防水层→二次衬砌→混凝土路面施工→复合式沥青路面面层施工→洞门及其他。

三、主要施工方法

（一）隧道开挖施工

1.洞口及明洞段开挖防护施工

施工顺序：截水沟定位→截水沟开挖→砌筑截水沟→边、仰坡开挖线放样→打小导管和锚杆孔→安装小导管和锚杆→小导管注浆→挂网→喷射混凝土→边、仰坡开挖完成（如需要可预留一定高度不开挖）→台阶分步法开挖进洞

施工前，布设满足规范要求的高等级测量控制网。施工时，根据定测的施工控制网，

精确测设出洞门桩和进洞方向，并依据设计图纸放出边、仰坡开挖线和截水天沟位置，然后进行截水沟施工，并做好地面防排水设施，在洞口施工前，先做好边仰坡外的截水沟，避免地表水浸入围岩。

洞口明洞土石方施工采用大开挖，按自上而下顺序进行，随挖随护。洞口仰坡土石方分为两次开挖，第一次挖除隧道上下台阶分界线标高以上、成洞面以外部分，预留进洞台阶，并对坡面作锚喷支护；第二次开挖剩余部分，在上台阶进洞后进行。坡面的防护是隧道进洞阶段防止地表水浸入软化围岩，保证成洞面稳定的一个关键措施，要严格按设计要求施作锚杆加喷混凝土的防护。

洞口部分的喷混凝土、小导管、锚杆、挂钢筋网等防护的施工工艺参见洞身部分。

2. 洞身Ⅱ、Ⅲ级、Ⅳ级围岩开挖

当洞口仰坡防护施工完成后，即可进行暗洞的开挖施工。洞口部分的暗洞围岩均为Ⅱ、Ⅲ、Ⅳ级围岩，为了确保施工安全，采用人工配合机械开挖的方法，个别机械开挖不动需爆破的地段，严守"短进尺，弱爆破，强支护，早成环"的原则，采用微震或预裂爆破或开挖核心土施工。并在施工中加强监控量测，根据量测结果，及时调整开挖方式和修正支护参数。

（1）施工工艺流程

中线、水平测量→喷混凝土封闭开挖面→超前小导管（锚杆）施工→注浆固结→上部环形断面开挖（或爆破）→喷混凝土封闭岩面→出渣→初喷5cm厚混凝土→打系统锚杆→挂钢筋网→立拱部钢架→拱部二次喷混凝土至设计厚度→核心土开挖（或爆破）→下部台阶开挖→下部初期支护→铺设防水层→模筑二次衬砌→沟槽路面施工。

（2）主要施工方法

1）水平、中线放样，钻眼施作套拱和超前管棚大支护、注浆加固围岩；

2）开挖环形拱部，开挖时预留核心土，这样既安全有利于操作，每循环进尺1.5m，核心土纵向长5m；

3）对拱部进行初期支护（喷、锚、网、钢架连接）；在开挖左右两侧围岩前，拱部初期支护基础一定要稳固，必要时打锁脚锚杆；

4）开挖核心土；

5）开挖下部围岩，边墙两侧必须错位开挖，错位距离5m，挖至边墙底部；

6）进行下部初期支；

7）二次衬砌顺序为：先仰拱，后矮边墙，最后采用模板衬砌台车衬砌成形。

（3）Ⅲ级围岩开挖

隧道Ⅲ级围岩采用正台阶法开挖，光面爆破，周边眼间隔装药。

1）施工工艺如下：中线水平测量→超前钻孔探测地质→喷混凝土封闭开挖面→拱部超前支护、注浆固结→上半断面钻眼→装药连线→爆破→排烟除尘清危石→初喷5 cm 厚混凝土→出渣→施工系统锚杆→上半断面二次喷混凝土→下半断面开挖→下半断面打径向锚杆→下半断面喷混凝土。

2）主要施工方法

①首先施作超前支护系统，并检查孔检查注浆效果，检查围岩开挖轮廓以外的固结深度，当固结深度满足要求后，就可进行开挖。

②上部开挖至拱腰。开挖时不留核心土，开挖面采用光面爆破，以控制围岩超欠挖。周边眼间距不宜大于40cm，深度2.0m～3.0m，每循环进尺不大于2.5m。开挖出渣完毕，立即初喷5㎝厚的混凝土以封闭新开挖岩面。

③下部边墙两侧同时开挖，一次可进尺3m。

④对局部松散破碎、富水地段，围岩自身稳定性较差，易发生围岩失稳，可采用Ⅱ类围岩施工方法，短进尺、弱爆破、强支护，并及时施作二次衬砌。

（二）初期支护及超前支护施工

本标段隧道初期支护主要形式有：超前小导管、超前锚杆、C20号喷射混凝土、Φ8钢筋网、D25注浆锚杆、Φ22砂浆锚杆，格栅钢拱架、型钢钢架等。施工流程如下：

初喷混凝土5cm→锚杆施工→挂钢筋网→支立型钢钢架→超前小导管（超前锚杆）施工→复喷混凝土至设计厚度。具体施工方法如下。

1. 喷射混凝土施工

喷射混凝土施工采用湿喷技术，喷射机采用湿式混凝土喷射机。施工前首先用高压风自上而下吹净岩面，埋设控制喷射混凝土厚度的标志钉。混凝土由洞外拌和站集中拌料，混凝土运输车运到工作面。

在每循环开挖施工后，立即进行初喷混凝土，初喷厚度约5cm。喷射作业先从拱脚或墙脚自下而上，分段分片进行，以防止上部喷射回弹料虚掩拱脚而不密实；先将坑凹部分找平，然后喷射混凝土，使其平顺连续。喷射操作应设水平方向以螺旋形划圈移动，并使喷头尽量保持与受喷面垂直，喷嘴口至受喷面距离0.6m～1.0m，当所支护结构施工完成后分层复喷混凝土喷射至设计厚度，每层5～6cm。对于支撑钢架，应做到其背面喷射密实，粘接紧密、牢固。

2. 施工系统锚杆和超前锚杆、挂设钢筋网

在初喷混凝土后及时进行锚杆安装作业，锚杆钻孔方向尽量与岩层主要结构面垂直。在台阶法开挖时，初期支护连接处左右均需设不小于两根锁脚锚杆，确保初期支护不失稳。锚杆安设后及时进行挂网作业，人工铺网片时注意网片搭接宽度。钢筋网随受喷面的起伏铺设，间隙不小于3cm，钢筋网连接牢固，保证喷射混凝土时钢筋网不晃动。

3. 钢架加工和安装

隧道设计的钢架有两种：格栅钢架和型钢钢架。施工时在洞外测设隧道钢架整体大样，

依照整体大样并根据所采用的施工方法，分片加工，逐段加工各单元，以保证各单元顺接。可分为共部和边墙来加工，以便于施工安装。

（1）拱部单元：首先进行施工放样，确定钢拱架基脚位置，施作定位系筋，然后架设钢拱架，设纵向连接筋。墙部单元施工时在墙角部位铺设槽钢垫板，施作定位系筋，对应拱部单元钢拱架位置架设墙部单元钢拱架，栓接牢固，设纵向连接筋。

（2）墙部单元：在墙角部位铺设槽钢垫板，施作定位系筋，对应拱部单元钢架位置架设墙部单元钢架，栓接牢固，设纵向连接筋。

（3）施工注意事项：

1）保证钢架置于稳固的地基上，若地基较软弱，应在钢架施工前浇筑混凝土基础。

2）钢架平面应垂直于隧道中线，其倾斜度不小于2°；钢架的任何部位偏离铅垂面不小于5cm。

3）为增强钢架的整体稳定性，应将钢架与纵向连接筋、结构锚杆、定位系筋和锁脚锚杆焊接牢固。

4）拱脚部位易发生塑性剪切破坏，该部位钢拱架除用螺栓连接外，还应四面绑焊，确保接头的刚度和强度。

5）开挖初喷后应尽快架立拱架，一般架立时间不得超过2h。

（4）超前小导管施工

施工步骤：

1）小导管制作

超前小导管采用 Φ42 无缝钢管，壁厚3.5mm，管节长度4.1米。钢管四周梅花形钻 Φ10mm 出浆孔眼，孔间距10cm，孔口部1m不钻孔。管体头部10cm长做成锥形，钢管尾部焊上 Φ6 钢筋箍。

2）小导管钻孔：首先严格按图纸要求定出孔位。小导管钻孔采用专门的小导管钻机。钻孔深度为5m、钻孔直径为60mm、钻孔夹角 $a = 5 \sim 7°$

3）小导管安设：导管沿周边按设计布设，导管在钢拱架之间穿过，导管安设后，用速凝胶封堵孔口间隙，并在导管附近及工作面喷射混凝土，作为止浆墙。待喷射混凝土强度达到要求时再进行注浆。

4）小导管注浆

小导管设计采用注水泥浆进行围岩加固，并掺入外加剂。在注浆管预定的位置，用沾有胶泥的麻丝缠绕成不小于钻孔直径的纺锤形柱塞，把管子插入孔内，再用台车把管顶入孔内，距孔底5～10cm。使麻丝柱塞与孔壁充分挤压紧，然后在麻丝与孔口空余部分填充胶泥，确保密实，防止跑浆。

（5）复喷混凝土至设计厚度

当锚杆、钢筋网和钢拱架全部施工完毕后，立即进行复喷混凝土。施工时分层喷射混凝土到设计厚度，每层5～6cm厚，钢架保护层不小于2cm。整个喷射混凝土表面要平整、平顺。

（三）防水层施工

为保证防水层施工质量，拟采用无射钉悬托施工工艺、采用专用自行走式作业台架、可调式防水层作业台架施工，防水板接缝采用热粘法。防水层施工质量的好坏直接影响到隧道防水效果。

1. 考虑 10% ~ 15% 富余量，对防水卷材进行预粘接。粘接前，防水板接缝处应擦拭干净，搭接长度为 10cm，粘缝宽不小于 5cm，黏结剂涂刷均匀、充足。粘好后，接缝不得有气泡、褶皱及空隙。

2. 检查处理好岩面。喷射混凝土表面不得有锚杆头或钢筋断头外露，以防刺破防水板；对凹凸不平部位应修凿喷补，使混凝土表面平顺；喷层表面漏水时，应及时引排。

3. 在模筑段前端岩面上按环向间距 1.0m 固定膨胀螺栓。作为托起防水卷材铁丝的固定点，另一端与已模筑段预留出的铁丝接牢。拉紧并固定铁丝，托起防水卷材。为保证防水层与岩面密贴，架立四道环向承托钢筋（Φ22），托起顶紧防水卷材。

4. 降缝采用中埋式橡胶止水带，施工缝处采用缓膨胀型橡胶止水条止水。

5. 橡胶止水带的安装：采用 Φ8 钢筋卡和定位钢筋固定在定型挡头板上，必须保证橡胶止水带质量，不扎孔，居中安装不偏不倒，准确定位，搭接良好。

缓膨型止水条安设程序为：清洗混凝土表面→涂刷氯丁黏结剂→粘贴止水条→混凝土钉固定→灌注新混凝土。可在挡头模板中部环向钉 1×2cm 方木条，使挡头混凝土表面预留出止水条凹槽，再按上述程序施作将其固定在凹槽内。

（四）二次衬砌施工

1. 仰拱、边墙基础施工

二次衬砌施工前首先进行仰拱和衬砌矮边墙的施工。边墙基础模板采用钢、木组合模板，仰拱采用仰拱大样模板，加密测点，保证仰拱的设计拱度。

2. 二次衬砌采用衬砌台车整体施工

隧道二次衬砌采用全液压自行式衬砌台车，混凝土灌注采用混凝土输送泵泵送，输送使用搅拌式混凝土输送车，洞外设自动计量混凝土拌和站。在组装大模板衬砌台车时要注意横向支撑的强度和刚度，控制混凝土灌注过程中模板的变形，保证净空要求，要求台车本身结构强度足够大。

（1）工艺流程：

测量放线→铺设轨道→防水层作业台架就位→净空检查→铺设无纺布及防水板→涂刷脱模剂→模板台车就位→调整并锁定→安装止水条、止水带及端模→混凝土入模→振捣→养生→脱模→养生

（2）施工方法：

1）每次施工前都要先对防水层进行检查，合格后才开始衬砌施工。在施工过程中，对模板及时校正、整修，铲除表面混凝土碎屑和污物并均匀涂刷脱模剂。

2）灌注混凝土按规范操作，特别是封顶混凝土，从内向端模方向灌注，排除空气，保证拱顶灌注密实。

3）衬砌作业时注意预埋件、洞室的施作。隧道内电话、消防、照明、通风等预埋件、预埋盒、预埋管道很多，为使其按设计位置准确施工，稳妥牢固，且在衬砌台车设计时亦给予相应考虑。

4）混凝土输送时间不得超过混凝土初凝时间的一半，以防堵泵。经常检测混凝土的坍落度、和易性。

5）对泵送混凝土加强振捣，保证混凝土的密实，防止与初期支护之间产生空洞现象。二次衬砌混凝土强度达到 2.5Mpa 以上或接到监理工程师指令后才可脱模，并注意加强混凝土的养生，确保混凝土强度。

（3）人行横洞衬砌施工

可采用型钢拱架、组合钢模板，混凝土人工或输送泵入模，插入式振动棒振捣密实。在人行横洞与隧道衔接处严格模板安装，确保衔接平滑。

（五）隧道监控量测和地质预报

隧道监控量测为隧道施工的重点工序，项目部将成立专门的量测小组实施量测工作。

1. 监控量测项目

根据招标文件要求按《公路隧道施工技术规范》（JTJ042-94）的有关规定实施监控量测。监控量测的方法和频率及测点布置严格按设计图纸和规范要求进行。

2. 监控量测程序

3. 数据处理及要求

（1）应及时对现场量测数据处理绘制位移—时间曲线和位移—空间关系曲线。

（2）当位移—时间曲线趋于平缓时，应进行数据处理或回归分析，以推算最终位移和掌握位移变化规律。

（3）当位移—时间曲线出现反弯点时，则表明围岩和支护已呈不稳定状态，此时应密切注意围岩动态，并加强支护，必要时暂停开挖。

（4）根据隧道周边实测位移值用回归分析推算其相对位移值。当位移速率无明显下降，而此时实测位移值已接近表列数值，或者喷层表面出现明显裂缝时，应立即采取补强措施，并调整原支护设计参数或施工方法。

（5）建立管理基准：当围岩的预计变形量确定后，即可按规范的要求建立管理基准，并根据管理基准，判断围岩的稳定状态，决定是否采取补强加固措施。

4.隧道地质超前预报

本合同段隧道在施工过程中需加强超前地质预报指导施工。主要采取以下超前地质预报方法：隧道开挖面的地质素描、岩体结构面调查、TSP203超前地质预报仪进行地质超前预报、超前钻孔预测等。

（六）隧道施工通风、排水

1.本合同段隧道的单口掘进长度为945米，经过计算得出最大需风量，施工采用单口压入式通风，采用1台55KW子午加速式隧道轴流通风机和直径Φ1000mm风筒，能满足施工通风排烟的需要，风管采用带肋帆布管。

2.通风注意事项

（1）为避免"循环风"现象出现，通风机进风口距隧道出风口的距离不得小于15m，通风管靠近工作面的距离不大于15m。

（2）设立通风排烟作业班组，作业人员实行通风排烟值班。

3.施工排水：隧道施工均为上坡隧道，施工废水是顺坡排水，采用隧道两侧的临时排水沟自然排出洞外；若仰拱混凝土、二次衬砌填充已完成，则从侧埋排水沟排出洞外。

4.防尘措施：采用湿式凿岩机，经常性机械通风和洒水，出渣前向爆破后的石渣上洒水，定期向隧道内车行路线上洒水。

第三节　城市隧道施工

城市隧道，是指为适应铁路通过大城市的需要而在城市地下穿越的修建在地下或水下并铺设铁路供机车车辆通行的建筑物。

根据国家有关规定设立的为铁路运输工具补充燃料的设施及办理危险货物运输的除外。第十八条规定：在铁路线路两侧路堤坡脚、路堑坡顶、铁路桥梁外侧起各1000米范围内，及在铁路隧道上方中心线两侧各1000米范围内，禁止从事采矿、采石及爆破作业。

一、城市隧道设计主要要点

1.城市隧道作为城市当中的基础设施，承载着的是城市人民的生活和城市的发展，在城市隧道的设计上要有长远的打算，从全局和长久的角度来进行方案的设计。同时，也应预留适当的发展空间，有效地减小日后对隧道改造造成的一些不必要浪费；

2.城市隧道普遍位于城市的主城区，交通线路、地下管线和周边的地理条件较复杂，诸多因素导致对城市隧道的设计有一定的局限性；

3.城市隧道的修建主要是为了日后为人们提供更好的交通环境，在设计上一定要体现出"以人为本"的理念。在进行出入口设置和施工的方法等都应该有精心的设计，在不影响周围群众的前提下应尽量做到节约投资，同时也应考虑到景观的要求；

4. 对于城市隧道的设计来说，应采用与周边环境相结合的工法，在尽量做到功效最大化、投资最小化；

5. 城市隧道的浅埋暗挖法要求初期支护和二次衬砌需要分别承担100%的荷载，以此来保障施工以及运营的安全。浅埋暗挖法在这一点上与新奥法有着本质的不同，也是城市隧道在设计中最容易被忽视的部分。

二、城市隧道施工方法的选择

在选择城市隧道的施工方法时，应根据工程范围内的土地质量、施工条件以及隧道长度等为主要依据，将施工安全问题作为工程质量管理中的重点部分，此外，要与隧道的使用功能、机械设备以及施工的技术水平等因素进行综合性考虑，以此得出施工应选择的方法。隧道施工中造成不必要的浪费。

三、城市隧道的施工方法

城市隧道的施工方法主要有两种：一种是明挖法；另一种是暗挖法。在明挖法主要有：沉管法、盖挖法；暗挖法主要有：顶管法、浅埋暗挖法等。

1. 明挖法中的施工方法

（1）沉管法

沉管法在隧道的施工一般用于穿越江河的浅埋隧道，但要确保施工现场能够满足条件，也会在其他的施工方法节约性较差的情况下采用沉管法。目前采用的较少，施工成本较高。

（2）明挖法

在城市隧道施工方法中，明挖法是普遍使用的一种施工方法，明挖法包含有支护和没有支护两种情况，只要施工现场能够保证挖的条件下均可采用明挖法。

（3）盖挖法

盖挖法也是隧道施工的常用方法之一，适合在城市交通复杂、管线多次改迁或不能采用明挖法的条件下均可使用盖挖法。盖挖法主要有两个优势：第一，能够有效地提升维护结构的可靠性和安全性，使临时支护的费用有所降低，同时也为工程安全提供了一定的保障；第二，盖挖法中可以使用大型的机械进行施工，能够有效提高出土的速度，施工期得到加快，从而达到减小交通影响，使居民减小干扰的目的。

2. 暗挖法的施工方法

（1）顶管法

顶管法一般应用在工程无法采用明挖法进行施工时的城市浅埋隧道，例如：下穿铁路等一些特殊的场合。顶管法在岩石层或是土质地层中都能够进行使用，在施工现场无法满足顶管的条件时，可通过降水或预加固等以措施创造顶管施工条件。

（2）盾构法

目前在城市地铁区间段隧道的施工中最常用的就是盾构法，比较适用于埋深较大的隧道施工。在岩层或土质地层均适用，但对线性曲率半径较小段和水位较大段不适用。

（3）浅埋暗挖法

浅埋暗挖法在城市隧道的施工中可以算得上是最基本的施工方法，采用浅埋暗挖法施工时要注意对地层加固和对城市的管线保护，这是浅埋暗挖法的施工成败关键所在。

第六节　隧道盾构法施工

盾构法是暗挖法施工中的一种全机械化施工方法。它是将盾构机械在地中推进，通过盾构外壳和管片支承四周围岩防止发生往隧道内的坍塌。同时在开挖面前方用切削装置进行土体开挖，通过出土机械运出洞外，靠千斤顶在后部加压顶进，并拼装预制混凝土管片，形成隧道结构的一种机械化施工方法。

盾构机于1847年发明，它是一种带有护罩的专用设备。利用尾部已装好的衬砌块作为支点向前推进，用刀盘切割土体，同时排土和拼装后面的预制混凝土衬砌块。盾构机掘进的出碴方式有机械式和水力式，以水力式居多。水力盾构在工作面处有一个注满膨润土液的密封室。膨润土液既用于平衡土压力和地下水压力，又用作输送排出土体的介质。

盾构机既是一种施工机具，也是一种强有力的临时支撑结构。盾构机外形上看是一个大的钢管机，较隧道部分略大，它是设计用来抵挡外向水压和地层压力的。它包括三部分：前部的切口环、中部的支撑环以及后部的盾尾。大多数盾构的形状为圆形，也有椭圆形、半圆形、马蹄形及箱形等其他形式。

一、适用条件

在松软含水地层，或地下线路等设施埋深达到10m或更深时，可以采用盾构法。

1.线位上允许建造用于盾构进出洞和出碴进料的工作井；

2.隧道要有足够的埋深，覆土深度宜不小于6m且不小于盾构直径；

3.相对均质的地质条件；

4.如果是单洞则要有足够的线间距，洞与洞及洞与其他建（构）筑物之间所夹土（岩）体加固处理的最小厚度为水平方向1.0m，竖直方向1.5m；

5.从经济角度讲，连续的施工长度不小于300m。

二、施工准备工作

采用盾构法施工时，首先要在隧道的始端和终端开挖基坑或建造竖井，用作盾构及其设备的拼装井（室）和拆卸井（室），特别长的隧道，还应设置中间检修工作井（室）。

拼装和拆卸用的工作井，其建筑尺寸应根据盾构装拆的施工要求来确定。拼装井的井壁上设有盾构出洞口，井内设有盾构基座和盾构推进的后座。井的宽度一般应比盾构直径大1.6～2.0m，以满足铆、焊等操作的要求。当采用整体吊装的小盾构时，则井宽可酌量减小。井的长度，除了满足盾构内安装设备的要求外，还要考虑盾构推进出洞时，拆除洞门封板和在盾构后面设置后座，以及垂直运输所需的空间。中、小型盾构的拼装井长度，还要照顾设备车架转换的方便。盾构在拼装井内拼装就绪，经运转调试后，就可拆除出洞口封板，盾构推出工作井后即开始隧道掘进施工。盾构拆卸井设有盾构进口，井的大小要便于盾构的起吊和拆卸。

三、施工工序

采用盾构法施工时，首先要在隧道的始端和终端开挖基坑或建造竖井，用作盾构及其设备的拼装井（室）和拆卸井（室），特别长的隧道，还应设置中间检修工作井（室）。拼装和拆卸用的工作井，其建筑尺寸应根据盾构装拆的施工要求来确定。拼装井的井壁上设有盾构出洞口，井内设有盾构基座和盾构推进的后座。井的宽度一般应比盾构直径大1.6～2.0m，以满足铆、焊等操作的要求。当采用整体吊装的小盾构时，则井宽可酌量减小。井的长度，除了满足盾构内安装设备的要求外，还要考虑盾构推进出洞时，拆除洞门封板和在盾构后面设置后座，以及垂直运输所需的空间。中、小型盾构的拼装井长度，还要照顾设备车架转换的方便。盾构在拼装井内拼装就绪，经运转调试后，就可拆除出洞口封板，盾构推出工作井后即开始隧道掘进施工。盾构拆卸井设有盾构进口，井的大小要便于盾构的起吊和拆卸。

其他施工主要有土层开挖、盾构推进操纵与纠偏、衬砌拼装、衬砌背后压铸等。这些工序均应及时而迅速地进行，决不能长时间停顿，以免增加地层的扰动和对地面、地下构筑物的影响。

（一）土层开挖

在盾构开挖土层的过程中，为了安全并减少对地层的扰动，一般先将盾构前面的切口贯入土体，然后在切口内进行土层开挖，开挖方式有：

1.敞开式开挖

适用于地质条件较好、掘进时能保持开挖面稳定的地层。由顶部开始逐层向下开挖，可按每环衬砌的宽度分数次完成。

2.机械切削式开挖

用装有全断面切削大刀盘的机械化盾构开挖土层。大刀盘可分为刀架间无封板的和有封板的两种，分别在土质较好的和较差的条件下使用。在含水不稳定的地层中，可采用泥水加压盾构和土压平衡式盾构进行开挖。

3. 挤压式开挖

使用挤压式盾构的开挖方式，又有全挤压和局部挤压之分。前者由于掘进时不出土或部分出土，对地层有较大的扰动，使地表隆起变形，因此隧道位置应尽量避开地下管线和地面建筑物。此种盾构不适用于城市道路和街坊下的施工，仅能用于江河、湖底或郊外空旷地区。用局部挤压方式施工时，要根据地表变形情况，严格控制出土量，务使地层的扰动和地表的变形减少到最低限度。

4. 网格式开挖

使用网格式盾构开挖时，要掌握网格的开孔面积。格子过大会丧失支撑作用，过小会产生对地层的挤压扰动等不利影响。在饱和含水的软塑土层中，这种掘进方式具有出土效率高、劳动强度低、安全性好等优点。

（二）推进纠偏

推进过程中，主要采取编组调整千斤顶的推力、调整开挖面压力以及控制盾构推进的纵坡等方法，来操纵盾构位置和顶进方向。一般按照测量结果提供的偏离设计轴线的高程和平面位置值，确定下一次推进时须有若干千斤顶开动及推力的大小，用以纠正方向。此外，调整的方法也随盾构开挖方式有所不同：如敞开式盾构，可用超挖或欠挖来调整；机械切削开挖，可用超挖刀进行局部超挖来纠正；挤压式开挖，可用改变进土孔位置和开孔率来调整。

（三）衬砌拼装

常用液压传动的拼装机进行衬砌（管片或砌块）拼装。拼装方法根据结构受力要求，可分为通缝拼装和错缝拼装。通缝拼装是使管片的纵缝环环对齐，拼装较为方便，容易定位，衬砌圆环的施工应力较小，但其缺点是环面不平整的误差容易积累。错缝拼装是使相邻衬砌圆环的纵缝错开管片长度的 1/2 ~ 1/3。错缝拼装的衬砌整体性好，但当环面不平整时，容易引起较大的施工应力。衬砌拼装方法按拼装顺序，又可分为先环后纵和先纵后环两种。先环后纵法是先将管片（或砌块）拼成圆环，然后用盾构千斤顶将衬砌圆环纵向顶紧。先纵后环法是将管片逐块先与上一环管片拼接好，最后封顶成环。这种拼装顺序，可轮流缩回和伸出千斤顶活塞杆以防止盾构后退，减少开挖面土体的走动。而先环后纵的拼装顺序，在拼装时须使千斤顶活塞杆全部缩回，极易产生盾构后退，故不宜采用。

（四）衬砌压注

为了防止地表沉降，必须将盾尾和衬砌之间的空隙及时压注充填。压注后还可改善衬砌受力状态，并增进衬砌的防水效果。压注的方法有二次压注和一次压注。二次压注是在盾构推进一环后，立即用风动压注机通过衬砌上的预留孔，向衬砌背后的空隙内压入豆粒砂，以防止地层坍塌；在继续推进数环后，再用压浆泵将水泥类浆体压入砂间空隙，使之凝固。因压注豆粒砂不易密实，压浆也难充满砂间空隙，不能防止地表沉降，已趋于淘汰。一次压注是随着盾构推进，当盾尾和衬砌之间出现空隙时，立即通过预留孔压注水泥类砂浆，并保持一定的压力，使之充满空隙。压浆时要对称进行，并尽量避免单点超压注浆，以减少对衬砌的不均匀施工荷载；一旦压浆出现故障，应立即暂停盾构的推进。盾构法施工时，还须配合进行垂直运输和水平运输，以及配备通风、供电、给水和排水等辅助设施，以保证工程质量和施工进度，同时还须准备安全设施与相应的设备。

下　篇

第一章　项目管理概论

第一节　项目管理的基本概念

项目管理是管理学的一个分支学科，对项目管理的定义是：指在项目活动中运用专门的知识、技能、工具和方法，使项目能够在有限资源限定条件下，实现或超过设定的需求和期望的过程。项目管理是对一些成功地达成一系列目标相关的活动（譬如任务）的整体监测和管控。这包括策划、进度计划和维护组成项目的活动的进展。

"项目是在限定的资源及限定的时间内需完成的一次性任务。具体可以是一项工程、服务、研究课题及活动等。"

"项目管理是运用管理的知识、工具和技术于项目活动上，来达成解决项目的问题或达成项目的需求。所谓管理包含领导（leading）、组织（organizing）、用人（staffing）、计划（planning）、控制（controlling）等五项主要工作。"

项目管理（Project Management）：运用各种相关技能、方法与工具，为满足或超越项目有关各方对项目的要求与期望，所开展的各种计划、组织、领导、控制等方面的活动。

项目管理是第二次世界大战后期发展起来的重大新管理技术之一，最早起源于美国。有代表性的项目管理技术比如关键路径法（CPM）和计划评审技术（PERT），甘特图（Gantt chart）的提出，它们是两种分别独立发展起来的技术。

甘特图（Gantt chart）又叫横道图、条状图（Bar chart）。它是在第一次世界大战时期发明的，以亨利·L·甘特先生的名字命名，他制定了一个完整地用条形图表进度的标志系统。

其中 CPM 是美国杜邦公司和兰德公司于 1957 年联合研究提出，它假设每项活动的作业时间是确定值，重点在于费用和成本的控制。

PERT 出现是在 1958 年，由美国海军特种计划局和洛克希德航空公司在规划和研究在核潜艇上发射"北极星"导弹的计划中首先提出。与 CPM 不同的是，PERT 中作业时间是不确定的，是用概率的方法进行估计的估算值，另外它也并不十分关心项目费用和成本，重点在于时间控制，被主要应用于含有大量不确定因素的大规模开发研究项目。

随后两者有发展一致的趋势，常常被结合使用，以求得时间和费用的最佳控制。

20 世纪 60 年代，项目管理的应用范围也还只是局限于建筑、国防和航天等少数领域，但因为项目管理在美国的阿波罗登月项目中取得巨大成功，由此风靡全球。国际上许多人开始对项目管理产生了浓厚的兴趣，并逐渐形成了两大项目管理的研究体系，其一是以欧洲为首的体系——国际项目管理协会（IPMA）；另外是以美国为首的体系——美国项目管理协会（PMI）。在过去的 30 多年中，他们的工作卓有成效，为推动国际项目管理现代化发挥了积极的作用。

项目管理发展史研究专家以 20 世纪 80 年代为界把项目管理划分为两个阶段。

项目管理（Project Managementpm）是美国最早的曼哈顿计划开始的名称。后由华罗庚教授 50 年代引进中国（由于历史原因叫统筹法和优选法）。台湾地区叫项目专案。

在冷战的史普托尼克危机（苏联发射第一颗人造卫星）之前，项目管理还没有用作一个独立的概念。在危机之后，美国国防部需要加速军事项目的进展以及发明完成这个目标的新的工具（模型）。在 1958 年，美国发明了计划评估和审查技术（PERT），作为北极星导弹潜艇项目。与此同时，杜邦公司发明了一个类似的模型成为关键路径方法（CPM）。PERT 后来被工作分解结构（WBS）所扩展。军事任务的这种过程流和结构很快传播到许多私人企业中。

随着时间的推移，更多的指导方法被发明出来，这些方法可以用于形式上精确地说明项目是如何被管理的。这些方法包括项目管理知识体系（PMBOK），个体软件过程（PSP），团队软件过程（TSP），IBM 全球项目管理方法（WWPMM），PRINCE2. 这些技术试图把开发小组的活动标准化，使其更容易地预测，管理和跟踪。

项目管理的批判性研究发现：许多基于 PERT 的模型不适合今天的多项目的公司环境，这些模型大多数适合于大规模，一次性，非常规的项目中，而当代管理中所有的活动都用项目术语表达。所以，为那些持续几个星期的"项目"（更不如说是任务）使用复杂的模型在许多情形下会导致不必要的代价和低可操作性。因此，项目识别不同的轻量级的模型，比如软件开发的极限编程和 Scrum 技术。为其他类型项目而进行的极限编程方法的一般化被称为极限项目管理。

第二节 项目管理的类型

一、分 类

项目管理本身属于项目管理工程的大类，项目管理工程包括：开发管理（DM）、项目管理（PM）、设施管理（FM）以及建筑信息模型（BIM）。

而项目管理则又分为三大类：信息项目管理、工程项目管理、投资项目管理。

1. 信息项目管理

是指在 IT 行业的项目管理。

2. 工程项目管理

主要是指项目管理在工程类项目中的应用，投资项目以及施工项目管理。其中，施工板块主要是做到成本和进度的把控。这一板块主要使用工程项目管理软件来把控。

3. 投资项目管理

主要是用于金融投资版块的把控，偏向于风险把控。

二、特 性

1. 普遍性

项目作为一种一次性和独特性的社会活动而普遍存在于我们人类社会的各项活动之中，甚至可以说是人类现有的各种物质文化成果最初都是通过项目的方式实现的，因为现有各种运营所依靠的设施与条件最初都是靠项目活动建设或开发的。

2. 目的性

项目管理的目的性要通过开展项目管理活动去保证满足或超越项目有关各方面明确提出的项目目标，或指标及满足项目有关各方未明确规定的潜在需求和追求。

3. 独特性

项目管理的独特性是项目管理不同于一般的企业生产运营管理，也不同于常规的政府和独特的管理内容，是一种完全不同的管理活动。

4. 集成性

项目管理的集成性是项目的管理中必须根据具体项目各要素或各专业之间的配置关系做好集成性的管理，而不能孤立地开展项目各个专业或专业的独立管理。

5. 创新性

项目管理的创新性包括两层含义：其一是指项目管理是对于创新（项目所包含的创新之处）的管理；其二是指任何一个项目的管理都没有一成不变的模式和方法，都需要通过管理创新去实现对于具体项目的有效管理。

6. 临时性

项目是一种临时性的任务，它要在有限的期限内完成，当项目的基本目标达到时就意味着项目已经寿终正寝，尽管项目所建成的目标也许刚刚开始发挥作用。

第二章　市政工程施工项目管理概论

第一节　项目进度控制

我国历年投入大量资金用于进行固定资产扩大再生产，每年都要建成一批大中型市政工程建设项目。这样大的投资建设，其目的一是国民经济，二是提高人民的物质和文化生活水平。因此，及时发挥投资效益是利国利民的大事。提前竣工可以产生巨大的经济效益和社会效益。由于市政工程建设项目规模大、投资大、消耗大。它所需要的资金、人力和物资，要有国民经济各有关部门提供，因此，市政工程建设速度的快慢也涉及这些部门的正常运转。有需求才有资源的正常流动，才有供需双方的发展。市政工程建设项目投入使用，则会使各经济部门受益，为它们的运行和发展提供基础。所以，市政工程建设项目的进度控制对国民经济秩序的正常运行起着重要的影响。建设速度正常，国民经济正常；建设速度失控，将危及建设事业本身及整个国民经济。新中国成立以来，我国建设速度和规模的几次大起大落，将国民经济带来损失和混乱的教训，应当牢牢记取。

对承建单位来说，控制了建设的进度，就控制了建设速度、经营管理秩序和总工期，承建单位生产和经营就可以均衡、连续地进行，合同可以正常履行，资金得以正常周转，既能为国家多提供工程产品，又能使承建单位多盈利，承建单位竞争能力与生存发展能力也会得到加强。控制进度还有利于提高工程产品质量和降低成本，体现社会效益、经济效益。控制好进度，有利于国家，有利于建设单位，有利于设计单位，更有利于承建单位。

监理单位参与市政工程建设项目的进度控制，实际上是对进度控制的加强，这是因为：

（1）监理单位可以对建设进度进行全过程控制。

（2）监理单位可以对建设进度实施系统控制。

（3）监理单位具有进度控制必需的科学知识，保证进度控制的有效性。

（4）由监理单位进行进度控制，可以保证进度控制与质量控制、投资控制的一致性和协调性。

一、进度控制

项目进度控制的基本对象是工程活动。它包括项目结构图上各个层次的单元，上至整个项目，下至各个工作包（有时直到最低层次网络上的工程活动）。项目进度状况通常是通过各工程活动完成程度（百分比）逐层统计汇总计算得到的。进度指标的确定对进度的表达、计算、控制有很大影响。由于一个工程有不同的子项目、工作包，它们工作内容和性质不同，必须挑选一个共同的、对所有工程活动都适用的计量单位。

进度控制管理是采用科学的方法确定进度目标，编制进度计划与资源供应计划，进行进度控制，在与质量、费用、安全目标协调的基础上，实现工期目标。由于进度计划实施过程中目标明确，而资源有限，不确定因素多，干扰因素多，这些因素有客观的、主观的，主客观条件的不断变化，计划也随着改变，因此，在项目施工过程中必须不断掌握计划的实施状况，并将实际情况与计划进行对比分析，必要时采取有效措施，使项目进度按预定的目标进行，确保目标的实现。进度控制管理是动态的、全过程的管理，其主要方法是规划、控制、协调。

二、施工阶段的进度控制

施工阶段是建设工程实体的形成阶段，对其进度实施控制是建设工程进度控制的重点。做好施工进度计划于项目建设总进度计划的衔接，并跟踪检查施工进度计划的执行情况，在必要时对施工进度计划进行调整，对于建设工程进度控制总目标的实现具有十分重要的意义。

监理工程师受业主的委托在建设工程施工阶段实施监理时，其进度控制的总任务就是在满足工程项目建设总进度计划要求的基础上，编制或审核施工进度计划，并对其执行情况加以动态控制，以保证工程项目按期竣工交付使用。

（一）施工进度控制目标体系

保证工程项目按期建成交付使用，是建设工程施工阶段进度控制的最终目的。为了有效地控制施工进度，首先要将施工进度总目标从不同角度进行层层分解，形成施工进度控制目标体系，从而作为实施进度控制的依据。

建设工程不但要有项目建设交付使用的确切日期这个总目标，还要有各单位工程交工动用的分目标以及按承包单位、施工阶段和不同计划期划分的分目标。各目标之间相互联系，共同构成建设工程施工进度控制目标体系。其中，下级目标受上级目标的制约，下级目标保证上级目标，最终保证施工进度总目标的实现。

（二）施工进度控制目标的确定

为了提高进度计划的预见性和进度计划控制的主动性，在确定施工进度控制目标时，必须全面细致地分析与建设工程进度有关的各种有利因素和不利因素。只有这样，才能订出一个科学、合理的进度控制目标。确定施工进度控制目标的主要依据有：建设工程总进度目标对施工工期的要求；工期定额；类似工程项目的实际进度；工程难易程度和工程条件的落实情况等。

（三）公路工程施工进度控制工作内容

建设工程施工进度控制工作从审核承包单位提交的施工进度计划开始，直至建设工程保修期满为止，其工作内容主要有：

1. 施工前进度控制

（1）确定进度控制的工作内容和特点，控制方法和具体措施，进度目标实现的风险分析，以及还有哪些尚待解决的问题；

（2）编制施工组织总进度计划，对工程准备工作及各项任务做出时间上的安排；

（3）编制工程进度计划，重点考虑以下内容：

1）所动用的人力和施工设备是否能满足完成计划工程量的需要；

2）基本工作程序是否合理、实用；

3）施工设备是否配套，规模和技术状态是否良好；

4）如何规划运输通道；

5）工人的工作能力如何；

6）工作空间分析；

7）预留足够的清理现场时间，材料、劳动力的供应计划是否符合进度计划的要求。

8）分包工程计划；

9）临时工程计划；

10）竣工、验收计划；

11）可能影响进度的施工环境和技术问题。

2. 编制年度、季度、月度工程计划

（1）施工过程中进度控制

1）定期收集数据，预测施工进度的发展趋势，实行进度控制。进度控制的周期应根据计划的内容和管理目的来确定。

2）随时掌握各施工过程持续时间的变化情况以及设计变更等引起的施工内容的增减，施工内部条件与外部条件的变化等，及时分析研究，采取相应措施。

3）及时做好各项施工准备，加强作业管理和调度。在各施工过程开始之前，应对施工技术物资供应，施工环境等做好充分准备。应该不断提高劳动生产率，减轻劳动强度，提高施工质量，节省费用，做好各项作业的技术培训与指导工作。

（2）施工后进度控制

施工后进度控制是指完成工程后的进度控制工作，包括：组织工程验收，处理工程索赔，工程进度资料整理、归类、编目和建档等。

（3）施工进度计划的编制

施工进度计划是表示各项工程（单位工程、分部工程或分项工程）的施工顺序、开始和结束时间以及相互衔接关系的计划。它既是承包单位进行现场施工管理的核心指导文件，也是监理工程师实施进度控制的依据。施工进度计划通常是按工程对象编制的。

1）施工总进度计划的编制

施工总进度计划一般是建设工程项目的施工进度计划。它是用来确定建设工程项目中所包含的各单位工程的施工顺序、施工时间及相互衔接关系的计划。编制施工总进度计划的依据有：施工总方案；资源供应条件；各类定额资料；合同文件；工程项目建设总进度计划；工程动用时间目标；建设地区自然条件及有关技术经济资料等。

施工总进度计划的编制步骤和方法如下：

①计算工程量

②确定各单位工程的施工期限

③确定各单位工程的开竣工时间和相互搭接关系

④编制初步施工总进度计划

⑤编制正式施工总进度计划

2）单位工程施工计划的编制

单位工程施工进度计划是在既定施工方案的基础上，根据规定的工期和各种资源供应条件，对单位工程中的分部分项工程的施工顺序、施工起止时间及衔接关系进行合理安排的计划，其编制的主要依据有：施工总进度计划；单位工程施工方案；合同工期或定额工期；施工定额；施工图和施工预算；施工现场条件；资源供应条件；气象资料等。

单位工程施工计划的编制方法如下：

①划分工作项目

②确定施工顺序

③计算工程量

④计算劳动量和机械台班数

⑤确定工作项目的持续时间

⑥绘制施工进度计划图

⑦施工进度计划的检查与调整

3. 流水施工原理

组织施工的方式有：依次施工、平行施工和流水施工。

（1）流水施工的定义

流水施工是指将拟建工程在平面和空间上划分为若干个施工段（或施工层），并将其建造过程按施工工艺顺序划分成若干个施工过程，使所有施工过程均按某一时间间隔依次投入施工，依次完工，并使同一施工过程在各施工段之间保持连续均衡施工，不同施工过程之间，在满足施工技术要求的条件下，最大限度地安排平行搭接施工的组织方式。

（2）流水施工的要点

1）划分施工段；

2）划分施工过程；

3）每个施工过程组织独立的施工队组；

4）必须安排主导施工过程连续、均衡施工；

5）相邻施工过程之间最大限度地安排平行搭接施工。

（3）流水施工的优点

1）流水施工能合理、充分地利用工作面，加速工程的施工进度，从而有利于缩短施工期，可使拟建工程项目尽早竣工，将会使用，发挥投资效益；

2）资源均衡，从而降低了工程费用；

3）施工队组连续性、节奏性和专业化施工，可使工程质量相应提高；

4）有利于机械设备的充分利用和劳动力的合理安排。

（4）流水施工的表达方式

流水施工的表达方式在实际工程施工中，主要用横道图和网络图来表达流水施工的进度计划。

1）横道图。它是以施工过程的名称和顺序为纵坐标、以时间为横坐标而绘制的一系列分段上下相错的水平线段，用来分别表示各施工过程在各个施工段上下工作的起止时间和先后顺序的图表。

2）网络图。它是由一系列的圆圈节点和带箭头的线组合而成的网状图形，用来表示各施工过程或施工段上各项工作的先后顺序和相互依赖、相互制约的关系图。

（5）流水施工的主要参数

流水施工的主要参数有工艺参数、空间参数和时间参数。

1）工艺参数

工艺参数是指参与拟建工程流水施工，并用以表达施工工艺顺序和特征的施工过程数。

影响施工过程划分的主要因素：施工进度计划的性质和作用；施工方案与工程结构的特点；劳动组织状况和施工过程劳动量的大小；施工内容的性质和范围。

2）空间参数

空间参数是指参与拟建工程流水施工、并用以表达拟建工程在平面和空间上所处状态的施工段数和施工层数。

划分施工段的目的：划分施工段是组织流水施工的基础，只有分段才能将单件的建筑产品划分为具有若干个施工段的批量产品，才能满足"分工协作，批量生产"的流水施工要求，才能在保证工程质量的前提下，为各施工队组确定合理的空间活动范围，确保不同的施工组能在不同的施工段上同时施工，以便达到连续、均衡施工、缩短工期的目的。

划分施工段的基本要求：

①施工段的数目要合理；

②各个施工段上的劳动量要大致相等，相差不超过 15%；

③要在确保拟建工程结构的整体性和工程质量以及不违反操作规程的前提下确定施工段分界线的位置；

④当组织多层或高层主体结构工程流水施工时，为确保主导施工过程的施工队组在层间也能保持连续施工，平面上的施工段数与施工过程数 N 的关系应符合下列要求：

a. 对于等步距全等节拍流水，平面上的施工段数要大于或等于施工过程数 N。

b. 对于不等步距全等节拍流水，平面上的施工段数应大于或等于施工过程数 N 与技术间歇占用的施工段数之和。

c. 对于不等节拍流水，主导施工过程在一个施工层上工作的总持续时间应大于或等于所有施工过程在一个施工段上工作的持续时间和技术间歇时间之和。主导施工过程是指一个流水组中，劳动量较大或技术复杂、致使工作持续时间最长的施工过程。它的工作持续时间对工程的工期起主导作用。

3）时间参数

时间参数是指在组织流水施工时，用以表达流水施工过程的工作时间、在时间排列上的相互关系和所处状态的参数。主要有 7 种：

①流水节拍。流水节拍是指在流水施工中，从事某一施工过程的施工队组在任何一个施工段完成施工任务所需的工作持续时间。

②流水步距。流水步距是指在流水施工中，相邻两个施工过程的施工队组先后进入第一个施工段开始施工的最小间隔时间。

③施工过程持续时间。施工过程持续时间是指从事某一施工过程的施工队组在各个施工段上连续施工时的总持续时间。

④流水组的施工工期。施工工期是指在组织某项拟建工程的流水施工时，从第一个施工过程进入第一个施工段开始施工算起到最后一个施工过程退出最后一个施工段施工的整个持续时间。

⑤技术间歇时间。技术间歇时间是指在组织流水施工时，为了保证工程质量，由施工规范规定的或施工工艺技术要求的相邻两个施工过程在同一施工段内施工间隔时间。

⑥组织间歇时间。组织间歇时间是指在组织流水施工时，由于施工组织的原因而安排的同一施工过程在各施工段之间的间歇时间，或同一施工段内相邻两个施工过程之间除技术间歇之外的其他间歇时间。

⑦平行搭接时间。平行搭接时间是指采用分别流水法组织单位工程流水施工时，相邻两个流水组之间按施工工艺顺序和工艺要求重叠在一起的部分所占用的时间。

（四）网络计划

1. 网络计划技术的基本原理

网络计划技术的基本原理是：首先绘制出拟建工程施工进度网络图，用以表达一项计划（或工程）中各种工作的开展顺序及其相互之间的逻辑关系；然后通过对网络图的时间参数进行计算，找出网络计划的关键工作和关键线路；再按选定的工期、成本或资源等不同的目标，对网络计划进行调整、改善和优化处理，选择最优方案；最后在网络计划的执行过程中，对其进行有效的控制与监督，以确保拟建工程施工按网络计划确定的目标和要求顺利完成。

在建筑工程施工中，网络计划技术的主要用途是用来编制建筑企业的生产计划和工程施工的进度计划，并用来对计划本身进行优化处理，对计划的实施进行监督、控制和调整，以达到缩短工期、提高工效、降低成本、增加企业经济效益的目的。

2. 网络计划的特点分析

网络计划技术的优点：

（1）能全面而明确地表达各施工过程在各施工段上各项工作间的先后顺序和相互制约、相互依赖的逻辑关系，使一个流水组中的所有施工过程及其各项组成了一个有机的整体。

（2）能对各项工作进行各种时间参数的计算，从名目繁多、错综复杂的计划中找出决定工程施工进度和总工期的关键工作和关键线路，为施工的组织者抓住主要矛盾，避免盲目抢工、确保工期提供科学的依据。

（3）能从许多可行施工方案中选出较优施工方案，并可再按某一目标进行优化处理，从而获得最优施工方案。

（4）在计划的执行过程中，某一工作因故推迟或提前完成时，可便捷地推算出它对整个计划和总工期的影响程度，迅速地根据变化后的具体情况及时进行调整，确保能自始至终地对计划进行有效的控制和监督，并利用计算出的各项工作的机动时间，更好地调整人力、物力，以达到降低成本的目的。

（5）网络计划的编制、计算、调整、优化和绘图等各项工作，都可以用电子计算机来协助完成，这就为电子计算机在建筑施工计划与管理中的广泛应用和计划管理的现代化提供了必要的途径。

网络计划技术的缺点：

（1）表达计划不直观、不形象，一般施工人员和工人不易看懂，因此阻碍了网络计划的推广和使用。

（2）网络计划是以工期最短为目标，只保证关键线路上的各项关键工作之间能连续地施工，而不能反映各施工过程在各施工段之间是否连续施工，所以网络计划不能反映流水施工的特点和要求。

（3）普遍网络计划不能在图上反映出劳动力等各项资源使用的均衡情况，并且不能在图上统计资源日用量。

3.网络计划的分类

在建筑工程施工中，网络计划是正确表达施工进度计划、并对其实施过程进行有效控制和监督的较好形式。为了适应施工进度计划的不同用途，网络计划有以下几种方法：

（1）按网络计划编制的对象和范围分

①局部网络计划。局部网络计划是指以拟建工程的某一分部工程或某一施工阶段为对象编制而成的分部工程或施工阶段网络计划。

②单位工程网络计划。单位网络计划是指以一个单位工程为对象编制而成的网络计划。它有以分部工程为工作项目的用来控制其施工时间和总工期的控制性网络计划，也有由几个分部工程的局部网络计划搭接而成的实施性网络计划；对于很简单的单位工程，也可以将一个单位工程中的所有分项工程组成一个流水组，直接编制成单位工程的实施性网络计划。

③总体网络计划。总体网络计划是指以一个建设项目或一个大型的单项工程为对象编制而成的控制性网络计划。

（2）按网络计划的性质和作用分

①实施性网络计划。实施性网络计划是指以分部、分项工程为对象，以分项工程在一个施工段上的施工任务为工作内容编制而成的局部网络计划，或由多个局部网络计划综合搭接而成的单位工程网络计划，或直接以分项工程为工作编制而成的单位工程网络计划。它的工作内容划分得较为详细、具体，是用指导具体施工的计划形式。

②控制性网络计划。控制性网络计划是指以控制各分部工程或各单位工程或整个建设项目的工期为主要目标编制而成的总体网络计划或控制性的单位工程网络计划。它是上级管理机构指导工作、检查与控制施工进度计划的依据，也是编制实施性网络计划的依据。

（3）按网络计划有无时间坐标分

①无时标的普遍网络计划。这种网络计划中的各项工作持续时间写在箭线的下面，箭线的长短与工作持续时间无关。

②时标网络计划。这种网络计划以时间作为横坐标，箭线在时间坐标轴上的水平投影长度代表工作持续时间。

（4）按网络计划的图形形式分

①双代号网络计划。双代号网络计划是指用一根实箭线表示一项工作，并用箭尾、箭头处圆圈节点内的两个编号或代号代表该项工作的网络计划。

②单代号网络计划。单代号网络计划是指用一个圆圈或方格节点表示一项工作，并用节点中的一个编号或代号代表该项工作的网络计划。

③流水网络计划。流水网络计划是指将同一施工过程在各个施工段上的各项工作箭线合并成一条上下分段相错的流水箭线（与横道图中的横道线相似），由多条这样的流水箭线组合搭接而成的用来表示一个分部工程流水组流水施工进度的网络计划。

④时标网络计划。

4. 网络计划的表示方法

把一项计划（或工程）的所有工作（或一个施工段上的分项工程），根据其开展的先后顺序及其相互制约关系，全部用箭线（用箭头的线段）和节点（圆圈）来表示，从左向右、有序排列而成的网状图形，称之为网络图。因为这种方法是建立在网络模型的基础上，而且主要是用来编制计划（工作计划或施工进度计划）和对计划的实施进行控制、监督的，因此在国外将其称为网络计划技术。

网络计划是用网络图的形式来表述的，网络图是由箭线、节点和线路三个要素组成的。由于网络图中的箭线和节点所代表的内容不同，网络图分为双代号网络图和单代号网络图两种，因此网络计划也有双代号网络计划和单代号网络计划两种。

把一项计划（或工程）的所有工作（后一个施工段上的分项工程），根据其开展的先后顺序及其相互制约关系，全部用箭线（或带箭头的线段）和节点（圆圈）来表示，从左向右、有序排列而成的网状图形，称之为网络图。因为这种方法是建立在网络模型的基础上，而且是用来编制计划（工作计划或施工进度计划）和对计划的实施进行控制、监督的，因此在国外将其称为网络计划技术。

网络计划是用网络图的形式来表述的。网络图是由箭线、节点和线路三个要素组成的。由于网络图中的箭线和节点所代表的内容不同，网络图分为双代号网络图和单代号网络图两种，因此网络计划也有双代号网络计划和单代号网络计划两种。

（1）双代号网络图

1）特点和标注方法：

用一个箭线表示一项工作（有时也称过程、工序、活动），工作名称写在箭线的上方，工作持续时间写在箭线下方；箭尾表示工作的开始，箭头表示工作的结束。在箭线的两端分别画一个圆圈作为节点，并在节点内进行编号，用箭尾节点编号和箭头节点编号两个编号作为这项工作的代号，即每项工作的箭线都有首尾两个节点，且用这两个节点的编号作为工作的代号，所以叫作双代号表示法。用双代号表示法编制的网络图叫作双代号网络图。用这种网络图表示的计划称之为双代号网络计划。

2）绘图规则：

①在一个网络图中，只允许有一个起点和一个终止节点，如果有两个或两个以上时，应将多个起点节点或多个终止节点合并成一个或虚箭线连接成一个。在实际工程施工中，同时开始或结束的工作项目可能有多个，但为了保证网络图的完整性和便于时间参数的计算，在不改变原有逻辑关系的前提下，应调整或修改只有一个起点节点和一个终点节点的

网络图。

②在一个网络图中，不允许出现循环回路，如果有循环回路，就要根据逻辑关系检查、判定是哪条箭线的箭头方向画错了，改变箭头方向即可。

③在一个网络图中，不允许出现同样编号的节点和箭线，即节点的编号不能出现重复，出现重号要再重新统一编号；平行工作间的代号，不能用同一代号，而应加设虚箭线和节点，并重新编号。

④早在一个网络图中，箭线之间的连接必须通过节点，不允许箭线与箭线直接连接。

⑤在网络图中，不允许出现无箭头的线段或双箭头的箭线。

⑥在网络图中，应尽量通过调整平面结构布局来避免或减少交叉箭线；当无法避免时，应采用暗桥法或断桥法表示，但同一个网络图中，只允许采用同一种方法。

⑦网络图必须按已定的逻辑关系进行绘制或修改。

3）绘图步骤：

①绘制草图。先按逻辑关系，从起点节点开始，由左至右依次绘制各项工作的箭线，直至终点节点。

②检查、调整、编号。草图绘制完成后，按逻辑关系由终点节点依次向起点节点进行检查、修改；并对网络图的平面布局进行调整，使之条理清楚，层次分明，关键线路简洁、明显；最后统一进行节点编号。

③绘制正式的网络图。

4）绘图要求：

为了使网络图平面布置合理，层次分明，重点突出，对网络图的绘制提出如下要求：

①网络图中的箭线，特别是图形周边的箭线，应尽可能地绘制成水平箭线或由垂直线、水平线组成的折线箭线，虚箭线可画成垂直的虚箭线；网络图内部的箭线也可绘制成斜线、垂直线；网络图中不得使用曲线虚线。

②在网络图中，箭线的箭头方向应自左向右、向上、向下和向偏右，并尽量避免出现自右向左、向偏左方向的"反向箭线"。如有反向箭线，应通过调整网络图的平面布局来改正。

③在绘制网络图时，要尽量减少不必要的节点和虚箭线，以便使网络图更清晰、简洁，并减少时间参数的计算量。

（2）单代号网络图的绘制

1）绘图规则

单代号网络图的绘图规则与双代号的绘图规则基本相同，主要区别在于：当网络图中有多项开始工作时，应增设一项虚拟的工作（S），作为该网络图的起点节点；当网络图有多项结束工作时，应增设一项虚拟的工作（F），作为该网络图的终点节点。

2）绘图示例

绘制单代号网络图比绘制双代号网络图容易得多.

5. 网络优化

网络计划的优化是指在一定约束条件下，按既定目标对网络计划进行不断改进，以寻求满意方案的过程。网络优化的优化目标应按计划任务的需要和条件选定，包括工期目标、费用目标和资源目标。

根据优化目标的不同，网络计划的优化可分为工期优化、费用优化和资源优化三种。

（1）工期优化

所谓工期优化，是指网络计划的计算工期不满足要求工期时，通过压缩关键工作的持续时间以满足要求工期目标的过程。

工期优化方法：

网络计划工期优化的基本方法是在不改变网络计划中各项工作之间逻辑关系的前提下，通过压缩关键工作的持续时间来达到优化目标。在工期优化过程中，按照经济合理的原则，不能将关键工作压缩成非关键工作。此外，当工期优化过程中出现多条关键线路时，必须将各条关键线路的总持续时间压缩相同数值；否则，不能有效地缩短工期。

网络计划的工期优化可按下列步骤进行：

1）确定初始网络计划的计算工期和关键线路；

2）按要求工期计算应缩短的时间

3）选择应缩短持续时间的关键工作。选择压缩对象时宜在关键工作中考虑下列因素：①缩短持续时间对质量和安全影响不大的工作；②有充足备用资源的工作；③缩短持续时间所需增加的费用最少的工作。

4）将所选定的关键工作的持续时间压缩至最短，并重新确定计算工期和关键线路。若被压缩的工作变成非关键工作，则应延长其持续时间，使之仍为关键工作。

5）当计算工期仍超过要求工期时，则重复上述2）～4），直至计算工期满足要求工期或计算工期已不能再缩短为止。

6）当所有关键工作的持续时间都已达到其能缩短的极限而寻求不到继续缩短工期的方案，但网络计划的计算工期仍不能满足要求工期时，应对网络计划的原技术方案、组织方案进行调整，或对要求工期重新审定。

（2）费用优化

费用优化又称工期成本，是指寻求工程总成本最低时的工期安排，或按要求工期寻求最低成本的计划安排的过程。

1）费用和时间的关系

在建设工程施工过程中，完成一项工作通常可以采用多种施工方法和组织方法，而不同的施工方法和组织方法，又会有不同的持续时间和费用。由于一项建设工程往往包含许多工作，所以在安排建设工程进度计划时，就会出现许多方案。进度方案不同，所对应的总工期和总费用也就不同。为了能从多种方案中找出总成本最低的方案，必须首先分析费用和时间之间的关系。

①工期费用与工期的关系

工程总费用由直接费和间接费组成。直接费由人工费、材料费、机械使用费、其他直接费及现场经费等组成。施工方案不同，直接费也就不同；如果施工方案一定，工期不同，直接费也不同。直接费会随着工期的缩短而增加。间接费包括企业经营管理的全部费用，它一般会随着工期的缩短而减少。在考虑工程总费用时，还应考虑工期变化带来的其他损益，包括效益增量和资金的时间价值等。

②工作直接费与持续时间的关系

由于网络计划的工期取决于关键工作的持续时间，为了进行工期成本优化，必须分析网络计划中各项工作的直接费与持续时间之间的关系，它是网络计划工期成本优化的基础。工作的直接费与持续时间之间的关系类似于工程直接费与工期之间的关系，工作的直接费随着持续时间的缩短而增加。为简化计算，工作的直接费与持续时间之间的关系被近似地认为是一条直线关系。当工作划分不是很粗时，其计算结果还是比较精确的。工作的持续时间每缩短单位时间而增加的直接费称为直接费用率。工作的直接费用率越大，说明将该工作的持续时间缩短一个时间单位，所需增加的直接费就越多；反之，将该工作的持续时间缩短一个时间单位，所需增加的直接费就越少。因此，在压缩关键工作的持续时间以达到缩短工期的目的时，应将直接费用率最小的关键工作作为压缩对象。当有多条关键线路出现而需要同时压缩多个关键工作的持续时间时，应将它们的直接费用率之和（组合直接费用率）最小者作为压缩对象。

2）费用优化方法

费用优化的基本思路：不断地在网络计划中找出直接费用率（或组合直接费用率）最小的关键工作，缩短其持续时间，同时考虑间接费随工期缩短而减少的数值，最后求得工程总成本最低时的最优工期安排或按要求工期求得最低成本的计划安排。

按照上述基本思路，费用优化可按以下步骤进行：

①按工作的正常持续时间确定计算工期和关键线路／

②计算各项工作的直接费用率，应找出直接费用率的计算按上述公式进行。

③当只有一条关键线路时，应找出直接费用率最小的一组关键工作，作为缩短持续时间的对象；当有多条关键线路时，应找出组合直接费用率最小的一组关键工作，作为缩短持续时间的对象。

④对于选定的压缩对象（一项关键工作或一组关键工作），首先比较其直接费用率或组合直接费用率与工程间接费用率的大小：

a. 如果被压缩对象的直接费用率或组合直接费用率大于工程间接费用率，说明压缩关键工作的持续时间会使工程总费用增加，此时应停止缩短关键工作的持续时间，在此之前的方案即为优化方案；

b. 如果被压缩对象的直接费用率或组合直接费用率等于工程简捷费用率，说明压缩关键工作的持续时间不会使工程总费用增加，故应缩短关键工作的持续时间；

c.如果被压缩对象的直接费用率或组合直接费用率小于工程间接费用率，说明压缩关键工作的持续时间会使工程总费用减少，故应缩短关键工作的持续时间。

⑤当需要压缩关键工作的持续时间时，其缩短值的确定必须符合下列两条原则：

a.缩短后工作的持续时间不能小于其最短持续时间；

b.缩短持续时间的工作不能变成非关键工作。

⑥计算关键工作持续时间缩短后相应增加的总费用。

⑦重复上述③～⑥，直至计算工期满足要求工期或被压缩对象的直接费用率或组合直接费用率大于工程间接费用为止。

⑧计算优化后的工程总费用。

（3）资源优化

资源是指为完成一项计划任务所需投入的人力、材料、机械设备和资金等。完成一项工程任务所需要的资源量基本上是不变的，不可能通过资源优化将其减少。资源优化的目的是通过改变工作的开始时间和完成时间，使资源按照时间的分布符合优化目标。

在通常情况下，网络计划的资源优化分为两种，即"资源有限，工期最短"的优化和"工期固定，资源均衡"的优化。前者是通过调整计划安排，在满足资源限制条件下，使工期延长最少的过程；而后者是通过调整计划安排，在工期保持不变的条件下，使资源需用量尽可能均衡的过程。

这里所讲的资源优化，其前提条件是：①在优化过程中，不改变网络计划中各项工作之间的逻辑关系；②在优化过程中，不改变网络计划中各项工作的持续时间；③网络计划中各项工作的资源强度（单位时间所需资源数量）为常数，而且是合理的；④除规定可中断的工作外，一般不允许中断工作，应保持其连续性。为简化问题，这里假定网络计划中的所有工作需要同一种资源。

1)"资源有限，工期最短"的优化

"资源有限，工期最短"的优化一般可按以下步骤进行：

①按照各项工作的最早开始时间安排进度计划，并计算网络计划每个时间单位的资源需用量。

②从计划开始日期起，逐个检查每个时段（每个时间单位资源需用量相同的时间段）资源需用量是否超过所能供应的资源限量。如果在整个工期范围内每个时段的资源需用量均能满足资源限量的要求，则可行优化方案就编制完成；否则，必须转入下一步进行计划的调整。

③分析超过资源限量的时段。如果在该时段内有几项工作平行作业，则采取将一项工作安排在与之平行的另一项工作之后进行的方法，以降低该时段的资源需用量。

④对调整后的网络计划安排重新计算每个时间单位的资源需用量。

⑤重复上述②～④，直至网络计划整个工期范围内每个时间单位的资源需用量均满足

资源限量为止。

2）"工期固定，资源均衡"的优化

安排建设工程进度计划时，需要使资源需用量尽可能地均衡，使整个工程每单位时间的资源需用量不出现过多的高峰和低谷，这样不仅有利于市政工程建设的组织与管理，而且可以降低工程费用。

"工期固定，资源均衡"的优化方法有多种，如方差值最小法、极差值最小法、削高峰法等。按方差值最小的原理，"工期固定，资源均衡"的优化一般可按以下步骤进行：

①按照各项工作的最早开始时间安排进度计划，并计算网络计划每个时间单位的资源需用量。

②从网络计划的终点节点开始，按工作完成节点编号值从大到小的顺序依次进行调整。当某一节点同时作为多项工作的完成接点时，应先调整开始时间较迟的工作。

③当所有工作均按上述顺序自右向左调整了一次之后，为使资源需用量更加均衡，在按上述顺序自右向左进行多次调整，直至所有工作既不能右移也不能左移为止。

三、进度计划审查与实施

（一）进度计划审查

1. 审查前注意事项及准备工作

施工组织设计中的施工进度计划是在工程项目施工前围绕如何实现进度目标所做的统筹安排，施工进度计划既是进度目标的分解和落实，也是进度动态控制的依据。因此，施工进度计划合理与否直接关系到进度能否得到有效控制。经业主与监理批准了的进度计划是工程实施、也是处理工程索赔时的重要依据。

在审查施工组织设计必须抓好施工进度计划的审查工作，主要审查以下方面：施工总体部署及进度安排，包括施工总部署，施工组织机构，施工总进度计划，阶段性施工进度计划，单位工程施工进度计划，工程施工所需劳动力的计划，进度考核管理制度等。

（二）审查依据

1. 合同工期、开、竣工时间及里程碑事件进度控制点

2. 施工组织设计

3. 工程总进度计划和施工总进度计划

4. 材料和设备供应计划

5.《建设工程监理规范》的相关规定

（三）审查要点

1. 编写、审查、批准程序是否符合要求

2. 施工进度计划内容是否全面

进度计划内容至少应包括：合同与施工图纸所涵盖的全部作业项目，工程项目实施中的一些重要里程碑点以及合同约束限制条件，对图纸、设备、预埋件、甲方供应材料的到场要求，施工文件以及一些报审报险事项的反映，所以这些内容在进度计划中都要有所体现。另外还可将每项工程施工所需劳动力数量以及资金需求也列入其中。

3. 施工进度计划是否满足合同及业主主要时间控制点的要求

承包商的进度计划首先必须满足合同工期的要求，工程的合同文件均对工程的施工工期及一些专业间接口的时间作了一些特殊专业的施工条件与时机作了限制，在编制进度计划时也要将这些限制条件转化为控制性工期。这些控制性工期就是编制进度计划的基础，也是工程项目进度控制的目标。同时还必须符合业主控制性进度计划中一些关键时间节点的要求。

4. 施工进度计划是否与施工方案一致

施工方案中的施工部署、施工方法、施工工艺、施工机械以及施工组织方式直接影响进度计划安排，因此，在审查施工进度计划时必须检查施工进度计划是否与施工方案一致，如果有矛盾须要求承包商调整进度计划施工方案。

5. 施工进度计划中的工序分解粗细程度是否满足指导施工的要求

计划中表达施工过程的内容，划分的粗细程度既不能太粗也不宜太细，该计划的细度应根据项目的性质适度划分，在可能的情况下尽量细化。

6. 施工进度计划中工序间的逻辑关系是否合理

要求进度计划审查人员对工程项目有全面的了解，对工程施工程度和施工方法流程有比较清晰的思路。能识别工程项目中各工序间的联系，确认其逻辑关系的符合性与合理性，从而使施工进度计划更科学合理，达到"纲举目张"的效果。

7. 施工进度计划中各工期的确定是否合理

主要是各作业单元工期的确定，根据上述的控制性工期及确定的工序间的逻辑关系，根据各作业单元工程量的多少、施工条件的完善程度以及拟用于本工程的施工设备生产能力，本着最佳组合，最高效益、均衡生产的原则，确定合理的施工工期。

8. 资源加护能否保证进度计划的需求

在报审进度计划时，监理工程师应要求承包商提供各工种劳动力，施工机具，材料主要资源计划作为附件监理工程师通过审查资源计划是否与进度计划相符，来评价进度计划的可实施性，如资源计划不能满足进度计划的要求，应要求承包生调整资源计划或进度计划，进度计划一旦被批准，资源计划也作为进度控制的依据。

9. 进度保证措施是否合理

在进度计划报审时，监理工程师应要求承包商提供进度保证措施作为附件。进度保证措施包括技术措施、管理措施和季节性施工措施。进度计划一旦被批准，这些措施也将作为进度控制的依据。如果在施工过程中承包商没有采用这些措施而导致工期延期，一般监理工程师不能同意工期延期申请。

10. 进度计划中的关键工作及非关键工作的总时差是否明确

关键工作是进度控制的重点，关键工作一旦出现拖延，必然导致整个进度的延期。因此，控制了关键工作的进度也就控制了施工进度。非关键工作尽管不是进度控制的重点，但当非关键工作的延误超过了总时差时，就会转化为关键工作。因此，对那些总时差较小的非关键工作，也应给予足够的重视。明确关键工作和非关键工作总时差的目的除了确定进度控制的重点外，还为审批工期延期申请提供依据，一般来说，只有当关键工作出现延误，或非关键工作的延误时间超过了总时差时，承包商才有可能获得延期。

11. 该进度计划是否参与工程的材料、设备供应、进度计划相协调

当所监理的项目由多家承包商施工，在审批各承包商进度计划时必须注意各承包商进度计划之间的协调，比如土建与设备安装、设备安装与精装修、室内工程与室外工程之间的时间进度一致。否则，一般批准了承包商的进度计划，而各承包商在时间进度上又存在矛盾，将会给监理工作带来被动，甚至索赔。

此外，在审批进度计划时，还必须检查现场的施工条件是否能够满足进度计划的要求。

（四）批复方案时应注意的问题

1. 针对施工单位提出的工期承诺及施工进度计划，进行分析，在挖潜力的同时，与工期目标比较，施工进度计划应留有余地；

2. 土建、装修、空调、消防、智能化等各种专业配合，以及材料、设备定货，对进度计划影响较大，应充分考虑业主、总承包方、分包方等单位之间的沟通、协调和配合的难度；

3. 设计变更和图纸中的不确定因素可能影响后续工作，尽可能考虑避免因图纸原因的停工；

4. 施工单位的资源投入是保证进度计划顺利实施的关键因素之一；

5. 施工过程中施工单位工序安排以及各工种间的交叉作业等是工程能否顺利实施的重要环节；

6. 对施工进度进行动态控制，建立制度，按时检查监督施工进度状态，对未实现分解目标的分项或分部工程，及时监督纠正，避免积少成多而影响到总目标的实现。

（五）审查意见

1. 对施工进度计划是否满足合同工期目标及业主主要时间节点的要求提出明确意见；

2. 对施工进度计划是否与施工方案、施工组织设计一致提出明确意见；

3. 对施工进度计划中的工序分解粗细程度是否能够满足指导施工的要求提出明确意见；

4. 对施工进度计划汇中工序间的逻辑关系是否合理提出明确意见；

5. 对资源计划能否保证进度计划的需要提出相关意见；

6. 对进度保证措施是否有力提出相关意见；

7. 对施工进度计划是否可行、是否同意实施或需修改等提出明确意见。

（六）进度计划的实施

1. 施工进度保证措施

（1）推行项目法施工，确保工期目标的实现

1）选派有施工管理经验、并卓有成效地完成类似工程项目管理的同志担任项目经理；

2）根据施工项目组织原则，选用和国际工程接轨的施工组织体系，组建施工项目管理机构，明确责任、权限和义务；

3）在遵守招标文件、工程承包合同和本企业规章制度的前提下，根据本施工项目管理的需要，制订施工项目管理制度；

4）组织编制定切实可行的施工组织设计；

5）有效进行进度、成本和安全的目标控制；

6）对劳动力、材料、设备、资金和技术五大生产要素，针对其特点，进行优化配置和动态管理；

7）加强工程承包合同管理，严格执行合同条款；

8）进行有效的施工项目的信息管理。

（2）做好充分准备工作，确保顺利开工

1）一旦中标，迅速调动人员到施工现场，做好各项准备工作，包括组织材料及设备进场等工作，以免因此影响开工；

2）组织有丰富阅历的技术人员，认真开展图纸会审工作。学习和研究有关施工标准及规范，明确业主对施工的技术要求。精心制定施工方案和技术措施，对施工人员进行详细的技术底。

（3）采用科学的管理保证施工进度

1）采用计算机管理软件加强施工进度计划的管理，同时对人力、材料、机械等资源的配置进行优化，提高计划管理的科学性、先进性；

2）使用公司自编的计算机材料管理系统，对材料管理进行控制。对材料的到货、使用、贮存实行动态控制，有效支持软件，做到合理安排施工计划，平衡调配劳动力分布，加快施工进度；

3）管道预制工厂化，实施流水作业法施工，高效率、高质量地完成配管工作。

（4）精心策划、加强内部协调

1）加大劳动力与施工设备的投入，保证优势全力投入该工程的施工；

2）自工程开工之起，报经当地劳动主管部门同意，采取弹性工作日，放弃节假日，增加有效工作日；

3）提前做好材料采购供应准备，保证按施工总进度计划要求保质保量运至仓库，避免劳动力大面积窝工和大面积返工；

4）按施工组织设计要求做好施工现场的平面布置工作，以利施工、运输、吊装等的便捷和现场施工的安全、有序、整洁；

5）根据本工程特点有针对性地编制项目协调工作程序，以便指导日常项目管理；

6）项目部每周组织召开一次本工程现场调度会议，对工程进度、质量、安全、资金及物质供应等进度综合平衡协调，解决施工过程中存在的各类总是和矛盾，保证工程顺利进展；

7）各部分的计划施工时间是按照平行流水作业、合理的主体及交叉施工的原则来考虑，X光探伤等考虑夜间作业，加快施工进度；

8）建立现场协调会制度，每周召开一次由各方参加的协调会议，密切业主、监理公司、质量监督站、设计院的工作关系，特别是与监理公司、质量监督站应保持密切的工作联系，随时沟通与解决施工中所遇到的问题，做到遇到问题不拖延、不推诿及时沟通、迅速解决。

（5）不利条件下工期保证

1）如土建未按计划达到主要控制节点部位

①土建节点延迟影响了安装，我们不等不靠，立即调整计划，改变施工路线，继续保持前进势头；

②我们通过自己的努力，追回损失的时间。力保后续节点不受影响。

2）设计频繁变更

只要是设计单位签发，业主签证认可的设计变更，我们不拖延，不讲条件，立即实施，不使问题积累，如设计变更牵涉到甲供设备材料，也请抓紧办理。

3）甲供设备材料未按计划到货

①调整施工计划，改变施工路线，有条件部位先施工；

②到货后组织突击抢干，加班加点，抢时间；

4）甲供设备材料质量问题

①甲供设备材料到货后立即检验，及早发现问题，给甲方处理留有时间余地；

②甲供设备材料一般质量缺陷，或型号规格不符，甲方如委托修复处理或提出代用串换，我们积极配合，主动提建议、想办法，满足甲方要求；

③如对进度已发生影响我们争取补救。

5）灾害性天气，停电、停水、意外事故。

①对安装影响较大，我们准备承担压力，通过平时加快安装进度弥补工期损失；不利情况发生时，采取措施消除影响在确保安全前提下，坚持施工。不能做好推迟进度借口，除非甲方主动决定工期顺延；

②灾害天气均有预报和预兆，事故要做好准备，采取防范措施，调整施工计划，最大限度减少影响；

③加强水电维护，防止施工原因造成停电停水；

④加强管理，消除重大安全和火灾隐患，杜绝事故发生。

（6）紧急情况下的工期保证

施工现场的情况复杂多变，不利条件如果频繁出现，其产生的后果常常是进行性的积累，往往造成工程后期安装工程量高度集中，施工高峰突起，压力骤增，而距竣工期期限不多时，或者甲方在工程实施中提出重大节点提前到位要求，对此类紧急情况，我们的预案是以下几点：

1）增加项目施工资源投入，调遣后备梯队进场；

2）采取激励政策，调动职工积极性，加班加点、突击抢干；

3）启用项目应急储备资金。

四、进度计划检查与调整

（一）施工进度计划的检查

在项目施工进度计划的实施过程中，由于各种因素的影响，原始计划的安排常常会被打乱而出现进度偏差。因此，在进度计划执行一段时间后，必须对执行情况进行动态检查，并分析进度偏差产生的原因，以便为施工进度计划的调整提供必要的信息。

1. 施工进度计划检查内容

施工进度计划的检查包括下列内容：

（1）工作量的完成情况

（2）工作时间的执行情况

（3）资源使用及进度的互配情况

（4）上次检查提出问题的处理情况。

2. 施工进度检查方法

项目施工进度检查的主要方法是比较法。常用的检查比较方法为列表比较法。在项目施工过程中，通过以下方式获得项目施工实际进展情况：

（1）定期地、经常的收集由承包单位提交的有关进度报表资料。

项目施工进度报表资料不仅是对工程项目实施进度控制的依据，同时也是核对工程进度的依据。进度报表由监理单位提供给施工单位，施工单位按时填写完成后提交项目工程部及监理工程师核查。报表内容一般应该包括工作的开始时间、完成时间、持续时间、逻辑关系、实物工程量和工作量，以及工作时差的利用情况等。进度报表能体现出建设工程时间进展情况。

（2）由项目工程部及驻地监理人员现场跟踪检查建设工程时间进展情况。为避免项目部报已完工程量，工程部管理人员及驻地监理人员有必要进行现场实地检查和监督。要求每周检查一次。

（3）监理例会通报工程进度情况

在定期组织召开监理例会上，要求项目部汇报每周工程进度情况。

3. 日常检查与定期检查

（1）日常检查

随着设计工作的进行，不断的观测进度计划中所包含的每一项工作的实际开始时间、实际完成时间、实际持续时间、目前状况的内容，并加以记录，以此作为进度控制的依据。

（2）定期检查

每隔一定的时间对进度计划的执行情况进行以此较为全面、系统的观测、检查。观测、检查有关项目范围、进度计划和预算变更的信息，间隔时间因项目的类型、规模、特点和对进度计划的执行要求程度不同而异。项目拟定以周、旬、月为观测周期。对监测的结果加以记录、以便及时调整，保证设计进度的实现。

（二）施工进度计划的调整

项目施工进度计划的调整应依据进度计划检查结果，在施工进度计划执行发生偏离的时候，通过对工程量、起止时间、工作关系、资源提供和必要的目标进行调整，或通过局部改变施工顺序，重新作业过程相互协作方式等工作关系进行的调整，更充分利用施工的时间和空间进行合理交叉衔接，并编制调整后的施工进度计划，以保证施工总目标的实现。

1. 进度偏差调整原则

（1）若出现进度偏差的工作为关键工作，必须对原定进度计划采取相应调整措施；

（2）当出现进度偏差的工作为非关键工作，且工作进度滞后天数已超出其总时差，必须对原定进度计划采取相应调整措施；

（3）若出现进度偏差的工作为非关键工作，且工作进度滞后天数已超出其自由时差而未超出其总时差，只有在后续工作最早开工时间不宜推后的情况下才考虑对原定进度计划采取相应调整措施；

（4）若出现进度偏差的工作为非关键工作，且工作进度滞后天数未超出其自由时差，不必对原总进度采取任何调整措施。

2. 进度偏差的影响分析

在建设工程项目实施过程中，通过实际进度与计划进度的比较，发现有进度偏差时，需要分析该偏差对后续工作及总工期的影响，从而采取相应的调整措施对原进度计划进行调整，以确保工期目标的顺利实现。

（1）分析进度偏差的工作是否为关键工作

在工程项目的实施过程中，若出现偏差的工作为关键工作，则无论偏差大小，都将对后续工作及总工期产生影响，必须采取相应的调整措施。若出现偏差的工作不为关键工作，需要根据偏差值与总时差和自由时差的大小关系，确定对后续工作和总工期的影响程度。

（2）分析进度偏差是否大于总时差

在工程项目实施过程中，若工作的进度偏差大于该工作的总时差，说明此偏差必将影响后续工作和总工期，必须采取相应的调整措施。若工作的进度偏差小于或等于该工作的总时差，说明此偏差对总工期无影响，但它对后续工作的影响程度，需要根据比较偏差与自由时差的情况来确定。

（3）分析进度偏差是否大于自由时差

在工程项目实施过程中，若工作的进度偏差大于该工作的自由时差，说明此偏差对后续工作产生影响，应根据后续工作允许影响的程度而定。若工作的进度偏差小于或等于该工作的自由时差，则说明此偏差对后续工作无影响。因此，原进度计划可以不做调整。

根据分析项目工程部及监理工程师确认应该调整产生进度偏差的工作和调整偏差值的大小，来确定采取调整新措施，获得新的符合实际进度情况和计划目标的新进度计划。

3. 进度偏差影响到总工期时的调整措施

当工程项目施工实际进度影响到后续工作、总工期时，需要对进度计划进行调整。

（1）在确定需缩短持续时间的关键工作时，应按以下几个方面进行选择：

1）缩短持续时间对质量和安全影响不大的工作；

2）有充足备用资源的工作；

3）缩短持续时间所需增加的工人或材料最少的工作；

4）缩短持续时间所需增加的费用最少的工作；

（2）当确定为可压缩的关键工作后，可通过以下具体措施进行纠偏：

1）在有足够的工作面时，督促各单位增加劳动力、材料、设备等的投入加快进度；

2）在工作面受到制约时，督促各方面单位将现有的资源进行合理配置并采用加班或多班制工作。

第二节　项目成本控制

工程项目成本控制是指为实现工程项目的成本目标，在工程项目成本形成的过程中，对所消耗的人力资源、物质和费用开支，进行指导、监督、调节和限制，及时控制与纠正即将发生和已经发生的偏差，把各项费用控制在规定和规定的范围内。

一、项目成本控制的内容与程序

（一）施工项目成本控制的内容

1. 施工项目成本控制的原则

（1）全面控制的原则

①全面控制

a. 建立全员参加责权利相结合的项目成本控制责任体系

b. 项目经理、各部门、施工队、班组人员都负有成本控制的责任，在一定的范围内享有成本控制的权利，在成本控制方面的业绩与工资奖金挂钩，从而形成一个有效的成本控制责任网络。

②全过程控制

a. 成本控制贯穿项目施工过程的每一个阶段

b. 每一项经济业务都要纳入成本控制的轨道

c. 经常性成本控制通过制度保证，不常发生的"例外问题"也有相应措施控制，不能疏漏。

（2）动态控制的原则

①项目施工是一次性行为，其成本控制应事前重视、事中控制。

②在施工开始之前进行成本预测，确定目标成本，编制成本计划，制订或修订各种消耗定额和费用开支标准。

③施工阶段重在执行成本计划，落实降低成本措施，实行成本目标管理。

④成本控制随施工过程连续进行，与施工进度同步，不能时紧时松，更不能拖延。

⑤建立灵敏的成本信息反馈系统，使成本责任部门（人员）能及时获得信息、纠正不利成本偏差。

⑥减少不合理开支，把可能导致损失和浪费的苗头消灭在萌芽状态。

（3）创收与节约相结合的原则

①施工生产既是消耗资财人力的过程，也是创造财富增加收入的过程，其成本控制应

坚持增收与节约相结合的原则。

②作为合同签约依据，编制工程预算时，应"以支定收"，保证预算收入。在施工过程中，要"以收入定支"，控制资源消耗和费用支出。

③每发生一笔成本费用，都要核查有否相应的预算收入，收支是否平衡。

④经常性的成本核算时，要进行实际成本与预算收的对比分析。

⑤严格控制成本开支范围，费用开支标准和关财务制度，对各项成本费用的支出进行限制和监督。

⑥提高施工项目的科学管理水平、优化施工方案，提高生产效率、节约人、财、物的消耗。

⑦采取预防成本失控的技术组织措施，制止可能发和的浪费。

⑧施工的质量、进度、安全都对工程成本有很大的影响，因而成本控制必须与质量控制、进度控制、安全控制等工作相结合、相协调，避免返工（修）损失、降低质量成本、减少并杜绝工程延期违约罚款、安全事故损失等费用发生。

⑨坚持现场管理标准化，堵塞浪费的漏洞。

（4）责权利相结合的原则

①要使控制真正发挥作用，必须严格按照经济责任制要求，贯彻责权利相结合的原则。有责无权，不能完成所承担的责任，有责无利，缺乏履行责任的动力。

②工程项目成本涉及面广，必须形成覆盖项目全员的成本责任网络，归口控制项目成本，并与奖金分配挂钩，有奖有罚。

2. 工程项目成本控制的方法

（1）制度控制

制度控制是企业层次对项目成本实施的总体宏观控制，使项目施工过程中成本管理"有章可循"。这些制度主要有《劳务工作管理规定》《机械设备租赁管理办法》《料具租赁管理办法》《工程项目成本核算管理标准》等，详见公司内部文件。

（2）定额控制

为了控制项目成本，企业必须有完整的定额资料，这些定额除了国家统一的建筑、安装工程基础定额以及市场的劳务、材料价格信息之外，企业还应有完善的内部定额资料。内部定额资料根据国家的统一定额，结合现行质量标准，安全操作规程，施工条件及历史资料等进行编制，并以此作为编制施工预算，工长签发施工任务书，控制考核，工效及材料消耗的依据。

（3）合同控制

①项目经理部与公司之间的经济技术承包合同

②公司与劳务承包队伍之间的承包合同

③项目经理部与劳务承包实体之间的承包合同

3. 工程项目成本控制的内容

（1）材料费的控制

材料费的控制按照"量价分离"的原则：一是材料用量的控制；二是材料价格控制。

1）材料用量的控制

材料消耗量主要是由项目经理部的施工过程中通过"限额领料"去落实，具体有以下几个方面：

①定额控制

对于有消耗定额的材料，项目以消耗定额为依据，实行限额发料制度。项目各工长只能在规定限额内分期批领用，需要超过限额领用的材料，必须先查明原因，经过一定审批手续方可领料。

②指标控制

对于没有消耗定额的材料，则实行计划管理和按指标控制的方法。根据上期实际耗用，结合当月具体情况节约要求，制定领用材料指标，据以控制发料。超过指标的材料，必须经过一定的审批手续方可领用。

③计算控制

为准确核算项目实际材料成本，保证材料消耗准确，在各种材料进场时，项目材料员必须准确计量，查明是否发生损耗或短缺，如有发生，要查明原因，明确责任。在发生的过程中，要严格计量，防止多发或少发。

2）材料价格的控制

材料价格主要由材料采购部门在采购中加以控制。由于材料价格是由买价、运杂费、运输费中的合同损失等所组成的，因此在控制材料价格时，须从以下几个方面进行：

①买价控制

买价的变动主要是由市场因素引起的，但在内部控制方面，应事先对供应商进行考察，建立合格供应商名册。采取材料时，必须在合格供应商名册中选定供应商名册。采购材料时，必须在合格供应商名册中选定供应商，实行货比三家，在保质保量的前提下，争取最低买价。同时实行项目监督，项目对材料部门采购的物资有权过问询价，对买价过高的物资，可以根据双方签订的横向合同处理。此外，材料部门对各个项目所需的物资可以分类批量采购，以降低买价。

②运费控制

合理组织材料运输，就近购买材料，先用最经济的运输方法，借以降低成本。为此，材料采购部门要求供应商按规定的条件和指定的地点交货，供应单位如降低包装质量，则按质论价付款；因变更指定交货地点所增加的费用均由供应商自付。

③损耗控制

要求项目现场材料验收人员及时严格验收手续，准确计量，以防止将损耗或短缺计入材料成本。

（2）人工费的控制

按照内部施工图预算，钢筋翻样单或模板量计算出定额人工工日，并将安全生产、文明施工及零星用工按定额工日的一定比例一次性包干给劳务承包队伍，达到控制人工开支的目的。

（3）机械费的控制

机械费用主要由台班数量和台班单价两方面决定，为有效控制台班费支出，主要从以下几个方面控制：

①指导项目合理安排施工生产，督促项目加强设备租赁计划管理，减少因安排不当引起的设备闲置。

②协助项目加强机械设备的调度工作，尽量避免窝工，提高现场设备利用率。

③监督项目强强现场设备的维修保养，避免因不正当使用赞造成机械设备的停置。

④协助项目做好上机人员与辅助生产人员的协调与配合，提高机械台班产量。

（4）管理费的控制

管理费在项目成本中有一定比例，由于没有定额，所以在控制与核算上都较难把握，项目在使用和开支时弹性较大，主要采取以下控制措施：

①根据各工程项目的具体情况及项目经理自身的管理能力、水平、思想素质等，分别赋予不同的管理费开支权限。

②制定项目管理费开支指标。项目经理在规定的开支范围内有权支配，超计划使用则需经过一定审批手续。

③及时反映，经常检查。企业委托财务部门对制定的项目管理费开支标准执行情况逐月检查，发现问题及时反映，找出原因，制定纠正措施。

4. 施工项目成本控制的实施

施工项目的成本主要是在施工过程中形成的，其成本费用支出主要发生在施工项目的各职能部门的业务活动中，发生在施工队、生产班组进行的分部分项工程施工中，因而施工项目成本控制的实施要要是指在项目的施工过程中，以各职能部门、施工队、生产班组为成本控制对象，以分部分项工程为成本控制对象，在对外经济业务时，以经济合同为成本控制对象，所进行落实成本控制责任制，执行成本控制计划并随时进行检查、考核、分析等一系列成本控制活动。

施工项目成本控制责任制的主要内容如下：

（1）项目经理

①项目成本控制的责任中心，全面负责项目成本控制工作。

②负责成本预测、决策工作，主持制订、审核项目目标成本、成本计划和降低成本技术组织措施计划。

③建立项目成本控制责任体系，与各职能部门（人员）班组签订成本承包责任状，并监督执行情况

（2）预算部门

①预测项目成本，编制项目成本计划。

②会同财会部门进行成本计划的综合平衡。

③编制施工图预算、施工预算、提供各单位工程，分部分项工程、各成本项目的预算成本资料。

④监督对外经济合同履约情况收集变更资料。

⑤负责外包工作对外结算工作，控制费用支出。

⑥编制预算时要充分考虑可能发生的成本费用，不要漏项。对预算中"缺口"项目，不要估计偏低，以保证工程收入发生工程变更，及时办理增减账，以通过工程款结算向甲方取得补偿。

（3）技术部门

①在审查各级部门所提技术组织措施的基础上，汇总编制项目的技术组织措施计划。

②提出有效的技术节约、降低成本措施，负责落实，提供技术节约报表。

③制定经济合理的施工组织设计。

④认真会审图纸，提出便于施工、降低成本的修改意见。

⑤制订并贯彻降低成本的技术组织措施，提高经济效益。

（4）工程部门

①合理规划施工现场布置、减少二次搬运、运输费等支出。

②保证工程质量，降低质量根本，避免返工损失。

③严格施工安全控制，确保安全生产，减少事故损失。

④组织均衡生产，搞好现场调度和协作配合，注意收尾工程。

⑤及时办理工程签证。

（5）材料部门

①编制降低材料成本措施计划。

②控制材料采购成本，合理安排储备，降低材料管理损耗，减少资金占用。

③严格执行进料验收、限额发料、周转材料、回收利用制度。

④负责材料台账启记录，提供材料耗用报表，考核材料实际消耗。

（6）动力部门

①编制机械台班使用计划和降低机械使用费措施计划。

②提供各类机械台班实际使用资料，合理使用、节约台班费用。

③加强机械设备管理、保养、维修，提供完好率、使用率。

④控制外租机械租赁的费用。

（7）质安部门

①编制质量成本计划，进行全面质量成本控制。

②合理精简项目管理人员、服务人员，节约工资性支出。

③执行费用开支标准和有关财务制度，控制非生产性开支。

④管好行政办公用财产物资，防止损坏和流失。

（8）财务部门

①编制项目管理费用计划和成本降低计划。

②建立月度财务收支计划制度，根据施工需要，平衡调度资金，控制资金使用。

③按照成本开支范围，费用开支标准、有关财务制度，严格审核各项成本费用，控制成本支出。

④对成本进行分部分项、分阶段和月度的考核分析，发现问题及时反馈。

⑤及时核算实际成本，编制成本报表。

（二）施工项目成本控制程序

1. 确定项目目标（责任）成本

施工企业承揽的工程项目，一般都要成立项目部。由项目经理与上级领导签订责任书，明确自己在工程施工过程中承担的责任，同时确定目标（责任）成本。

2. 编制项目内控成本计划

根据目标（责任）成本，首先根据施工图纸计算实际工程量，由项目经理及其他项目组管理人员根据施工方案和分包合同，确定计划支出的人工费、实际需要的机械费；其次，根据定额材料消耗量，确定材料费，一般应有 3 ~ 5% 的降低率；根据项目责任合同确定项目现场经费。以上费用综合即为初步确定的项目内控成本计划。计算出的内控成本，必须确保项目责任成本降低率的完成。如果达不到降低率的要求，应通过加快工具周转、缩短工期、采用新技术、新工艺等办法予以解决。通过价值工程的方法，在保证质量和安全的前提下，将不同工期条件与项目固定成本进行对比，解决成本与工期之间的和谐性。项目内控成本的制定，必须附有明确、具体的成本降低措施。

3. 落实责任、实施项目成本的过程控制

成本控制要做到全员参与，树立全员经济意识。一是内控成本编制完成后，应在项目部内部层层分解责任成本，层层签订责任书。明确好项目部内各个成员的责任，谁负责、谁负担。提高项目部内成员的责任意识，可将责任书贴在墙上，时刻提醒项目部内成员。二是由各岗位责任人员对每个环节、每道工序实施全过程控制。在项目经理部建立"QC"小组，对成本支出构成比重大的和可控成本进行重点分析、监督，落实控制措施；对重点材料采用竞标的办法，对能自定的材料、物资和大宗物品采用招投标办法，在保证质量的前提下，降低采购成本；科学施工，避免浪费。做到科学配料、科学拌和，不出废料及不

合格产品。施工中讲求质量，避免问题和浪费的产生；控制非生产费用和综合支出。减少非生产支出，控制不合理综合费用的发生，对能避免发生的费用要严格控制，从根本上杜绝。

4. 项目成本核算

项目成本核算方法一般有表格核算法和会计核算法。前者是各要素部门和核算单位定期采集信息，填制相应的表格，并通过一系列的表格，形成项目成本核算体系；后者是建立在会计核算的基础上，利用会计核算所独有的借贷记账法，按项目成本内容和收支范围，组织项目成本核算的方法。项目成本核算在满足基本会计核算要求的同时，更注重责任成本的核算。要求正确区分相关部门（岗位）的责任成本与非责任成本，并建立内部模拟要素市场，实行内部有偿结算。

（1）人工费的核算

项目会计根据工资（奖金）发放表、内部结算票据和项目劳资员提供的"单位工程用工汇总表"，据以编制"工资分配表"，进行分部分项的生产人员工资分配；工资附加费可以采取比例分配法；劳动保护费可按标准直接进入人工费核销。分包劳务成本一般由分包单位按合同内容编制结算单，经项目施工员、预算员及项目经理审签后，再按各公司规定程序报公司批准后进行核算。对跨期完工的项目，可先进行劳务分包成本预估，经项目部审核后计入项目成本，决算时冲回。

（2）材料费的核算

材料费是指在施工过程中耗用的构成工程实体的费用，主要包括：主要材料、结构件、其他材料、周转材料摊销、租费和运输费等。材料费核算必须建立健全严格的材料收、发、领、存、退制度，每月定期盘点一次库存，保证成本的准确性和真实性。

（3）机械使用费的核算

自有机械或运输设备进行机械作业所发生的各项费用，由项目部根据实际使用情况直接计入成本。公司内部设备租赁费，按公司转入并由项目相关人员确认的结算单入账。对外租赁的机械费，采取平时按台班及租赁合同预估，结算调整的方式按月进行核算。

（4）其他直接费和间接费用的核算

其他直接费在发生时直接计入成本。间接费用由项目会计按规定的核算标准和费用划分标准进行成本核算。费用划分标准是：建筑工程以直接费为标准，安装工程以人工费为标准，产品（劳务、作业）的分配以直接费或人工费为标准。

5. 项目成本分析

首先进行综合分析，将工程实际成本同目标成本、内控成本进行对照检查，计算出绝对数、相对数，以反映成本目标总的完成情况。其次进行成本项目分析，即按施工成本费用构成项目进行分析比较，反映各成本项目降低情况，分析积极、消极因素，促进消极向积极转化。

（1）人工费分析

将项目中的人工费的实际成本同预算成本相比较，再参照劳资部门的有关劳动工资方面的统计资料，找出人工费超支因素及其原因。

（2）材料费分析

常用的方法为因素分析法（具体公式略），分析重要材料物资因用量、单价变化对材料费的影响。另外，材料费分析还应有材料定额变动的分析、废旧料利用情况的分析、施工工艺变动对材料费影响的分析，等等。

（3）机械使用费分析

将施工机械使用费的内控计划数与实际数相对比，然后进行价格、数量分析，找出施工企业自有及租赁机械使用上的节约或浪费。

6. 项目成本考核及奖惩兑现

在工程项目内控成本管理的过程中或结束后，定期或按时根据项目内控成本管理情况，给予责任者相应的奖励或惩罚。只有奖罚分明，才能有效调动每一位员工完成内控成本的积极性，为降低施工项目成本、增加企业积累，做出自己的贡献。

（三）工程项目成本控制条例

1. 总则

（1）目的

为了增强工程项目的成本控制力度，降低成本费用，提高市场竞争力，根据国家有关政策法规，结合公司具体情况，特制定本制度。

（2）要求

工程项目的成本管理应"以保证质量为前提，以过程控制为环节，以规范操作为手段，以提高经济效益为目的"。

（3）主要任务

建立成本的事前预测、优化；事中动态控制；事后分析、评价的动态循环系统，落实部门职责和岗位责任制，形成系统内各环节有效实施成本管理的体系，以努力降低成本，提高经济效益。

（4）适用范围

本制度适用于城区房地产公司所有工程项目。

2. 前期环节的成本控制

（1）事业发展中心进行市场调研，对市场走势做出分析、判断，及时提供、反馈给公司管理层作为决策参考。

（2）新项目立项时向公司提交详细的《可行性研究报告》，并经公司立项听证会讨论通过。

（3）若项目立项后，合作条件或招标、拍卖条件等关键因素发生变化，并将对我方构成重大不利影响时，应重新立项。

（4）招标或拍卖项目的竞价不得突破内定的最高限价，合作建房项目要充分考虑地价款的支付方式及相应的资金成本。

3. 规划设计环节的成本控制

（1）总体规划设计方案，必须包括建造成本控制总体目标，首先上报总经理审查，同意后方可进入下一设计阶段（如初步设计、扩初设计、施工图设计）。每一阶段都必须要求设计单位出具《设计概（预）算》，并与上一阶段的概（预）算进行认真分析比较，编出项目的《建造成本概（预）算》，确定各成本单项的控制目标，以此控制下一阶段的设计。

（2）施工图设计合同应具备有关钢筋、混凝土等建材用量的要求，并写明由设计单位出《设计概算》。

（3）设计单位在设计时，若无特殊技术，不得指定施工或材料供应单位。

（4）每个项目要成立设计、工程、项目经理部、成本合约部共同组成的造价联合小组，对施工图的技术性、安全性、周密性、经济性（包括建成后的物业管理成本）等进行会审，提出明确的书面审查意见，并督促设计单位进行修正，避免或减少由于设计不合理甚至失误所造成的投资损失。

4. 施工招标环节的成本控制

施工单位的选择参照《对外业务分包管理制度》和《招投标管理制度》。

（1）施工单位招标时，同等条件下，应尽量选择企业类别或工程类别高而收费较低的单位。

（2）零星工程应当在两个以上的施工单位中，综合考察其技术力量、报价等，进行择优选择。

（3）垄断性的工程项目（如水、电、气等）应尽力进行公关协调，最大程度降低造价。

（4）出包工程应严禁擅自转包。

5. 施工过程的成本控制

（1）现场签证

1）现场签证要反复对照合同及有关文件规定慎重处理。

2）现场签证必须列清事由、工程实物量及其价值量，并由项目执行经理和预算人员以及现场监理人员共同签名。项目经理必须对工程量、单价、用工量负责把关。

3）现场签证按《工程签证管理制度》执行。签证内容、原因、工程量必须清楚明了，涂改后的签证及复印件不得作为结算依据。项目部指定人员监管变更洽商的收集留存，并于每月及时报给成本合约部及成本管理中心，成本合约部建立变更洽商台账一览表，以保

证资料的完整齐全

4）凡实行造价大包干的工程项目，取费系数中已计取预算包干费或不可预见费的工程项目，在施工过程中不得办理任何签证。

5）需要变更设计的，应填写《设计变更审批表》并编制预算，经设计、监理和甲方有关负责人批准后，方可办理，办理过程中必须对照有关施工或售楼合同，明确经济责任，杜绝盲目签证。

（2）工程质量与监理

1）项目监理通过招标方式择优选择具有合法资格与有效资质等级的监理单位。监理单位应与所监理工程的施工单位和供应商无利益关系。

2）工程项目管理人员应要求监理单位密切配合，严格把关。一旦发现质量事故，必须组织有关部门详细调查、分析事故原因，提交《事故情况报告》及防止再发生事故的措施，明确事故责任并督促责任单位，按照公司认可的书面处理方案予以落实。事故报告与处理方案应一并存档备案。

3）应特别重视隐蔽工程的监理和验收。隐蔽工程的验收，必须由工程项目管理人员联合施工单位、质检部门共同参加并办理书面手续。凡未经验收的隐蔽工程，施工单位不得进入下道工序施工。隐蔽工程验收记录按顺序进行整理，存入工程技术档案。

（3）工程进度款

1）原则上不向施工单位支付备料款。确需支付者，应不超过工程造价的15%，并在工程进度款支付到工程造价50%时开始抵扣预付备料款。

2）工程进度款的拨付应当按下列程序办理

①施工单位按月报送《施工进度计划》和《工程进度完成月报表》。

②项目部、工程部会同监理人员，对照施工合同及进度计划，审核工程进度内容和完工部位（主体结构及隐蔽工程部分须提供照片）、工程质量证明等资料。

③成本合约部对上报的工程进度款中的已完工程量和造价进行审核，通过后交成本管理中心复核。

④按公司有关资金支出审批制度的规定程序，予以付款并登记台帐。

（三）工程进度款支付达到工程造价的80%时，原则上应停止付款，预留至少15%的工程尾款和5%的保修款（具体比例参照合同约定），以便掌握最终结算主动权。

6.工程材料及设备管理

（1）开工前，项目经理部应及时列出所需材料及设备清单，一般按照下列原则决定甲供、甲定乙供和乙供，并在工程施工承包合同中加以明确。

1）甲方能找到一级建材市场的、有特殊质量要求和价格浮动范围较大的材料和设备，应实行甲供或甲定乙供，其余材料和设备实行乙供。

2）实行甲供或甲定乙供的材料和设备应尽量不支付采购保管费。

（2）应按工程实际进度合理安排采购数量和具体进货时间，防止积压或出现窝工现象。

（3）甲供材料、设备的采购必须进行广泛询价，货比三家，也可在主要设备和大宗建材采购上采用招标的方式。在质量、价格、供货时间均能满足要求的前提下，应比照下列条件择优确定供货单位。

1）能够实行赊销或定金较低的供货商。

2）愿意以房屋抵材料款，且接受正常楼价的供货商。

3）能够到现场安装，接受验收合格后再付款的供货商。

4）售后服务和信誉良好的供货商。

（4）项目经理部对到货的甲供材料和设备的数量、质量及规格，要当场检查验收并出具检验报告，办理验收手续，妥善保管。对不符合要求的，应及时退货并通知财务管理部拒绝付款。

（5）《采购合同》中必须载明：因供货商供货不及时或质量、数量等问题对工程进度、工程质量产生影响和损失的，供货商必须承担索赔责任。

（6）由材料设备部负责建立健全材料的询价、定价、签约、进货和验收保管相分离的内部牵制制度，保证材料采购过程的公正、公开。

（7）对于乙供材料和设备，我方必须按认定的质量及选型，在预算人员控制的价格上限范围内抽取样板，进行封样，并尽量采取我方限价的措施（参照《乙供材料设备限价管理制度》）。同时在设备和材料进场时应要求出具检验合格证。

（8）甲供材料、设备的结算必须凭供货合同、供货厂家或商检部门的检验合格证、我方的验收检验证明、结算清单，经财务管理中心审核无误后，方能办理结算。

7.竣工交付环节的成本控制

（1）单项工程和项目竣工应经过自检、复查、验收三个环节才能移交。

（2）项目经理部、设计管理部、工程管理部、成本合约部、物业必须参加工程结构验收、装修验收及总体验收等，《移交证明书》应由施工单位、监理单位和物业公司同时签署。

（3）凡有影响使用功能，安全上不合格的结构、安装、装饰部位和设备、设施，均应限期整改直到复验合格。因施工单位原因延误工程移交，给我方造成经济损失的，要按合同条款追究其责任。

（4）工程移交后，应按施工合同有关条款和物业管理规定及时与施工单位签订《保修协议书》，以明确施工单位的保修范围、保修责任（包括验收后出现的质量问题的保修责任约定）及处罚措施等。

（5）采取一次性扣留保修金、自行保修的，应对保修事项及其费用有充分的预计，留足保修费用。

8. 工程结算管理

（1）工程结算要以甲方掌握的设计变更和现场签证为准，对于施工单位提供的设计变更和现场签证，在复核无误的基础上也可作为参考。

（2）成本合约部应详细核对工程量，审定价格、取费标准，计算工程总造价，做到资料完整、有根有据、数据准确。

（3）成本合约部编制的《预、结算书》，应当有各工程量的计算过程及详细的编制说明，扣清甲供材料款项等。

（4）成本合约部应对主体工程成本进行跟踪分析管理，进行"三算"对比，找出工程成本超、降的因素，并提出改进措施和意见。

（5）成本管理中心负责审核成本合约部的预结算书，编报预结算汇总表。在成本管理中心提供的结算资料的基础上，财务管理中心应当结合预付备料款、代垫款项费用等债权、债务，对照合同审核并决算。

（6）在项目开发经营计划的基础上，应注意加快项目开发节奏，尽可能缩短项目开发经营周期，减少期间费用。应保证向客户承诺的交工日期，以避免赶工成本和延期赔偿；应尽最大努力加快销售，减少现房积压时间，降低利息费用等成本。

（7）项目成本控制贯穿于工程项目的全过程，要逐项循序地进行落实，责任到人，按照制度和有关章程办理，努力抓出实效。

二、成本预测与成本控制实施

（一）详细预测法

1. 概念

详细预测方法，通常是对施工项目计划工期内影响其成本变化的各个因素进行分析，比照最近期已完工施工项目或将完工施工项目的成本（单位面积成本或单位体积成本），预测这些因素对工程成本中有关项目（成本项目）的影响程度。然后用比重法进行计算，预测出工程的单位成本或总成本。

这种方法，首先要计算最近期已完的或将近完工的类似施工项目（以下称为参照工程）的成本，包括备成本项目的数额；第二步要分析影响成本的因素，并分析预测备因素对成本有关项目的影响程度；第三步再按比重法计算，预测出目前施工项目（以下称为对象工程）的成本。

2. 预测影响工程成本的因素

在工程施工过程中，影响工程成本的主要因素可以概括为以下几方面：

（1）材料消耗定额增加或降低，这里材料包括燃料、动力等。由于采用新材料或材料代用，引起材料消耗的降低或者采用新工艺、新技术或新设备，降低了必要的工艺性损耗，以及对象工程与类似工程材料级别不同时，消耗定额和单价之差引起的综合影响等。

（2）物价上涨或下降。工程成本的变化最重要的一个影响因素是因为物价的变化。有些工程成本超支的主要原因就是由于物价大幅度上涨，实行固定总价合同的工程往往会因此而亏本。

（3）劳动力工资的增长。劳动力工资（包括奖金、附加工资等）的增长不可避免地使得工程成本增加（包括由于工期紧，而增加的加班工资）。

（4）劳动生产率的变化。工人素质的增强或者是采用新的工艺，提高了劳动生产率，节省了施工总工时数，从而降低了人工费用；另一方面，可能由于工程所在地地理和气候环境的影响，或施工班组工人素质与类似工程相比较低，使劳动生产率下降，从而增加了施工总工时数和人工费用。

因此，在确定影响成本因素对成本影响程度之前，首先要分析预测影响该工程的因素是哪一些。

3. 作用

这种方法更快地根据各种因素来估计项目施工成本的情况，编制正确可靠的成本计划。通过成本预测，有利于及时发现问题，找出成本管理中的薄弱环节，采取措施，控制成本。

（二）德尔菲法

1. 概念

德尔菲法是为了克服专家会议法的缺点而产生的一种专家预测方法。在预测过程中，专家彼此互不相识、互不往来，这就克服了在专家会议法中经常发生的专家们不能充分发表意见、权威人物的意见左右其他人的意见等弊病。各位专家能真正充分地发表自己的预测意见。1946年，兰德公司首次用这种方法用来进行预测，后来该方法被迅速广泛采用。

德尔菲法依据系统的程序，采用匿名发表意见的方式，即专家之间不得互相讨论，不发生横向联系，只能与调查人员发生关系，通过多轮次调查专家对问卷所提问题的看法，经过反复征询、归纳、修改，最后汇总成专家基本一致的看法，作为预测的结果。这种方法具有广泛的代表性，较为可靠。

德尔菲法是预测活动中的一项重要工具，在实际应用中通常可以划分三个类型：经典型德尔菲法（classical）、策略型德尔菲法（policy）和决策型德尔菲法（decision Delph）。

2. 现实意义

德尔菲法作为一种主观、定性的方法，不仅可以用于预测领域，而且可以广泛应用于各种评价指标体系的建立和具体指标的确定过程。

例如，在考虑一项投资项目时，需要对该项目的市场吸引力做出评价。我们可以列出同市场吸引力有关的若干因素，包括整体市场规模、年市场增长率、历史毛利率、竞争强度、对技术要求、对能源的要求、对环境的影响等。市场吸引力的这一综合指标就等于上述因素加权求和。每一个因素在构成市场吸引力时的重要性即权重和该因素的得分，需要由管理人员的主观判断来确定。这时，我们同样可以采用德尔菲法。

3. 用途

德尔菲法主要应用于预测和评价，它既是一种预测方法，又是一种评价方法。不过经典德尔菲法德侧重点是预测，因为在进行相对重要性之类的评估时，往往也是预测性质的评估，即对未来可能事件的估计比较。具体地说，德尔菲法主要有以下五个方面的用途：

（1）对达到某一目标的条件、途径、手段及它们的相对重要程度做出估计；

（2）对未来事件实现的时间进行概率估计；

（3）对某一方案（技术、产品等）在总体方案（技术、产品等）中所占的最佳比重做出概率估计；

（4）对研究对象的动向和在未来某个时间所能达到的状况、性能等做出估计；

（5）对方案、技术、产品等做出评价，或对若干备选方案、技术、产品评价出相对名次，选出最优者。

（三）高低点法

1. 概念

高低点法指在若干连续时期中，选择最高业务量和最低业务量两个时点的成本数据，通过计算总成本中的固定成本、变动成本和变动成本率来预测成本。

2. 原理

利用代数式 $y = a + bx$，选用一定历史资料中的最高业务量与最低业务量的总成本（或总费用）之差 $\triangle y$，与两者业务量之差 $\triangle x$ 进行对比，求出 b，然后再求出 a。

y—— 一定期间某项成本总额

x——业务量

a——固定成本

b——变动成本

3. 计算

$b = \triangle y / \triangle x$，即

单位变动成本＝（最高业务量成本－最低业务量成本）/（最高业务量－最低业务量）＝高低点成本之差／高低点业务量之差

可根据公式 $y = a + bx$ 用最高业务量或最低业务量有关数据代入，求解 a。

a ＝最高（低）产量成本 $-b \times$ 最高（低）产量

4. 优缺点

高低点法虽然具有运用简便的优点，但它仅以高低两点决定成本性态，因而带有一定的偶然性。所以这种方法通常只适用于各期成本变动趋势较稳定的情况。

（四）趋势预测法

1. 概念

趋势预测法又称趋势分析法。是指自变量为时间，因变量为时间的函数的模式。

趋势预测法的主要优点是考虑时间序列发展趋势，使预测结果能更好地符合实际。根据对准确程度要求不同，可选择一次或二次移动平均值来进行预测。首先是分别移动计算相邻数期的平均值，其次确定变动趋势和趋势平均值，最后以最近期的平均值加趋势平均值与距离预测时间的期数的乘积，即得预测值。

趋势预测法包括以下几种方法。

（1）算术平均法

1）概念

算术平均法是将过去若干个按照发生时间顺序排列起来的同一变量的观测值进行加总，然后，被观测值的个数除，示出观测值的平均数，以这一平均数作为预测示来期间该变量预测值的一种趋势预测方法。

2）原理

假设用下列符号表示各有关的数值：

x_I 各观测值，$I = 1，2，\cdots，n$（在成本预测中各观测值即为各期的成本金额）；

n 观测值的个数；

x 平均数（即预测值）。

则算术平均数的计算公式如下：

$$x = \sum x_I / n$$

3）适用范围

这种方法虽然比较简单，但是，其所确定出的预测值，可能会出现较大的误差。只有产品的成本比较稳定的情况下，采用此法才比较适宜。

（2）加权算术平均法

1）概念

利用过去若干个按照发生时间顺序排列起来的同一变量的观测值并以时间顺序数为权数，计算出观测值的加权算术平均数，以这一数字作为预测未来期间该变量预测值的一种趋势预测方法。

2）原理

假设用下列符号表示各有关的数值：

xi 各观测值；

wi 各观测值的对应权数；

y 加权算术平均数（即预测值）。

则加权算术平均数的计算公式如下：

$$y = \sum (xi*wi) / \sum wi$$

3）意义

采用这种方法来确定预测值，目的是为了适当扩大近期实际成本量对未来期间成本量预测值的影响作用。

（3）简单移动平均法

1）概念

将过去若干个按照发生时间顺序排列起来的同一变量的观测值中最近几期的数值进行加总，然后，被最近几期观测值的个数除，求出观测值的平均数，以这一平均数作为预测未来期间该变量预测值的一种趋势预测方法。

2）原理

假设用下列符号表示各有关的数值：

t 期间数；

xi 第 t 期的观测值；

n 最近几期观测值的个数；

Mt+1 移动平均数（即预测值）。

则简单移动平均数的计算公式如下：

$$Mt + 1 = (xt+xt-1+\cdots+xt-n+1) / n$$

3）意义

这种方法实际上也就是用以往一段时间内的实际成本量的算术平均数，作为下期的成本量预测值。在产品的成本短期内变化不是太大的情况下，采用此法比较适宜。

（4）加权移动平均法

1）概念

这是利用过去若干个按照发生时间顺序排列起来的同一变量的观测值中最近几期的数值并以这一期间的时间顺序数为权数，计算出观测值的加权移动平均数，并以它作为预测未来期间该变量预测值的一种趋势预测方法。

2）原理

假设用下列符号表示各有关的数值：

t 期间数

xi 第 t 期的观测值；

n 最近几期观测值的个数；

wi 第 t 期观测值的对应权数；

yt+1 加权移动平均数（即预测值）。

则加权移动平均数的计算公式如下：

$$yt+1=（xtwt + xt{-}1wt{-}1+\cdots+ xt{-}n +1wt{-}n+1）/（wt + wt{-}1+\cdots+ wt{-}n +1）$$

3）意义

可以适当扩大近期实际成本量对未来期间成本量预测值的影响作用。

2. 主观概率法

（1）概念

主观概率法是市场趋势分析者对市场趋势分析事件发生的概率（即可能性大小）做出主观估计，或者说对事件变化动态的一种心理评价，然后计算它的平均值，以此作为市场趋势分析事件的结论的一种定性市场趋势分析方法。主观概率法一般和其他经验判断法结合运用。

主观概率是指根据市场趋势分析者的主观判断而确定的事件的可能性的大小，反映个人对某件事的信念程度。所以主观概率是对经验结果所做主观判断的度量，即可能性大小的确定，也是个人信念的度量。主观概率也必须符合概率论的基本定理：

①所确定的概率必须大于或等于 0，而小于或等于 1；

②经验判断所需全部事件中各个事件概率之和必须等于 1。

（2）特点

主观概率是一种心理评价，判断中具有明显的主观性。对同一事件，不同人对其发生的概率判断是不同的。主观概率的测定因人而异，受人的心理影响较大，谁的判断更接近实际，主要取决于市场趋势分析者的经验，知识水平和对市场趋势分析对象的把握程度。在实际中，主观概率与客观概率的区别是相对的，因为任何主观概率总带有客观性。市场趋势分析者的经验和其他信息是市场客观情况的具体反映，因此不能把主观概率看成为纯主观的东西。另一方面，任何客观概率在测定过程中也难免带有主观因素，因为实际工作中所取得的数据资料很难达到（大数）规律的要求。所以，在现实中，既无纯客观概率，又无纯主观概率。

（3）价值

尽管主观概率法是凭主观经验估测的结果，但在市场趋势分析中它仍有一定的实用价值，它为市场趋势分析者提出明确的市场趋势分析目标，提供尽量详细的背景材料，使用简明易懂的概念和方法，以帮助市场趋势分析者判断和表达概率。同时，假定市场趋势分析期内市场供需情况比较正常，营销环境不出现重大变化，长期从事市场营销活动的人员和有关专家的经验和直觉往往还是比较可靠的。这种市场趋势分析方法简便易行，但必须防止任意、轻率地由一两个人拍脑袋估测，要加强严肃性、科学性、提倡集体的思维判断。

（二）成本控制实施

1. 降低造价的原则

（1）保证工程质量，达到顾客满意。

（2）保证施工进度，确保工期目标。

（3）保证安全施工和文明生产的需要。

（4）不使用含有有害物质的材料；不使用不合格的材料。

（5）加强管理节能降耗；加强管理消除浪费。

2. 降低成本的方法

（1）采用新材料、新技术；

（2）优化施工方案；

（3）科学管理、提高工效；

3. 降低成本的目的

（1）提高效益；

（2）回报业主，回报社会；

（3）严格过程控制

严格执行公司《质量 / 环境管理体系程序文件》和《质量 / 环境手册》中有关的过程策划和控制程序。

a. 选择专业性水平高的施工员和施工队伍，严格按过程控制程序施工，消除不合格品，以避免返修、返工而造成的浪费。

b. 加强施工过程中的材料管理，做到运输无遗洒、工完料净、现场清洁；有依据地合理利用下方料。

c. 制定相应的规章制度，加强成品、半成品的保护工作，并应责任落实到人。

（4）劳动力的控制

根据工程情况编制具体的劳动力使用量计划，合理地使用劳动力。根据施工方案，精心组织施工，严格工艺流程，合理安排施工顺序，做到布局合理、重点突出、全面展开、平行作业、交叉施工，各工序应紧密衔接，避免不必要的重复工作和窝工。

（5）能源控制

编制节能降耗的技术措施，合理利用能源，消除浪费。

4. 成本控制因素

工程成本有五大项组成：即人工费、材料费、机械费，其他直接费与管理费用，要想控制成本，使工程成本达到规定的降低率与降低额，必须加强科学管理，提高劳动力率，具体到每一个成本项目，应有不同的措施：

（1）人工费：精减施工管理人员，提高施工人员素质，加强对民工现场管理，合理安排工序格接，做到均衡施工，提高劳动率，杜绝窝工，施工期等现象。

（2）材料费：控制材料成本主要从两个方面考虑，一是价格，二是用量，价格上要货比三家，在保证质量的基础上，尽量使用价廉物美的材料，坚决制止吃回扣买高价；用量上，加强材料的科学管理，严格规范的收、发、存制度，将材料管理落实到责任人，避

（3）机械使用费：加强学习，提高施工操作人员素质，努力提高机械使用率，降低机械维率。充分发挥自有机械能力，尽量减少使用外租机械化。

（4）其他直接费与管理费用，积极组织施工管理人员学习专业知识，提高施工管理人员素质低管理费用。加强科学管理，减少现场各项杂费。

（5）加强成本核算，设立专项核算员，对人工、材料、机械费用严格控制，提高管理水平。

（6）严把质量关，尽量减少返工造成不必要的浪费。

（7）合理安排工期，使之连续施工。避免因管理不善造成的误工、停工。

5. 成本控制方法

（1）明确生产成本管理职责，建立健全相关预算、结算、绩效方法和制度，严格执行。

（2）减少固定成本的浪费和支出，扩大固定成本利用率，降低单位产品固定成本支出。

（3）优化生产物流流程，降低库存，减少库存成本支出。

（4）增强供应商和价格管理，减少采购成本支出。

（5）精简机构，提高运行流程收益。

（6）提高生产效率，优化生产工艺，降低单位成本支出

（7）节能减排，降低能源及环保成本消耗

6. 企业如何降低成本

（1）靠现代化的管理降低成本

要降低成本，必须抓住管理这个纲。各企业要将实行成本目标管理与经济责任制相结合，强化成本核算，在产、供、销、财务等各个环节都要加强管理，把生产成本中的原材料、辅助材料、燃料、动力、工资、制造费、行政费等项中每一项费用细化到单位产品成本中，使成本核算进车间，进班组，到人头。变成本的静态控制为动态控制，形成全员、全过程、全方位的成本控制格局，使降低成本落实到每个职工的具体行动中。在此基础上，一是要加强供应管理，控制材料成本。企业要制定采购原材料控制价格目录，实行比价采购的办法，实行货比三家、择优选购，做到同质的买低价，同价的就近买，同质同价，能用国产不用进口，以达到降低成本的目的；二是要加强物资管理，降低物化劳动消耗。物资储量和消耗量的高低，直接影响着产品成本的升降。因此，各企业要从物资消耗定额的制定到物资的发放都要实行严格的控制，对原材料等各种物资的消耗用品，要实行定额分类管理，在订货批量和库存储备等方面实行重点控制，要按照适用、及时、齐备、经济的

原则下达使用计划，并与财务收支计划、订货合同相结合，纳入经济责任制考核，对影响成本的各种消耗进行系统控制和目标管理，防止各种不必要的浪费，从而达到合理储存、使用物资，降低成本，提高效益，使之既保证生产的合理需要，又减少资金占用；三是强化营销管理，降低销售成本。要把增强销售人员的法律意识与加强销售管理相结合，在每一笔销售业务发生以前，要对客户的营运状况和承付能力认真调查核准，不能贸然发货，更不能搞"感情交易""君子协议"，避免不必要的经济损失，对业务人员的工资、奖金、差旅费、补助、业务费及装卸费、短途运输费、中转环节等费用本着既要节约，又要调动积极性的原则制定相应的管理办法，并严格考核与奖惩，对拖欠的货款，要采取经济、法律、行政的手段予以积极清收；四是要加强资金管理，控制支出节约费用。企业要建立健全财务监督体系，建立厂内银行，通过推行模拟市场核算来降低成本，控制费用来提高经济效益，避免用钱无计划、开支无标准，多头批条和资金跑冒滴漏现象严重从而造成在资金使用上不计成本的做法，严格加强对资金的控制，使全体职工感受到市场竞争的压力，变由几个算账为人人当家理财，特别要加强行政费用及一些事业性费用的核算，包括管理部门的行政、差旅费、办公费等的开支。在这方面要根据承担的工作性质不同，核算每个人头的费用基数进行控制考核，每只铅笔、每张稿纸都必须从承包额中列支。

（2）靠技术改造降低成本

近年来，原材料价格上升、能源提价对成本的上升影响很大。如何在这些不利因素存在的情况下降低成本、提高效益？企业必须树立技术改造是降低成本重要途径的观念，通过技术改造，采用新技术、新工艺、新材料，提高产品技术含量，开辟降低生产成本的途径。一是要特别注重工艺技术改革，积极采取新技术、新工艺节能降耗，从根本上减少原材料的消耗，在达到产品质量目标的同时，保证成本控制目标的实现；二是在实施技改项目建设中应注意降低项目建设成本，注重以较少的投入求得较多的回报。一方面要采取短、平、快的技改方式；另一方面要采取超常规的基建和技改管理，上项目时机要选准，立项要准确，实施要快速，在保证质量的前提下，千方百计加快技改工程进度，降低项目建设成本，争取早日投资回报。

（3）靠深化改革降低成本

深化企业改革，不断激发职工的劳动热情，提高职工素质，建立适应市场经济的精干高效的运行机制，也是降低成本的重要一环。各企业要把深化改革作为降本增效的重要工作。首先，要改革人事制度，打破干部和工人的界限，体现"肯干、能干、干好"的用人原则，实行招聘与聘任制相结合的人事制度，优化劳动组合，竞争上岗，优胜劣汰，做到"能者上、庸者让、差者下"，从而调动干部职工的积极性，提高劳动生产率，增强企业干部职工的工作责任感和危机感，发动全体干部职工投入到降本增效的工作中去。其次，在科学测定确保最佳成本目标所必需的劳动量的基础上，相应改善劳动组织，核定劳动定员，改革内部分配制度，减少因非生产性人员过多和窝工、怠工、劳动量不足造成的消耗。各企业内部可根据各科室、车间的工作性质、工艺复杂状况、劳动强度、工作环境等因素，分别采取相应的分配形式，做到向苦、脏、累、险和高技能岗位倾斜，进而激发职工的劳动热情，增加有效劳动时间，降低单位产品的劳动消耗量和工资成本，按生产经营实体需要，对职能科室进行精简合并，本着精干、高效的原则配备管理人员，改变人浮于事的局面，达到降本增效的目的。

（4）靠过硬的质量降低成本

产品的质量与产品成本之间有着极为密切的关系。在竞争异常激烈的情况下，谁的产品质量高，谁就有竞争力，产品就有市场，就不会占用过多的资金；产品质量高，不出或少出次品，可以直接降低生产成本；产品质量高，就可以按优质优价原则，以较高价格出售，相对降低成本在销售收入中的比重；产品质量高，可以赢得更多的用户，直接增加销售量，降低销售成本；产品质量高，实际上也就节约了能源、原材料；产品质量高，就可以节省劳动力与管理费用，这样无疑会降低成本。因此，企业要十分注重提高产品质量，千方百计严把产品质量关。

一是要强化对质量管理的领导，企业厂长（经理）要亲自抓质量，形成质量管理网络，每天反馈质量信息，进行质量分析、控制质量成本；二是要有严格的工艺技术标准，对影响产品质量的供、产、销等各个环节实行系统的质量管理，做到不符合质量要求的原材料不采购进场，不符合质量要求的半成品不流入下道工序，不合格的产品不出厂；三是要充实质量管理力量，完善质量管理制度，建立专职检测队伍，制订自检、互检和专检相结合的质量检测制度和标准，严把产品质量关，同时将质量管理纳入经济责任制考核，推行优质优价优工资、劣质废品惩工资的分配原则，对因各种原因影响产品质量的人或事要给予严肃惩处，以此增强企业上下的质量意识、提高产品质量；四是开展群众性的质量管理小组活动，有计划有组织地进行质量攻关。对影响产品质量，一时又难以搞清的质量问题，作为 QC 小组的攻关课题落实到车间、班组，开展群众性的 QC 小组攻关活动，使群众性的 QC 小组活动在有组织领导、有活动课题、有计划安排、有检查落实的受控状态下进行，从而提高产品质量。

（5）靠优化结构降低成本

一是优化产品结构。一个企业的产品是否受市场欢迎，能否在市场中占有一定的份额，是降低成本的基础前提。如果一个企业的产品销售不出去，造成积压，根本谈不上降低成本。只有产品品种多，产品结构合理，才能满足不同层次消费者的需要，才有稳定的市场，才可以减少库存和产品资金占用，加快资金周转，只有产品结构合理，才能加速产品扩散，实行多角化经营，加快市场渗透，提高市场的相对占有率，从而达到降低成本的目的。所以各企业在生产经营中必须认识到自己的不足，认真分析、审时度势，及时改变生产经营战略，对市场形势不好，积压占用成品资金多的产品进行限产和转产，对选择的主导产品要通过采用先进技术，提高生产的机械化、自动化水平，强化生产指挥调度等一系列措施提高产量，以降低产品成本中所含的折旧、利息等固定费用。同时还必须不断创新、优化产品结构，采取"你无我有、你有我多、你多我精、你精我转"的策略，增加花色品种，开发新产品，追踪世界发展潮流，结合不同地区、不同层次消费者的需要，形成不同的产品结构，使产品市场逐步扩大。

二是优化资本结构。在激烈竞争的市场形势下，企业要不断发展，以此来增强参与市场竞争，抗衡市场风险的能力，但是要发展就要靠大的投入，而且在目前整个市场低迷的情况下，大的投入必然给企业背上沉重的包袱。为此，各企业要通过兼并、租赁等多种形式，加大资产的流动和重组，优化资本结构，实现资本的扩张，以此来扩大生产规模、降低成本，提高市场占有率和竞争力，达到降本增产，增销增利的良好效果。就要靠大的投入，而且在目前整个市场低迷的情况下，大的投入必然给企业背上沉重的包袱。为此，各企业要通过兼并、租赁等多种形式，加大资产的流动和重组，优化资本结构，实现资本的扩张，以此来扩大生产规模、降低成本，提高市场占有率和竞争力，达到降本增产，增销增利的良好效果。

（三）成本控制实施细则

1. 一般规定

（1）为了加强成本管理，降低消耗，增加企业经济效益，提升市场竞争力，特制定本细则。

（2）项目成本控制包括成本预测、计划、实施、核算、分析、监督、考核、整理成本资料与编制成本报告。

（3）项目经理部应对施工过程发生的、在项目经理部管理职责权限内能控制的各种消耗和费用进行成本控制。项目经理部承担的成本责任与风险应在"项目管理目标责任书"中明确。目标成本在"项目管理目标责任书"中处于核心地位，该项指标在项目管理目标责任考核中未能完成的，行使"一票否决"。

（4）公司应建立和完善项目管理层作为成本控制中心的功能和机制，并为项目成本控制创造优化配置生产要素，实施动态管理的环境和条件。

（5）项目经理部应建立以项目经理为中心的成本控制体系，按内部各岗位和作业层进行成本目标分解，明确各管理人员和作业层的成本责任、权限及相互关系。项目经理是项目成本控制的第一责任人。

2. 成本计划

（1）项目经理部应按照实事求是、适当先进、一贯配比原则编制成本计划。

（2）项目中标后，投标人员应与计划成本分析领导小组、项目管理人员进行相互交底。同时项目管理人员要对标书进行认真评估，掌握本项目整体盈亏情况，确定项目的主要盈利点和亏损点，为项目经理部进行科学安排施组、优化施工工艺、管理创新、有针对性地进行二次经营、资源控制、风险锁定与转移等项工作的开展奠定坚实基础。

（3）项目经理部在进场前必须认真细致地做好施工调查，对当地劳动力价格、材料价格、设备租赁价格、沿线施工环境、社会施工力量分布等进行详细调查。

（4）项目经理部在标书分析、施工调查和施工图认真研究的前提下，必须对施工组织进行科学的分析，弄清主次矛盾，找出关键，制定最经济合理的施组方案。这个方案必须合理安排各种资源的投入顺序、数量、比例，进行科学的工程排队，组织平行交叉流水作业，均衡生产，充分提高对时间、空间、各种资源的利用，使其达到保证工程安全质量、加快施工速度、缩短工期取得全面经济效益的企业理想目标。项目部制定的施组方案应形成文字性材料，并报上一级工程专家委员会审核后实施。

（2）项目经理部管理层应在标书分析、施工调查、实施性施组方案和招标文件中的工程量清单基础上，结合企业的内部定额，确定该项目的目标成本。当项目某些环节或分部分项工程施工条件尚不明确时，可按照本企业类似工程施工经验或招标文件所提供的计量依据计算出目标成本。项目目标成本必须在工程开工前编制完成。

（3）项目目标成本编制完成再经上级项目管理部门审核通过后，以此为基础，公司管理层应与项目经理部管理层签订"项目管理目标责任书"，作为对其进行监督、考核的主要依据之一。

（4）项目经理部根据确定的目标成本应按工程特点分项分部进行成本分解，为其工程成本核算、监督、考核提供依据；同时还应按成本项目进行分解，确定项目的人工费、材料费、机械台班费、其他直接费和间接费的构成，为施工生产要素的成本核算、监督、考核提供依据。

（5）项目经理部应编制"目标成本控制措施表"，并将各分项分部工程成本控制目标、重点和要求及各成本要素的控制目标、重点和要求，落实到成本控制的责任者，并在表中明确对成本控制措施、方法和时间应进行检查，使其根据形势的发展不断修正、完善。

3. 成本控制

（1）项目经理部应坚持按照增收节支、全面控制、责权利相结合的原则，用目标管理方法对实际施工成本的发生过程进行有效控制。

（2）项目经理部应根据成本控制目标要求，通过生产要素的优化配置、合理使用、动态管理，有效控制实际成本。应加强现场管理，避免因施工计划不周和盲目调度造成窝工损失、机械利用率降低等而使施工成本增加。

（3）项目经理部应加强施工定额管理，现场工、料、机消耗及以费率取费的各项费用均不得超出内部定额。

（4）项目经理部应加强施工任务单管理，应切实贯彻灵活、机动的人力资源政策，合理用工，控制人工费的消耗。

（5）项目经理部应加强材料费用的控制，尤其是钢材、水泥等主材和大堆料的管理与使用，避免浪费、使项目效益大量流失的情况发生。材料采购应严格按计划进行，防止积压，形成毁损；大宗物资应采用招标办法进行采购，过程应公开透明；应健全材料管理制度，加强计量检验和定期盘点工作；应抓好材料修旧利废、节约代用和回收利用工作；材料人员的经济利益应与项目经理部使用物资的质量、单价及管理情况挂钩，条件允许的项目应建立内部索赔制度。

（6）项目经理部应加强机械费用的控制。应合理配备主辅施工机械，明确划分使用范围和作业任务，提高其利用率和使用效率；应加强机械设备的维修、保管；应合理确定机械设备的进场和退场时间；要加强机械设备的台班计量管理，要防止超计量的可能，机械费用的支付应与实际完成的工程数量挂钩。

（7）项目经理部应对间接费用严格控制。在执行国家及上级部门的财经法规、制度的前提下，对管理层各职能部门实行责任费用考核；对办公费、差旅费、招待费的支付应按公司内部规定严格执行。

（8）项目经理部在成本控制过程当中应当加强项目风险管理。要对各种自然风险、价格风险、技术风险、工期风险、安全风险、质量风险、社会风险、国际风险、内部决策与管理风险等进行预测、辨识、分析、判断、评估，并采取相应对策，如风险回避、控制、分隔、分散、转移、自留及利用等活动，要使项目实际成本始终处于可控范围之内；项目经理部必须建立风险管理制度和方法体系。特别是加强对材料价格、工期、质量的风险控制。

（9）项目经理部必须加强安全控制，必须坚持"安全第一，预防为主"的方针，减少、消除由于安全事故导致项目成本加大情况发生。

（10）项目经理部必须加强质量管理，必须坚持"质量第一，预防为主"的方针和"计划、执行、检查、处理"循环工作方法，不断改进过程控制，严格按施工规范文明施工，提高工程质量一次验收合格率，减少、消除由于工程项目质量达不到设计要求而增加的返工损失。

（11）项目经理部应加强对分包成本的管理。要选用信誉好、实力强、工程质量高的协作队伍；分包合同的签订必须在分包工程开工前完成，各项条款严密，工程细目、单价、数量要量化准确，计量原则与拨款方式要明确；加强分包合同履约的过程控制，动态监控，减少、转移、回避风险；加强对分包方材料发放控制；加强对分包方验工计价管理，当月已完工程符合质量要求的才予计量。

（12）项目经理部应加强施工合同管理和施工索赔管理，正确运用施工合同条件和有关法规，及时进行索赔。

4. 成本核算

（1）项目经理部进行成本核算时应坚持权责发生制、实质重于形式、配比性、重要性、一贯性的原则。

（2）项目经理部应根据财务制度和会计制度的有关规定，在企业职能部门的指导下建立成本核算制，明确项目成本核算的原则、范围、程序、对象、方法、内容、责任及要求，并设置核算台账，记录原始数据。

（3）施工过程中项目成本核算，项目部宜以每月为一核算期，在月末进行；作业层根据分项分部工程特点，尽量缩短核算周期（每日、每循环）。

（4）核算对象应按分项或分部工程划分，并与施工项目管理责任目标成本界定范围相一致。

（5）项目成本核算应坚持工程部门工程量统计、验工部门价值量计算与财务部门实际成本归集"三同步"的原则，三部门核算期内应及时沟通交流情况。财务部门应按分项或分部工程设置工程数量、计量价值等管理台账，完善内控制度。

（6）项目经理部应在成本核算的基础上，编制月度项目成本报告。

（7）项目经理与成本核算负责人应对核算信息的真实性负责，对提供虚假信息的将追究其的经济、行政乃至法律责任。

5. 成本分析

（1）项目经理部进行成本分析应坚持客观性、重要性、及时性、相关性、一贯性、明晰性的原则。

（2）项目经理部在成本核算的基础上每核算期内应进行成本分析，并将分析结果形成文件，为成本偏差的纠正与预防、成本控制方法的改进、制定降低成本措施、改进成本控制体系、变更索赔工作的开展、企业以后相似项目的经营投标等提供依据。

（3）项目经理部应在每核算期分项分部成本的累计偏差和相应目标成本余额的基础上，预测分析后期成本的变化趋势和状况；根据偏差原因制定改善成本控制的措施，控制下月施工任务的成本。

（4）项目经理部应将成本核算、分析、预测信息在全体员工中进行沟通，增强全员成本意识，使全体员工明确各自在成本控制过程中的地位和作用，并群策群力寻求改善成本的对策与途径。

（5）项目经理部（指挥部）应将成本分析报告、预测报告随核算报告一同按季度报送公司财会部。

（6）项目经理部进行成本分析可采用下列方法：

①按照量价分离的原则，用对比分析影响成本节超的主要因素。包括：实际工程量与预算工程量的对比分析，实际消耗量与计划消耗量的对比分析，实际采用价格与计划价格的对比分析，各种费用实际发生额与计划支出额的对比分析。

②在确定施工项目成本各因素对计划成本影响时，可采用连环替代法或差额计算法进行成本分析。

6. 成本监督与考核

（1）项目经理部进行成本监督与考核应坚持奖罚分明、奖惩兑现的原则。

（2）项目成本监督、考核应分层进行：公司对项目经理部的成本管理进行监督与考核；项目经理部对项目内部各岗位及作业层成本管理进行监督与考核。

（3）项目成本监督、考核内容应包括：目标成本完成情况监督、考核，成本管理工作业绩监督、考核。

（4）项目成本监督、考核的时间应采取定期与不定期方法相结合。

（5）项目成本监督、考核应按照下列要求进行：

①公司对项目经理部进行监督考核时，应以"项目管理目标责任书"确定的责任目标成本为依据。考核主体为公司项目主管部门，相关部门配合。

②项目经理部应以控制过程的监督考核为重点，控制过程的考核应与竣工考核相结合。

③各级成本监督考核应与进度、质量、安全等指标的完成情况相联系。

④项目成本监督考核的结果应形成文件，为奖罚责任人提供依据。

⑤公司、项目经理部根据有关制度、合同规定，对监督考核结果必须奖惩兑现，赏罚分明。

（6）对项目经理部的成本监督应实行预警报告制度，亏损额达核算期内目标 5% 及以上的项目，应把原因分析向集团公司工程管理中心报备。

（7）公司对各子分公司项目经理部成本管理的监督检查职责如下：

①公司应对各子分公司项目经理部成本管理情况定期不定期的进行监督检查，检查依据为《成本管理实施细则》《资金管理实施细则》等有关规定，每次检查后都应有检查工作底稿，对发现的问题有书面整改建议，事后有督促、有回访、有记录。公司应对各子分公司项目经理部建立健全风险预警机制，当发现重大、异常问题和不良趋势时应及时向该项目部的子分公司主要领导通报，同时向公司报告，并采取相应手段促使该项目部限期改正。

监督检查的主要内容：各子分公司材料采购价格是否合理；分包合同是否及时签订，履行是否严格；分包单价是否合理；验工计价程序是否合规，工程数量是否符合实际情况；资金管理是否严格，有无超拨情况，债权债务是否及时清理，民工工资是否及时发放；间接费用的支付是否合法合规；工程质量、安全是否平稳可靠；施组是否科学、现场管理是否规范；工期能否保证；责任成本管理体系是否建立并有效执行。

②公司应对所属子分公司项目部的成本控制承担监管责任，由于公司指挥部监管缺位、监管不力子分公司项目经理部亏损的，公司对指挥部考核时，将视各子、分公司项目部亏损情况，扣减公司指挥部领导班子承包兑现奖，并按一定比例扣减指挥部经费计划。

③各子分公司项目经理部每个季度末应将详细的财务决算上报集团公司项目经理部。

三、成本核算管理方法

（一）总则

1.为加强成本核算及管理工作，规范成本预算、控制、核算、分析等行为，保证成本准确核算、有效控制，现根据国家有关法律法规、企业内部控制制度要求，结合公司成本管理工作流程，制定本办法。

2.本办法所称成本是指可归属于产品成本、劳务成本的直接材料、直接人工和其他直接费用。本办法适用公司下属各车间及部门的成本核算及管理工作。

3.成本管理工作为公司生产经营管理的核心，贯穿于生产经营活动全过程。基本任务为：通过预测、计划、控制、核算、分析和考核，反映公司生产经营成果，挖掘产品成本潜力，降低产品成本。

（1）成本管理工作重点：

①坚持质量第一，一切降低成本的手段不能以牺牲质量为前提；

②加强和完善成本管理的基础统计工作；

③确定成本费用的开支范围和标准，合理划分产品成本界限；

④对主营产品实施成本预测；

⑤编制合理、可行的成本计划，组织制定降低成本的措施；

⑥分解成本和费用指标，控制生产损耗，落实成本管理责任，实行分级归口管理；

⑦准确、及时核算产品成本，控制和监督成本计划和费用预算执行情况，进行成本和费用分析；

⑧根据成本计划及费用预算执行结果，定期开展成本控制责任考核。

4.公司实施全员成本管理。管理目标需逐一分解细化，落实到具体车间、部门及人员。

5.成本管理工作贯彻责、权、利三结合原则，公司定期对各级成本管理责任人的成本控制成果组织考核，考核结果将影响人员全年绩效考评。

（二）职责分工

1.全员成本管理由总经理牵头，按分工职责建立成本管理责任制，确保办理成本业务的不相容岗位相互分离、制约和监督。同一岗位人员应定期做适当调整和更换，避免同一人员长时间担任同一业务。

2.公司领导和职能部门的成本责任制具体分工如下：

（1）总经理

①领导、组织、安排、协调公司各部门开展成本管理工作；

②对公司成本管理工作取得的整体效果负责；

③对公司成本管理决策和实施的结果负责。

（2）生产副总

①对生产体系的生产计划和成本考核指针完成及效果负责；

②对组织生产体系的成本管理、正确执行成本计划和费用预算负责；

③对生产体系成本管理决策和实施结果负责。

（3）质量副总

①对产品开发、产品质量、技术改造、工艺革新等所产生的经济效果及法律风险负责；

②对降低成本技术组织措施的实施及其经济效益负责。

（4）财务行政副总

①领导并组织成本核算管理工作开展，对公司经济效益的真实性、合法性、完整性负责；

②遵守财经纪律，对公司执行国家有关财经法律、法规和制度负责；

③参与成本管理中如：工资福利等重大决策方案的制定，并对结果承担责任。

（5）生产部

①对生产任务的有效完成负责；

②对外协外联业务中发生的人工、燃动成本控制负责；

③对盲目投产（指未按生产计划生产或接到市场销售发生重大变化的通知但未及时调整生产计划）造成在产品、半成品资金占用超过定额或长期积压负责；

④对生产调度不及时，造成停工损失负责；

⑤对在制品、半成品管理不严，致使成本计算不真实负责；

⑥负责本部门成本控制目标的分解。

（6）内勤部

①对物料领发的准确性和及时性负责；

②对物料采购计划的正确制定负责；

③对库存物资的有效保养、安全有序负责。

（7）财务部

①制定成本管理制度，编制落实成本计划，并监督考核执行情况；

②对监督成本费用审批控制过程负责；

③制定目标成本，组织成本核算，进行成本预测和分析，提出改进措施和建议。

（8）质量部

①对由于执行检验制度不严，造成报废或质量事故负责；

②对外购材料、外协件检验不严所造成的损失负责；

③对工艺改进造成的质量风险或隐患负责；

④负责本部门成本控制目标的分解。

（9）采供部

①对材料供应不及时，造成停工待料负责；

②对不按计划采购，造成材料超出积压负责；

③对不执行比价采购原则，造成材料进价偏高负责；

④负责本部门成本控制目标的分解。

（10）工程部

①对机器设备增减、报废不及时办理手续，致使设备数额账实不符，折旧提存不实负责；

②对机器设备维护保养工作组织不力，造成停工损失、废品损失或维修费用超预算负责；

③对由于计量衡器未检修或检定失准造成材料物资短缺损失负责；

④对水、电、气消耗无定额，无计量，无记录，或未提出合理分摊标准，致使成本计算不实负责；

⑤由于未及时安装或维修各种能源消耗计量仪表，造成能耗责任不清，成本不实负责；

⑥对全厂各部门能源消耗指标的编制和监控负责；

⑦负责本部门成本控制目标的分解。

（11）行政人事部

①对劳动组织、劳动纪律、生产用工等管理不当，影响正常生产负责；

②对按国家政策控制工资、奖金及劳动保险费的支出负责；

③对办公费用及其他行政事务费用的超支负责。

（三）成本管理基础工作

1. 根据生产和管理的实际情况，建立、健全各项原始记录。各部门需指定专人负责管理原始记录，统一规定各类原始记录的格式、内容、填写、审核、签署、传递等要求，保证原始记录管理的规范化和标准化。

（1）内勤部负责材料物资方面的原始记录，真实反映材料的收、发、领、退等物流全过程。包括：材料、物资入库单、领料单、退料单、外加工产品材料领料单、外加工产品成品入库单、材料物资盘点表等，并做好材料仓库台账的记账工作。

（2）行政人事部负责劳动工资方面的原始记录，反映职工人数、调动、考勤、工资、工时、停工情况、有关津贴等项记录。

（3）质量部负责工艺改动方面的原始记录，反映产品工艺改动、工时材料定额变动等项的记录。

（4）生产部负责生产方面的原始记录，反映产品从材料领出至验收入库的全部过程，并做好产品投入产出数量管理和工时统计工作。

（5）工程部负责设备使用方面的原始记录，反映设备验收、交付使用、维修、报废的情况，如固定资产验收单、固定资产调拨单、在建工程转固验收单等，并做好固定资产卡片和固定资产台账的登记工作。

（6）工程部负责动力消耗方面的原始记录，反映根据各计量仪表所显示的水、电、气的实际耗用量，并做好能源消耗统计报表。

（7）各部门建立本部门使用的各项物资消耗或损耗标准，建立有利于成本控制的各项技术经济指标标准，并做好相应的统计报表。

2. 建立健全各项资产、物资的计量验收制度，并保持计量工具的准确性，对材料、在产品、半成品、产成品及工器具等的收发和转移，都必须进行计量、点数和质量验收。

（1）材料运达仓库后，由仓库管理人员根据入库单（或送货单位送货单）所列的品名、规格和数量，采取点数、过磅等适用的计量方法，准确计算数量，经质量部门检验后，按实际合格数量入库。对于数量和质量不符，以及破损等情况，要查明原因，分清责任，要求有关方面赔偿或扣付货款。

（2）对于在产品、半成品在车间与车间之间或车间内部的转移，应根据工艺流程记录的凭证，经质量检验合格后进行点数、交接。在产品报废或短缺，应及时查清数量和原因，填制有关的原始凭证，以保证投入、产出数量记录的准确性和连贯性。

（3）对于车间完工的半成品和产成品，应由车间填制入库单，经检验合格签证后，送交仓库点收入库。

（四）成本计划

1. 为了保证产品目标成本和经营目标的落实，各部门应本着费用最少、效益最大的原则，明确合理期限，充分考虑成本发生的不确定因素，根据自身工作需要编制成本费用计划，制订降低成本的具体措施，组织内部成本管理。编制成本计划应服从公司整体战略目标，结合历史资料和计划期需要，考虑各种成本降低方案，从中选择最优成本方案。

2. 公司成本计划编制以年度为一个计划期。

3. 成本计划中成本项目的内容、费用的分摊、产品成本的计算，必须和计划期内实际成本核算的方法口径一致，以便检查计划的执行情况。计划期成本项目内容如有变动和上年实际成本不一致时，要调整上年实际成本的成本项目，以统一核算的口径和内容。

4. 成本计划和费用预算至少包括但不局限于下列内容：

（1）产品销售计划

（2）产品生产计划

（3）产品单位成本计划

（4）动力消耗计划

（5）工资计划

（6）生产费用及期间费用预算

5. 成本计划应结合下列因素进行编制：

（1）成本控制目标；

（2）计划期内生产、工资、材料供应、工艺技术改进等计划；

（3）计划期内原料、辅料、包材、其他材料、动力等现行消耗定额和工时定额；

（4）计划期内各部门的费用预算计划；

（5）内部计划价格预计；

（6）上期成本水平和成本分析资料。

6. 成本计划编制步骤：

（1）准备工作。包括：收集整理各项基础资料和历史资料，掌握计划期内材料、工时定额、工艺技术改进等方面的变化情况，研究降低成本的具体措施。

（2）正式编制计划。编制成本计划在总经理和财务行政副总的统一领导下，由财务部门牵头，组织各有关职能部门和各方面的有关人员共同参加。编制成本计划要以提高经济效益为中心，进行生产、供应、销售、资金、费用等多方面计划的综合平衡。需注意下列各项计划的逻辑关系：

①产品生产计划、劳动工时计划与成本之间的关系；

②物资供应计划与产品材料成本计划之间的关系；

③工资计划与产品工资成本计划之间的关系；

④各项费用预算与成本计划之间的关系；

⑤资金计划与成本计划之间的关系；

⑥成本计划与利润计划之间的关系。

（3）上报集团审批。根据编制的成本计划确认成本指针，如主要产品单位成本、产值成本率、产值燃动率、产值工资率、产值费用率等，由总经理审批，报集团核准。

7. 如集团对成本计划和成本指标进行调整，各部门则按照调整后的指标对成本计划和费用预算进行修订。修订步骤同成本计划编制步骤。

（五）成本控制

1. 结合全员成本管理，将成本计划和目标成本的各项指针细化，层层分解，实行成本分级归口管理，并对实际的生产耗费进行严格审核，保证有效地控制经济活动，实现成本控制，完成目标成本和成本计划。

2. 实行成本分级归口管理和成本控制

（1）材料成本的控制

①采购价格控制。制订价格审批管理条例和奖惩办法；对外购物资和外协加工进行价格监督；搜集市场信息，掌握各种物资及外协加工的最低价格的客户资料；审核各有关部门的物资采购和外协加工价格审批单；监督检查审批后价格执行情况。

②材料耗用控制。严格执行限额发料制度和维修用材料的计划发料制度，严格超限额领用和补料的审批制度，严格各项材料收发的手续，严格执行余料退库及假退规定，实施以旧换新、修旧利废、综合利用等节约用料的方法，保证产品用料单耗的降低。

（2）设备使用及保养控制。严格执行设备的使用及保养制度，加强机器设备、厂房的合理利用，从数量、时间、能力和综合利用等几方面提高设备利用率。

（3）劳动力耗费控制。控制定编、定员、保持一线生产工人的比例相对稳定，保证提高出勤率、工时利用率和劳动生产率，要控制工资总额的增长幅度低于经济效益的增长幅度。

（4）费用开支控制。实行费用指标限额管理和考核制度，明确各项费用权责归属，严格费用支出审批手续，控制按计划和限额耗费。

（5）生产投入控制，要控制生产量的投入，包括投产周期、投产数量等，保证按计划投产，控制过量生产，确保均衡完成生产计划。

（6）材料外协加工费用控制，要严格执行货比三家，择优定点的原则，加工点及价格的确定，要实行审批制度。

（7）动力消耗控制。所有动力消耗都应实行定额管理和考核。控制动力消耗首先要从线路、管道方面划清耗能责任归属，安装计量仪表，减少跑、冒、滴、漏和大功率负荷空载现象，保证动力单耗的降低。

（8）结合各种耗费指标与费用支出，制订奖惩制度，节约或超支与工资奖金挂钩，以提高全员对成本控制工作的积极性。

（六）成本分析

1.为检查成本计划执行情况，查找影响目标成本升降的因素，从而制订下一步降低成本的措施，应在正确核算成本的基础上，开展成本分析工作。

2.必须建立各级成本分析制度，按月、季、半年、年度定期进行成本分析，对一些影响成本较大或对完成成本计划可能产生重大影响的问题，应及时组织专题分析，查明原因，提出整改措施。半年和年度的成本分析报告，需报送集团财务总监和集团财务部。

3.成本分析工作，由财务行政副总和生产副总牵头，以财务部为主，组织全厂职能部门和车间共同进行。各车间的成本分析应在其车间主管的主持下，以车间的核算人员为主，会同有关职能人员共同进行。

4.成本分析应采用本期实际数与计划数对比，与上年同期数对比。各级成本分析都要编制书面报告，配有图表和文字说明。对于成本分析中提出的主要问题，要有整改措施和实施责任人，并列入成本分析会纪要，实行跟踪检查考核。

（1）成本计划完成情况的总体分析，如产值成本率计划完成情况、生产费用计划完成情况，全部产品成本计划的完成情况等。

（2）按成本项目进行分析，材料项目要分析耗用数量和材料价格变动对成本带来的影响情况；工资、动力、费用分析，要结合相应费用总额与生产总量的变动情况分析；对亏损产品和利润下降幅度过大的产品单位成本，要深入查明原因，进行成本责任分析。

（3）费用中等相对重要费用项目，要按二级项目发生额结合归口管理部门责任进行分析，对完成全厂成本指针有较大影响的费用超支项目还必须责成有关部门进行重点分析。

（4）车间成本分析的主要内容，包括生产计划完成情况，材料消耗定额完成情况，费用预算执行情况等。

（七）成本核算原则

1.在成本核算中应严格执行以下核算原则

（1）实际成本计价原则。产品成本核算，必须坚持按照实际成本计算的原则。在成本计算过程中，由于核算程序的需要，对材料、能源、劳务、自制半成品和产成品等，按计划成本、计划价格或定额成本进行核算的，最终必须在成本计算期内根据成本耗费的实际资料，调整为实际成本。不得以计划成本、估计成本、定额成本代替实际成本。

（2）合法性原则。计入成本的费用，都必须符合国家法律、法规和制度规定，不符合规定的费用不能计入成本。

（3）一贯性原则。与成本核算有关的会计处理方法，应保持前后期一致，使前后期的核算资料衔接，便于比较。不得通过任意改变会计处理方法调节各期成本和利润。

（4）费用确认配比原则。生产经营所发生的费用可按下列三种方式确认：

①按因果关系确认。对于费用的发生与某种收入存在明显因果关系的支出，应在该项收入实现时，确认为生产成本，并与之配比，而在该项收入未实现时，先作为计入存货的成本确认，例如制造产品的材料耗费和人工耗费，应计入产品的制造成本，随着产品的销售转为销售成本，并与相关的销售收入配比。

②按受益期分配确认。对于支出的效益涉及若干会计年度的资本性支出，应在与支出效益相关的各受益期，按合理的方式分配确认为费用，分别与各受益期的收入配比，例如固定资产的折旧费用。

③按发生的时期立即确认。对于既无明显因果关系，又难以按受益原则进行分配的支出，在发生的当期立即确认，即作为期间费用与发生当期的收入配比。

（5）权责发生制原则。在成本核算时，应遵循权责发生制原则。其基本内容是，凡是应计入本期的收入或支出，不论款项是否收到或付出，都算作本期的收支；凡是不应计入本期的收入或支出，即使款项已经收到或付出，也不能算作本期的收入或支出。在成本核算中运用权责发生制原则，主要是指确认本期费用的问题。即应正确处理待摊费用、递延资产和预提费用等。在成本核算时，对于已经发生的支出，如果其受益期不仅包括本期，而且还包括以后各期，就应按其受益期分摊，不能全部列于本期；对于虽未发出的费用，但却应由本期负担，则应先行预提计入本期费用中，待支出时，就不再列入费用。不得利用待摊费用、递延资产和预提费用人为地调节成本，使成本计算失去真实性。

2. 为了正确核算产品成本和经营成果，应严格划清以下成本费用的界限

（1）本期成本与下期成本的界限，应按照权责发生制原则，确定成本费用的归属，通过待摊费用和预提费用核算，及采用估价入账、余料退库等办法，划分本期成本与下期成本的界限。

（2）在产品成本和产成品成本的界限，必须加强车间生产的投入产出管理，结合定期盘存，确保期末在产品数量准确，并按规定方法正确计算在产品的约当成本和产成品实际成本，不得任意压低或提高在产品的成本。

（3）各种产品之间成本费用的界限，凡是能够直接计入有关产品的各项直接费用，都要直接计入；凡是与几种产品共同有关的不能直接确认的费用，要根据合理的分配标准，

在各种产品之间分配。不得在盈利产品和亏损产品之间互相转移生产费用，以掩盖成本超支或盈利补亏。

（4）产品成本与期间费用的界限，期间费用不计入产品成本而直接计入当期损益。

3. 应选择与产品生产类型相适应的成本核算方法

成本核算方法一经确定，应保持稳定，不得任意变更。

（八）成本费用核算内容和程序

1. 生产经营中发生的所有费用，分为制造成本费用和期间费用，只有制造成本费用计入生产成本，而期间费用在发生的会计期间，直接计入当期损益。

（1）制造成本。是指企业生产经营过程中，实际消耗的直接材料、直接人工、直接动力支出和制造费用的总和。它们可归纳为：

①直接费用：是指在生产过程中发生的，能直接计入某种产品或劳务成本的生产费用。包括直接材料费、直接人工费、外协加工费、燃料动力等及其他直接费用。上述费用发生时，直接计入产品制造成本。

②间接费用。是指在生产过程中发生的，除直接费用之外的一切费用，包括内部各车间部门为组织和管理生产而发生的共同费用，以及不能直接计入产品成本的各项费用。这些费用发生时，应通过一定标准分配计入产品制造成本。

2. 期间费用

是指行政管理机构组织和管理生产经营活动而发生的费用，这些费用按规定进行汇总，直接计入当期损益。该费用分为管理费用、财务费用、销售费用。

3. 计入产品成本的生产费用按经济用途划分如下项目：

（1）直接材料——指构成产品的原料、辅料、包装物等。

（2）直接工资——直接从事产品生产的工人的工资及附加。

（3）燃料动力费——生产所消耗的水、电、燃气等费用之和，按照一定标准分配计入产品制造成本。

（4）制造费用——指为生产产品和提供劳务而发生的各项间接费用。

4. 期间费用的核算内容：

（1）管理费用——指为组织和管理企业生产经营所发生的各种费用。

（2）财务费用——指为筹集生产经营所需资金等而发生的费用。

（3）销售费用——指销售过程中发生的费用。

5. 生产的一切可供对外销售的产品、厂内自制自用品和劳务加工等，应分别核算成本，不得混淆和遗漏。

6. 生产费用和成本核算的程序

（1）根据产品和劳务作业的生产过程特点、生产组织类型以及管理的需要，分别确定成本计算对象，选用适合的成本核算方法。

（2）按照费用发生地点和成本计算对象，填制、审核各种会计凭证。有关成本核算的原始凭证和记账凭证，应有经办人员和责任人员签章，做到手续完整，准确及时。

（3）设置下列各种成本和费用明细账：

①基本生产明细账，按生产地点和成本项目核算基本生产车间发生的生产费用。

②自制半成品明细账，由车间和库房按品种建立数量明细账，进行投料、移交、结存等日常数量核算，月末编制汇总表。车间和库房必须认真进行收发、计量、交接，要有合法的原始凭证、健全的台账登记制度和定期盘存制度，保证半成品资料的真实、准确，使产品成本计算建立在可靠的基础上。

③制造费用明细账，按车间、部门及二级明细项目分别对制造费用进行归集，月末进行分配核算，月终不保留余额。

④根据归集的全部生产费用和成本核算资料，按成本项目计算各种产品的在产品成本、产成品成本和单位成本。

（九）成本费用核算细则

1. 材料费用核算

（1）材料采购成本包括：

①购入材料的原价（不含增值税；不包括购入材料包装物或容器的押金）；

②购入材料的外地运杂费；

③材料入库前，整理挑选时发生损耗的净损失，及其整理费用；

（2）采用加权平均价格进行材料的日常核算。

（3）核算材料成本，要收集当月采购生产过程中入库、领用、退库的全部材料凭证进行核算。对于材料价款尚未明确却已经办理入库的材料领用，要按暂估成本入账。当月领用的材料应计入当月成本，不准任意提前或延迟实际领用时间。外购材料直接交车间使用时，仍应按照规定的收发程序，办理材料检验和收发手续。

（4）核算材料成本，应与库房发放数核对一致，然后按成本项目进行分配，计入产品成本计算对象或费用项目。

（5）直接用于产品的材料成本，应当直接计入有关的成本计算对象。凡是由几种产品共同负担的材料，可分别按消耗定额比例、耗用重量比例、产品数量比例等方法，在有关的成本计算对象之间进行分配。

（6）车间月末已领用而未使用的产品原材料，必须办理实物退料或"假退料"手续。生产计划执行完毕或中途停止执行时，所有已领未用的原材料应全部退库，不得移作他用。

（7）生产过程中的废料和回收的包装物，应按月回收交库房统一处理变卖。变卖所得的款项应及时上缴财务部。任何个人和部门不得隐瞒和擅自挪用。

（8）车间设有二级材料储备仓库的，必须严格按仓库管理程序，专库保管，专设账册凭证，专人收发保管。二级材料储备仓库的期末结存，应办理库存材料的移库核算手续，不得计入生产成本。

（9）由于生产需要，对库存材料进行的各种加工，包括外部加工和自制，加工后虽然改变了原有材料的形状或规格，但仍具有通用材料性质，并入库待领的，作为自制材料处理。自制材料实际成本，应包括：领用材料和加工费用，扣除退库的余料价值。

（10）车间领用各种材料，必须按照实际领用数量填写领料单，不得把由于仓库保管责任所造成的材料溢缺、损坏等经济责任，自行修正领用数量，转嫁给领用部门承担。

（11）库房保管材料盈亏、毁损的核算规定如下：

①由于物资自然损耗，经生产副总和财务行政副总批准后，计入管理费用。

②由于采购和保管责任而造成盈亏、毁损的，要由责任部门和人员提出书面说明和改进措施，追究相关责任。报生产副总和财务行政副总审查后，根据盘亏和毁损物资按实际成本，扣除责任人赔偿，通过规定的核销程序计入管理费用。

③由于自然灾害和各种意外造成的损失，应查清原因，扣除保险公司和有关责任人的赔偿，减去残余价值，经总经理和财务行政副总批准后（金额巨大的，需报经集团领导审批），将净损失列入营业外支出。

（12）库房物资应定期盘点，核实库存数。如有盘亏或毁损，应按上述规定处理，任何部门和个人不得隐瞒或擅自采取各种途径予以处理。

2. 工资及福利费核算

（1）全厂在册员工（含临时工和试用工）的各项工资，包括：基本工资、效益工资、计件工资以及属于税法规定工资总额范围内的津贴、补贴、奖金等，都应当根据国家法律法规和集团公司要求进行计算、支付、汇总、分配。

（2）实行计件工资制的车间，计件生产工人的工资，应根据上月实际完成合格品的实数量，或按实物量折算的劳动量，乘以计件单价计算。

（3）严格按照国家的规定计提职工福利费、教育经费和工会经费。其提取基数，应为药厂每月实际发放工资数。

（4）直接从事产品生产的生产工人工资及附加，凡是能直接划分产品成本归属的，应直接计入该产品成本。计件工资一般应直接计入有关的成本核算对象。

（5）在归集和分配工资费用时，应当严格区分工资费用的用途，不能将应由其他项目负担的工资费用和应列入产品成本费用中的工资费用混淆。

3. 动力费用核算

（1）动力费用，指外购的水、电、天然气费用。月终结算时，应按照扣除增值税后金额分配核算动力费用。食堂、公寓楼等生活福利部门和在建工程耗用的外购动力，要按含税实际成本核算。

（2）动力费用应当根据各车间的实际耗用量分摊计算。能直接划分产品动力消耗的，应按产品实际耗用量直接计算动力成本。无法划分产品的动力费用，根据一定比例在全部产品中进行摊销。当外购动力费用的实际支出，与内部统计数之间出现差额时，可按实际支付金额和厂内实际耗用总量重新计算单价，据以分配各受益单位的动力费用。

4. 制造费用核算

（1）计提折旧的范围和方法，严格按照制订的《固定资产管理办法》中相关规定执行。

（2）应按使用车间和部门，分别核算折旧费，一般不直接计入产品成本，而作为间接费用分配核算。生产车间计提的折旧，记入制造费用，管理部门应提的折旧计入管理费用；租出固定资产应提的折旧计入其他业务支出。

（3）固定资产的修理费，按实际发生额一次或分次计入生产成本或期间费用。

（4）修理费用的内容一般包括：房屋、建筑物及设备的修理、维护及保养费用。外包的修理费,按实付金额计算(不包括工程部人员为车间进行的日常维修而领用的材料费)。

（5）制造费用的归集，设置制造费用明细账，按车间、部门分别设置账户，采用多栏式账页，按明细项目归集费用发生额，月末汇总结转生产成本账。制造费用明细账期末应无余额。

（6）制造费用应分成直接费用和间接费用再进行分配。直接费用直接进入相关产品成本，如无形资产摊销费用。间接费用根据一定比例在全部产品中进行摊销。

5. 在产品、自制半成品、产成品成本核算

（1）各生产车间必须加强在产品的管理和核算，设置在产品数量台账，记录车间在产品投入、转移、交库等数量变动及生产进度。车间内部如设有中间库的，应当设置实物收发保管数量卡片，根据车间内部收发凭证进行登记。为了保证在产品数量的准确性，车间主管人员要对在产品数量台账和中间库的数量卡片进行定期稽核，做到卡物相符。

（2）在产品、半成品应当定期组织盘点，防止成本虚增、虚减。要在全厂建立产品的盘存制度，由生产部和财务部共同组织盘存。盘存工作一般可按下列办法进行：

①单件小批生产和轮番投产的生产类型，当产品完工下场时，应及时组织静态盘点。

②成批大量生产的生产类型，应定期组织盘点。一般每季度盘点一次。

③在年度终了前，要组织在产品、半成品的全面盘存，发生盈亏应查明原因，按照规定的审批权限，经批准后，扣除责任人赔偿，计入管理费用。如果没有在产品实物数量记录的，必须按月组织盘点。

④财务部应当根据在产品的数量记录、盘存记录，正确计算月末产品成本，不得任意估计。

（3）在产品成本按直接材料费用计算，计在产品成本只计算直接材料成本，其他费用全部由当期完工产品负担。计算公式如下：

$$月末在产品成本 = 月末在产品数量 \times 单位产品材料单价$$

$$本月完工产品成本 = 月初在产品成本 + 本月发生的费用 - 月末在产品成本$$

（4）已经完工的产成品，应在检查合格后填制产成品入库单，办理入库手续。财务部应当根据本月完工产成品的交库凭证或统计资料，正确计算产成品实际成本，按月编制分产品的完工产品成本汇总表，并据以结转产成品成本。

（5）应当加强产成品仓库的收发管理，要根据检验合格的成品交库单和手续齐全的发货凭证，记录成品卡片或成品台账。财务部应设置的产成品明细分类账，按月与产成品库核对一致。产成品结转销售的明细分类核算，一般应按加权平均计算的实际成本进行。产成品仓库发生盈亏毁损，应当及时查明原因和责任。按照规定的核销程序，在扣除过失人赔偿后，计入管理费用。

（十）成本考核

1. 每个年度完毕，公司经营班子组成成本考核小组，对成本管理责任部门或人员进行考核。

2. 考核指标以年初获得核准的成本计划或费用预算为基础，结合各部门或责任岗位工作重点及控制目标进行制定。考核指标需具有可量化、可客观判断等特点。

3. 成本考核小组通过目标成本节约额、目标成本节约率等指标和方法，根据成本计划和费用预算执行情况、考核指标完成情况以及工作管理工作具体开展情况，对部门或人员进行综合考评。

4. 成本考核结果将与奖惩密切结合起来，并作为部门或个人年度工作完成的重要组成，纳入年度绩效考核结果。

（十一）其他

各车间部门根据责任工作分工建立成本内部报告制度，实时监督成本费用的支出情况，发现问题应及时上报上级领导及相关部门。

（十二）附则

本办法由财务部负责解释。未尽事宜，由财务部负责组织修订。制度报集团财务部审批同意后予以实施。

第三节　项目质量控制

一、质量计划

为了加强项目部工程质量管理，保证工程质量目标的实现，根据《建设工程管理条例》《建设工程项目管理规范》的有关规定，特制定本制度。

（一）工程项目质量目标的确定

1. 质量目标必须符合《建设工程施工合同》的质量要求；

2. 必须符合公司创优工程的项目。

（二）项目部实现质量目标必须编制质量计划

质量计划应包括下列内容：

1. 项目质量计划目标的确定；

2. 编制项目质量计划（或质量目标的分解）；

3. 项目质量计划的实施：（1）施工准备阶段；（2）施工阶段；（3）竣工验收阶段；（4）工程保修阶段；（5）质量的持续改进和检查验证。

（三）质量计划的审批程序

1. 项目部编制质量计划；

2. 质量部审核；

3. 总监办审批。

二、工程项目质量总承包负责管理

为规范总承包单位与分包单位的行为，更好地落实《中华人民共和国建筑法》和《建筑工程施工质量验收统一标准》的有关条款，特制定本制度。

（一）建筑工程总承包单位将总承包工程中的部分工程（除主体工程外）分包，其分包单位应有相应的资质文件。但是除总承包合同约定的分包外，必须经建设单位认可，单位工程不得层层分包，施工总承包中的建筑工程主体结构的施工必须由总包单位自行完成。

（二）建筑工程实行总承包的，工程质量由总承包单位负责。总承包单位将建筑工程分包给其他单位的应当对分包工程的质量与分包单位承担连带责任，分包单位必须接受总承包单位的质量管理。

（三）总承包单位应监督管理各分包单位认真遵照现行有关 规范进行施工，并按照《建筑工程施工质量验收统一标准》对所承建的检验批、（子）分部工程的质量进行验收，其验收结果和资料交总包单位。

（四）总包单位应组织各分包单位认真学习，了解总包单位的各项管理规章制度，总承包单位有权对违反质量管理制度的分包单位进行处罚。

（五）各分包单位应对总承包单位定期召开的质量例会不得无故缺席。为便于质量管理，各分包单位的施工进度计划均应考虑交叉施工的配合问题，如出现异议，应由总包单位统筹安排。

（六）各分包单位应认真配合总包单位做好成品、半成品保护。如分包单位需在结构上打洞、开槽、补埋铁件一定要经过结构施工总包单位的技术负责人认可，重要部位要报设计单位认可。预应力结构上不得开槽、凿孔。

（七）分包单位应当对施工质量负责，对总承包单位负责，必须服从总包单位质量目标。

三、质量检查管理

为了加强项目部质量管理的力度，达到提高工程质量，杜绝质量事故，提高自身的社会信誉和市场竞争能力的目的，特制定本规定；

（一）项目部每年对项目部的质量管理工作如下检查：

1. 项目部每季度定期对项目部范围内所有在建项目实行季度检查；

2. 项目部对职责范围内的直管项目部实行月度检查及日常检查。

（二）公司质量检查的内容

1. 质量管理。项目部的质量管理制度、岗位责任制，工程质量计划，质量管理人员资格等；

2. 施工质量。

3. 技术资料。

（三）项目部在检查中对发现的问题立即发出限期"整改通知单"，对质量问题项目部必须定人、定时、定措施进行整改。各项目部在整改期限内整改完毕后上报公司质量部门复查。

（四）项目部根据整改回复组织落实复查验收。并在整改通知单签署验收意见。经验收合格后，方可进行下道工序施工并结案。

（五）项目部对检查中发现的问题进行登记备案，从管理上、施工技术上分析质量问题，为质量整改提供依据。

（六）根据项目质量问题进行统计分析，进行技术攻关，提高项目部工程质量的整体水平。

（七）质量检查的奖罚：根据《建设工程质量管理条例》及公司有关奖罚规定执行。

四、工程质量奖罚制度

（一）奖励

1. 凡取得优质工程奖的工程，工程创优成本列入项目承包成本。同时，按照公司优质工程奖罚制度给予奖励。

2. 对项目部的综合质量考核，凡年度平均得分 90 分及以上者，一次性奖励项目部 3000 元。

3. 在各级行政主管（上级）部门的质量检查中，因质量优异受到以简报、文件、电视、报刊等形式表彰的单位，视具体情况奖励该责任人 300 ~ 1000 元人民币 / 人，奖励相关人员 1000 ~ 3000 元人民币。

4. 单位（个人）获得各级优秀质量工作先进单位（个人）荣誉，按上级文件明确的奖励额度，对个人的奖励，奖金全额发至获奖者本人；对单位的奖励，由获奖单位（部门）提出分配方案，经分管领导批准后执行。

（二）处罚

1. 凡列入项目部创优计划的工程（以公司文件为准），无正当理由，没有实现创优目标的，按照奖罚对等的原则对有关人员进行罚款，创优成本不列入项目承包成本。

2. 凡是竣工工程被核验为不合格的，按工程量的 5‰ 处罚项目部，并追究有关责任人的责任。

3. 对项目部的综合质量考核，凡年度平均得分 80 以下者，每降低 5 分，处罚该单位 1000 元。

4. 对不认真履行管理职责的有关责任人，将给予有关责任人 50 ~ 500 元经济处罚。

5. 在建工程质量检查时，发现违反规范规程，不按标准施工，不按建设主管部门或公司的有关规定施工，粗制滥造，质量低劣，业主反映强烈，将视工程的具体情况给予该工程责任者罚款 100 ~ 500 元人民币 / 人，给予相关人员罚款 500 ~ 1000 元人民币。

6. 在各级行业主管（上级）部门的质量检查中，因质量问题受到以简报、文件、电视、报刊等形式通报批评或曝光的工程，视具体情况给予该工程责任人罚款 300 ~ 1000 元人民币 / 人。

7. 工程竣工交付使用后，在保修期内出现因施工质量问题影响使用功能、受到用户投诉的，且没有采取有效保修措施而造成不良影响的，给予相关责任人罚款 500 ~ 1000 元 / 人。

8. 发生质量事故，视事故的严重程度予以处罚。

9. 出现以上质量问题，给企业造成重大损失（含无形损失）的，除经济处罚外，还将视严重程度由项目部给予相关责任人行政处罚。

10. 以上经济处罚，由项目部工程技术部（或项目部质检员）填写"罚款通知单"，经项目部技术经理审核、主管领导批准后执行。收缴的罚款交纳到公司罚款专用账户，收缴的罚款只能用于与质量有关的奖励，不得挪作他用。

五、质量事故报告和调查

为了保证市政工程建设质量事故的及时报告和顺利调查，维护国家财产和公司信誉，

（一）项目部在发生质量事故后必须第一时间汇报到公司质安部和总监办。

（二）项目部在实事求是、尊重科学的基础上 24 小时内写出书面报告。

（三）质量事故发生后，项目部必须对事故现场进行严格保护，采取有效措施，防止事故扩大。

（四）公司质安部、总监办在 24 小时内进行现场勘察，确定处理方案，由项目部落实施。

（五）项目部整改完毕后报公司质安部验收核定。

（六）项目部处理完成后撰写事故处理报告，并报有关部门备案。

（七）重大质量事故发生后由公司向上级主管部门和事故发生地建设行政主管部门报告，并应在 24 小时内写出书面报告。

（八）对待工程质量事故必须严肃认真，一定要查明原因，做到"四不放过"。

六、施工方案审批

（一）施工组织设计（方案）编制分工

1. 一般工程施工组织设计，由项目技术负责人组织，各专业技术员编制，预算人员参与编制。

2. 大型工程的施工组织设计由技术经理组织，生产技术部编制，预算人员、项目技术负责人、各专业技术员参与编制。

3. 特大型工程的施工组织设计由公司组织，有关部门及公司经理、技术经理参与编制。

4. 关键技术、重要分部分项的施工方案由技术经理组织，生产技术部编制。

（二）一般工程和大型工程的施工组织设计（方案）

在编制人员完成各自的编写任务，汇总形成初稿后，交项目技术负责人，项目技术负责人接到初稿，应组织编制人员、预算人员及相关人员，对初稿进行讨论，提出修改建议和需要增加的内容，各编制人员对初稿修改后定稿。

（三）施工组织设计（方案）

在满足质量、进度的前提下，应进行经济分析比较，努力降低成本，做到施工组织设计（方案）的可行性、经济性、实用性。

（四）施工组织设计（方案）的内部审核

1. 一般工程的施工组织设计由项目技术负责人进行审核，审批意见报一份由项目部工程技术部门备案。

2. 大型工程的施工组织设计应由技术负责人审核，开工前 10 日报项目部有关部门进行审批，并按审批意见修订后实施。

3. 关键技术、重要分部分项的施工方案应由技术经理审核，开工前 10 日报项目部有关部门进行审批，并按审批意见修订后实施。

（五）施工组织设计（方案）外部审核

1. 施工组织设计（方案）在施工企业内部会签审批完毕后，由专业技术员交建设单位和监理单位进行审批。

2. 对建设单位和监理单位提出的改进意见，项目技术负责人或技术经理将意见反馈到项目部技术部门，研究修改措施。

3. 建设单位或监理单位评审表按照当地建设主管部门统一要求的表格进行填写。

（六）施工组织设计（方案）的发放

审批后的施工组织设计（方案）由项目部内业资料员负责印发，并发至下列有关部门和人员：

1. 项目部生产技术部：技术负责人、预算员、各专业人员、并留足合同要求竣工资料的份数。

2. 所有施工组织设计的发放均应做好发放记录。

（七）施工组织设计（方案）更改

工程施工过程中，应严格按照施工组织设计（方案）及审批意见执行，不允许擅自改变施工工艺，由于施工条件发生变化、施工方案、施工方法有重大变更时，实施单位要及时对施工组织设计（方案）进行修改、补充、并经原审批单位批准后执行。不按施工组织设计（方案）及审批意见执行的，应对相关人员进行处罚。

七、监视和测量装置管理

（一）施工测量的主要任务

1. 开工前的控制测量

（1）平面控制桩和高程控制桩的交接管理

在工程的前期，项目部专业技术员组织测量员会同建设单位、设计单位、监理单位进行桩位的交接工作，并要求做好交桩成果（如包括交桩管理规定等）的保存工作。

（2）控制桩检核复测及引桩测量与保护

接桩之后，项目部技术负责人组织项目部相关人员及时对平面控制点和高程控制点进行复测，如有问题及时向监理和建设单位提出，请其解决；如果复测结果符合精度和规定要求，做好桩点的保护工作。

（3）建立施工测量平面控制网

在施工开展之前，项目部专职测量员根据所交控制点要求对控制网进行加密，并将成果上报给监理公司进行复核。

2. 施工期间的平面与高程控制及沉降观测及主体、装饰完工后的观测。

（1）一般测量检查，由测量员、专业技术员进行自检和互检。

（2）工程项目的重点部位，定位放线的测量检查应在自互检复测的基础上，报监理公司复核审批。

（二）测量员负责整理上报测量资料，有效资料交专业技术员负责汇总保管。

（三）测量员对测量仪器的完好程度负责，平时要爱护各种测量仪器设备，严格管理，责任到人。

八、技术资料管理

（一）技术资料执行技术负责人领导下的专业技术员负责制度，各专业技术员负责本专业所施工工程的技术资料的收集、整理工作。技术负责人定期组织项目部资料员对各专业技术员的内业工作进行检查、监督，并组织竣工技术资料汇总移交工作。项目部资料员、技术员完成技术资料的检查、和竣工资料的汇总移交工作。

（二）技术资料内容应按照工程项目签订合同中所要求的标准执行。

（三）在技术资料收集之前应列出单位工程划分计划、资料收集计划及试验和检验计划，经项目技术负责人审核，技术经理审批后按计划进行收集和整理，在资料收集过程中应注意资料的规范、标准（包括书写格式、纸张大小等）。

（四）工程技术资料管理与工程施工紧密联系，对施工试验记录、材料试验记录及施工记录中反映出来的问题，要及时向项目技术负责人汇报，针对发现的问题及时处理和解决。

（五）相关部门或责任人（材料员、试验员、测量员等），对自己工作范围内的技术资料，应主动及时地将各类资料上交给单位工程技术员，不得无故拖延或私自留存。

（六）技术内业资料应随施工进度及时整理，与施工进度同步，同时必须真实地反映工程的实际情况，项目部生产技术部应定期和不定期地对技术资料进行检查，确保技术资料的同步、真实和有效。

（七）项目竣工验收时，由技术负责人组织生产技术部及有关人员对资料进行审核汇总，形成完整、系统的资料。

（八）单位工程一般要求整理三套完整的竣工资料，如合同有要求应按其要求的份数整理。

九、材料采购、检验、保管管理

（一）项目部材料员应对材料承包方的背景资料及时收集并上报公司施工技术部备案，由公司施工技术部统一发放合格承包方审批名录。

（二）材料采购必须在合格承包方名录采购。当施工急需时应经公司施工技术部审批，同意后方可允许在名录外采购。

（三）材料进场必须有材料员、仓管员、试验员到场进行检测，做好进货检验会签记录。

（四）钢材、水泥、砂、石等原材料进场应核对出厂合格证和质量保证书，还应分期、分批进行抽样检验（详见材料试验规定）。检验合格后，方可填写入库单，并应及时做好材料标识和复试工作。不合格材料有材料员与供货方进行交涉，办理退货，调货、索赔等工作事宜。

（五）各种材料的领用，发放必须持有施工员签发的材料领用单后，仓库保管员方可发放有关材料。

（六）各种材料进场后至使用前均要分类标识，明确监狱状态，表明该批材料是否为待验品、不合格或合格品，以便使用。

（七）仓库保管员应根据不同材料分类堆放，并根据不同性质做好防水、防火、防潮、防热等保护工作。易燃易爆物品应有专门仓库，专人保管登记领用。

（八）大批量进场的材料应按进库顺序堆放，先进先出，注明进货时间，以免积压损坏过期。

十、工程试（检）验控制管理

（一）项目部按现行国家规范、有关技术标准及公司要求，结合工程实际情况，做出工程试（检）验计划：项目部各职能人员分工明确。

（二）实验室应具备相应主管部门审批资质等级，送检范围符合法定受理要求。现场同时接受监理单位、建设单位做好旁站见证工作。

（三）配合建筑工程施工质量控制要求，及时完成工程各项试（检）验工作。

（四）原材料进场，核查进货位及相关的质量证明书、使用说明书等质量资料；试件的取样、数量、复试性能必须满足要求，合格后方可进入工程使用。

（五）施工试（检）验记录，要求检测项目齐全，各责任主体盖章签字完整，能真实反映工程质量情况，发现不符合要求的立即处理，不让不合格品流入下道工序。

（六）工程安全和功能检验的检查鲜明齐全，并经监理单位抽查确认。

（七）及时收集工程试（检）验的报告单。

（八）统计分析现场施工的混凝土、砂浆及原材料情况，提出改进意见。

十一、施工质量技术交底

为了使施工人员充分理解设计意图和施工组织设计内容，认真按照图纸施工，执行国家和省、地方法律法规，验收规范及公司企业标准，避免差错和失误，确保工程施工质量达到要求，特制定本制度。

（一）由项目部参加图纸会审及编制施工组织设计的工程，由项目部技术负责人有关施工人员进行交底。

（二）由公司参加图纸会审及编制施工组织设计的重大型工程，技术复杂工程，先由总监办组织有关科、室向项目部进行技术交底。

（三）项目技术负责人向施工人员及有关职能人员交底时，应结合工程具体操作部位进行细致，全面地交底。除口头交底外，并应有书面签字。

（四）针对特殊工序要编制有针对性的作业指导，每个工种、每道工序应进行各级技术交底并形成书面记录。

（五）各工种班组长接受技术交底后，应组织工人进行认真讨论，保证施工意图明确无误的得到执行。

（六）未经技术交底的分部分项工程不得任意施工，如发现有违章情况必须立即停工，并给予经济处罚。

十二、工程技术复核管理

（一）工程开工前，必须编制好具体复核内容，确定施工者、复核者，以便明确职责。

（二）每次复核必须填好"技术复核表"。填写复核意见并签名。

（三）复核项目根据单位工程具体情况确定，但下列项目必须复核：

1. 放样、定位（包括桩定位）；

2. 基槽（坑）标高、深度、尺寸；

3. 各层的标高、轴线；

4. 模板的轴线、截面尺寸和标高；

5. 预制构件；

6. 预埋件、预留孔；

7. 主要管道、沟的标高和坡度；

8. 基础的位置和标高。

（四）技术复核工作必须严肃认真，发现不符合要求偏差，应落实更改，再次进行复核，直至符合质量要求。

（五）未经复核的不得进入下道工序施工。

（六）有些技术复核项目可以与检验批质量一道进行，但应有不同的侧重点，并应分别填写表格。

（七）技术复核工作流程。

十三、隐蔽工程检查验收管理

隐蔽工程验收是指将被其他分项工程所隐蔽的分部或检验批工程，在隐蔽前所进行的验收，坚持隐蔽验收制度是防止质量隐患，保证鲜明质量的重要措施。

（一）基坑（槽）、基础：项目部会同质监单位、建设单位、设计单位、监理单位检查基坑（槽）的土质，基底的处理，回填土料质量，填土的密实性，外形尺寸、标高及各种基础质量。认真做好土壤质量试验，打（试）记录，地基验槽记录等文字资料。

（二）钢筋工程：检查钢筋规格、形状、尺寸、数量、锚固长度，接头位置以及除锈、设计认可的代用变更、保护层控制等情况，认真做好钢筋隐检记录（含预应力张拉）。

（三）隐蔽工程需由建设单位、监理单位及项目部专业质量员，技术负责人参加验收并办理签字盖章手续，特殊部位验收还应邀请相关人员参加，在隐检中发现不符合要求处，要认真进行处理，未经验收合格者不得进行下道工序施工。

十四、成品保护管理

为保证建筑产品的完善性，确保工程质量达到预期的目标，特制定以下制度。

（一）项目部在施工前必须编制防护措施

（二）项目部与班组签订成品保护责任制，由班组把责任落实分解到每一作业岗位，同时加强员工的成品保护教育工作，提高岗位工人素质。

（三）项目部对已经验收的成品必须进行标志。

（四）项目部具体由质检员负责工程的成品保护检查工作。施工班组对前一班组作业完成的成品有责任进行保护。后作业班组不得对前施工班组完成的成品有污染或破坏。前施工班组如对成品保护不当，后施工班组在交接班时，必须共同检验后，告知项目负责人、专业质检员落实进行处理。

（五）不同材料的交接处，易碰撞受损部位，必须采用遮挡，隔离的防护措施，确保成品的完整性，对已完成的部位，必须达足够强度后，才能进行上部的施工。

（六）对进场的设备，半成品等应指定部位堆放，并有专人负责保护，避免在施工安装前损坏或缺少零部件。

（七）各分部分项工程进行定人负责，无项目施工令，不得进行施工。成品应及时采取护、盖等必要的保护手段，以免人为的破坏。

十五、工程质量验收评定核定管理

为认真搞好质量验收评定工作，现参照《公路工程质量检验评定标准 JTG F80/1-2004》《公路桥梁技术状况评定标准 JTG/T H21-2011》制定本制度：

（一）分项工程质量应在班组自检的基础上，由单位工程负责人组织有关人员检验评定，专职质量检查员核定。核定结果报监理（建设）单位审批。

（二）分部工程质量应由项目部经理、技术负责人组织验收，公司专职质量员核定。其中地基与基础、主体分部工程质量应由公司技术负责人和质量处组织核定。核定结果报监理（建设）单位审批。

（三）单位工程完工后，工程质量应由公司技术负责人、质安部进行验收，并向建设单位提交工程验收报告。

（四）建设单位收到工程验收报告后，应由建设单位（项目）负责人组织施工（含分包单位）、设计、监理等单位（项目）负责人进行单位（子单位）工程验收。

十六、不合格品控制

（一）不合格物资的控制

1. 不合格物资的标识与隔离按公司相关文件执行。

2. 不合格物资的评审与处置

①由项目经理组织项目技术、质检、材料采购及保管等人员对不合格物资进行评审，提出处理意见，由材料员（保管员）负责做好记录并妥善保存，评审结果报公司分管领导批准。必要时，尚应邀请公司生产技术部相关人员参加评审。

②项目材料员（保管员）根据评审处理意见，及时通知原采购人员尽快与供应商取得联系，商定处理办法，处理后将处理结果填写在不合格物资处理记录中，并由执行人签字。

③不合格物资处理记录由项目材料员负责保存至工程交工，并报公司经营部备案。公司经营部及自行采购的项目部，应及时对不合格信息进行分析研究。当相同问题多次重复发生或一次发生较严重问题时，应采取纠正措施。

（二）过程不合格品的控制

1. 过程不合格品的标识与隔离按公司相关文件执行

2. 不合格品的评审与处置

不合格品的严重程度由检查人员做出判断，需要时项目技术负责人协助。发现严重不合格品时，应及时报告项目技术负责人。采取的处置措施应与不合格品的影响程度相适应：

①发现一般不合格品时，由检查人向项目部或施工班组下达整改通知单，写明存在的质量问题和具体部位，限定整改完成期限，并对整改情况进行验证；检查人对整改情况不能亲自验证时指定验证人。项目部或施工班组接到整改通知后，及时安排整改，整改完成后进行自检，并在整改通知单上填写处理情况和自检结果，通知验证人验证，由验证人做好验证记录。

②当发现严重不合格品时，由公司生产技术部组织有关人员对不合格情况进行评审，

必要时会同设计、监理、业主共同评审。

③出现严重不合格品需进行返工处理时，由项目部技术负责人组织制定处理方案（必要时请公司工程管理部协助），经项目监理批准后组织实施。处理后应重新按产品监视和测量的规定进行检验和试验，并将处理结果填入不合格品处理记录。

④发生严重不合格品，或同类一般不合格品重复发生3次时，由项目技术负责人组织制定和实施纠正措施。

⑤当不合格品构成质量事故时，项目经理应及时报告公司工程管理部，共同协调处理。

（三）不合格品统计

1.项目部应建立不合格品台账，每月进行一次统计分析，确定采取纠正措施的需求，并报公司生产技术部备案。不合格品的统计范围包括：①强度达不到设计要求；②尺寸偏差严重超过规范要求；③影响使用功能；④严重影响美观等其他情况。

2.项目部应建立不合格品台账，每季进行一次统计分析，确定采取纠正措施的需求，并报公司工程管理部备案。

第四节　施工项目合同管理

（一）项目与项目管理

项目是为创造独特的产品、服务或成果而进行的临时性工作（Project Management Body of Knowledge，PMBOK）。项目管理则是指在一定的约束条件下，为达到项目目标（在规定的时间和预算费用内，达到所要求的质量）而对项目所实施的计划、组织、指挥、协调和控制的过程。项目管理的对象是项目，由于项目具有单件性和一次性的特点，要求项目管理具有针对性、系统性、程序性和科学性。

（二）工程项目与工程项目管理

工程项目是以市政工程建设为载体的项目，是作为被管理对象的一次性市政工程建设任务。工程项目管理是项目管理的一个重要分支，它是指通过一定的组织形式，用系统工程的观点、理论和方法对市政工程建设项目生命周期内的所有工作，包括项目建议书、可行性研究、项目决策、设计、设备询价、施工、签证、验收等系统运动过程进行计划、组织、指挥、协调和控制，以达到保证工程质量、缩短工期、提高投资效益的目的。由此可见，工程项目管理是以工程项目目标控制（质量控制、进度控制和投资控制）为核心的管理活动。

工程项目的质量、进度和投资三大目标是一个相互关联的整体，三大目标之间既存在着矛盾的方面，又存在着统一的方面。进行工程项目管理，必须充分考虑工程项目三大目标之间的对立统一关系，注意统筹兼顾，合理确定三大目标，防止发生盲目追求单一目标而冲击或干扰其他目标的现象。

（三）合同与合同管理

合同是指当事人或当事双方之间设立、变更、终止民事关系的协议。通俗来说合同是指两人或几人之间、两方或多方当事人之间在办理某事时，为了确定各自的权利和义务而订立的各自遵守的条文。

根据《中华人民共和国民法通则》第 85 条规定：合同是当事人之间设立、变更、终止民事关系的协议。

根据《中华人民共和国合同法》第 2 条规定：合同是平等主体的自然人、法人、其他组织之间设立、变更、终止民事权利义务关系的协议。

《合同法》分则规定的 15 种有名合同：买卖合同、供用电、水、气、热力合同、赠予合同、借款合同、租赁合同、融资租赁合同、承揽合同、建设工程合同、运输合同、技术合同、保管合同、仓储合同、委托合同、行纪合同、居间合同。

合同管理是指对合同的签订和履行所进行的计划、组织、指导、监督和协调，顺利实现经济目的的一系列活动。合同管理的具体内容包含：合同管理制度、重大合同审查管理、履行监督和结算管理、违约纠纷管理等。

合同的全生命周期：起草—审批—签订—履行—（更改/续签）—归档。

（四）工程合同与工程合同管理

1. 建设工程合同

建设工程合同指在市政工程建设过程中发包人与承包人依法订立的、明确双方权利义务关系的协议，本质上是承揽合同的一种。在建设工程合同中，承包人的主要义务是进行市政工程建设，权利是得到工程价款；发包人的主要义务是支付工程价款，权利是得到完整、符合约定的建筑产品。

建设工程合同具有合同主体严格性（发包人一般是法人，承包人必须是法人）、合同标的特殊性（建筑物及相关）、合同履行的长期性、投资和程序的严格性、合同形式特殊（书面）等特征。按照不同的分类标准，工程合同可分为以下几种类型：

①按完成承包的内容分类：建设工程勘察合同、建设工程设计合同、建设工程施工合同。

②按工程承发包的范围和数量：建设工程总承包合同、建设工程承包合同、分包合同。对于全部的建设工程任务，总包人应当及时对发包人负责，对交由分包人完成的部分工程，总包人应当与分包人共同对发包人承担连带责任。

③从付款方式：总价合同，适用于工程量不太大且能精确计算、工期较短、技术不太复杂、风险不大的项目；单价合同，适用项目很广，大多用于工期长、技术复杂、大型复杂工程的施工，以及为了缩短建设周期，初步设计完成后就进行施工招标的工程；成本加

酬金合同，适用需要立即开展工作，或新型工程项目，或工程内容及技术经济指标未确定的项目。

一、合同管理

项目建设过程中所有参与者相互之间通过合同对工程项目的管理，是项目管理的核心。按照合同的生命周期，建设工程合同管理的主要内容包括：合同订立前的管理，主要是工程的招投标管理；合同订立中的管理，主要是施工合同管理；合同履行中的管理，其他合同管理；合同发生纠纷时的管理，主要是工程索赔处理。这些过程都是建立在合同法律法规的基础之上的。

（1）工程项目中的合同管理

合同确定工程项目的价格（成本）、工期和质量（功能）等目标，规定着合同双方责权利关系。所以合同管理必然是工程项目管理的核心。广义地说，建筑工程项目的实施和管理全部工作都可以纳入合同管理的范围。合同管理贯穿于工程实施的全过程和工程实施的各个方面。它作为其他工作的指南，对整个项目的实施起总控制和总保证作用。在现代工程中，没有合同意识则项目整体目标不明；没有合同管理，则项目管理难以形成系统，难以有高效率，不可能实现项目的目标。

在项目管理中，合同管理是一个较新的管理职能。在国外，从 20 世纪 70 年代初开始，随着工程项目管理理论、管理理论研究和实际经验的积累，人们越来越重视对合同管理的研究。在发达国家，80 年代前人们较多地从法律方面研究合同；在 80 年代，人们较多地研究合同事务管理（Contract Administration）；从 80 年代中期以后，人们开始更多地从项目管理的角度研究合同管理问题。近十几年来，合同管理已成为工程项目管理的一个重要的分支领域和研究的热点。它将项目管理的理论研究和实际应用推向新阶段。

在现代建筑工程中不仅需要专职的合同管理人员和部门，而且要求参与建筑工程项目管理的其他各种人员（或部门）都必须精通合同，熟悉合同管理和索赔工作。所以合同管理在土木工程、工程管理以及相关专业的教学中具有十分重要的地位。为了分析土木工程类专业毕业生进入建筑施工企业后，需要哪些方面的管理知识，美国曾于 1978 年、1982 年、1984 年三次对 400 家大型建筑企业的中上层管理人员进行大规模调查。调查表列出当时建筑管理方向的 28 门课程（包括专题），由实际工作者按课程的重要性排序。从上面的调查结果可见，建设项目相关的法律和合同管理居于最重要的地位。

现在人们越来越清楚地认识到，合同管理在建筑工程项目管理中有着特殊的地位和作用。国外许多工程项目管理公司（咨询公司）和大的工程承包企业都十分重视合同管理工作，将它作为工程项目管理中与成本（投资）、工期、组织等管理并列的一大管理职能。

合同管理作为工程项目管理的一个重要的组成部分，它必须融合于整个工程项目管理中。要实现工程项目的目标，必须对全部项目、项目实施的全过程和各个环节、项目的所有工程活动实施有效的合同管理，形成健全有序的合同体系。合同管理与其他管理职能密切结合，共同构成工程项目管理系统。

（2）工程合同管理的目的

发展和完善建筑市场。建立社会主义市场经济，就是要建立、完善社会主义法制经济。作为国民经济支柱产业之一的建筑业，要想繁荣和发达，就必须加强建筑市场的法制建设，健全建筑市场的法规体系。

规范建筑市场主体、市场价格和市场交易。建立完善的建筑市场体系，是一项经济法制工程，它要求对建筑市场主体、市场价格和市场交易等方面加以法律调整。对于建筑市场主体，其进入市场交易，其目的就是为了开展和实现工程项目承发包活动。因此，有关主体必须具备合法的主体资格，才具有订立建设工程合同的权利能力和行为能力。建筑产品价格，是建筑市场中交换商品的价格。建筑市场主体必须依据有关规定，运用合同形式，调整彼此之间的建筑产品合同价格关系。建筑市场交易，是指对建筑产品通过工程项目招标投标的市场竞争活动进行的交易，最后采用订立建设工程合同的法定形式加以确定。在此过程中，建筑市场主体依据有关招标投标及合同法规行事，方能形成有效的建设工程合同关系。

加强管理，提高建设工程合同履约率。牢固树立合同的法制观念，加强建设工程项目的合同管理，合同双方当事人必须从自身做起，坚决执行建设工程合同法规和合同示范文本制度，严格按照法定程序签订建设工程项目合同，认真履行合同文本的各项条款。监理工程师通过谨慎而勤奋的工作，通过对建设工程合同的严格管理，力求在计划的投资、进度和质量目标内实现建设项目的目标，这样就可以大大提高建设工程合同的履约率。

进行工程合同管理不仅有利于提高我国建设水平，开放国际建筑市场，增加经济效益，而且有助于我国社会主义法治体系，尤其是项目法人责任制、招投标制度、合同法等的建设。

（3）合同管理的组织设置

合同管理的任务必须由一定的组织机构和人员来完成。要提高合同管理水平，必须使合同管理工作专门化和专业化，在承包企业和建筑工程项目组织中应设立专门的机构和人员负责合同管理工作。

对不同的企业组织和工程项目组织形式，合同管理组织的形式不一样，通常有如下几种情况：

①工程承包企业应设置合同管理部门（科室），专门负责企业所有工程合同的总体的管理工作。主要包括：参与投标报价，对招标文件，对合同条件进行审查和分析；收集市场和工程信息；对工程合同进行总体策划；参与合同谈判与合同的签订，为报价、合同谈判和签订提出意见、建议甚至警告；向工程项目派遣合同管理人员；对工程项目的合同履行情况进行汇总、分析，对工程项目的进度、成本和质量进行总体计划和控制；协调项目各个合同的实施；处理与业主，与其他方面重大的合同关系；具体地组织重大的索赔；对合同实施进行总的指导，分析和诊断。

②对于大型的工程项目，设立项目的合同管理小组，专门负责与该项目有关的合同管

理工作。在美国凯撒公司的施工项目管理组织结构中，将合同管理小组纳入施工组织系统中，设立合同经理、合同工程师和合同管理员。

③对于一般的项目，较小的工程，可设合同管理员。他在项目经理领导下进行施工现场的合同管理工作。而对于处于分包地位，且承担的工作量不大，工程不复杂的承包商，工地上可不设专门的合同管理人员，而将合同管理的任务分解下达给各职能人员，由项目经理作总体协调。

④对一些特大型的，合同关系复杂、风险大、争执多的项目，在国际工程中，有些承包商聘请合同管理专家或将整个工程的合同管理工作（或索赔工作）委托给咨询公司或管理公司。这样会大大提高工程合同管理水平和工程经济效益，但花费也比较高。

（4）工程合同管理的主要内容

建设工程合同是建设单位作为出资人将市政工程建设委托给有资质的承包人承建，在合同中应明确双方各自的责任、权利、义务，从而实现工程预期的质量、进度、安全文明、造价方面的要求。建筑工程合同管理是建设单位工程项目管理的核心，市政工程建设项目立项批准后，建设单位依靠咨询单位对项目的可行性、必要性、科学性、经济性进行客观、细致、全面的分析，待工程项目可行性研究得到批复后，建设单位对市政工程建设开展的一系列活动，都需要工程合同管理确保合同目标的实现。建设工程合同管理的核心内容是：

1）合同文本管理。合同文本中委托事项要明确，范围界定清晰，条文完整，双方合作遵守的法律法规要有明确的依据，对合同范围及内容清晰明白，对双方的责任、权利、义务明确具体全面，对合同风险有较好的分担与转移措施，同时对违约责任也要有明确的规定，工程参建方违约了，建设单位有权利中止合同或有对违约方进行经济处罚的权利，这样便于建设单位在合同管理过程中发现当合同执行偏离合同目标时，有明确的措施来确保合同进入正常的轨道上来。

2）质量目标管理。建设工程合同中界定好质量目标、验收标准、验收规范，制定质量目标不能实现时，如何处置的措施。这样建设单位在合作过程中对质量目标进行管理时，有明确的质量目标、验收依据，对不合格的工程有明确的处置措施，从而确保工程质量目标的实现。

3）工期目标管理。建设工程合同中要明确的总工期要求、分段工期要求及不能满足工期要求应受到的处罚等，这样建设单位在合作过程进行工期目标管理时，有明确的可操作性的管理方法，通过合同工期管理从而实现工程预期的进度要求。

4）安全文明目标管理。建设工程由于施工时交叉作业多，安全风险大、受环境的影响大，所以施工过程中一定要确保安全文明施工，安全文明施工不光体现在施工过程中，在设计阶段、咨询阶段也要考虑设计方案便于安全文明施工，合同中均要有明确安全文明施工目标要求，施工过程中依照合同约定进行管理，确保安全文明施工目标的实现。

5）投资效率的最大化。建设工程在建设过程中，是以建设单位出资为前提的，建设单位的投资最终结果是想实现投资效率的最大化。建设单位对工程合同进行管理为了实现投资效率的最大化这个终止目标，在市政工程建设的全寿命阶段，建设单位的管理无一不围绕这个终极目标来策划，建设单位对合同文本的管理、过程管理，风险管理、动态管理，其目的是为了实现投资效率的最大化。

3. 中国建设工程合同管理现状与问题

（1）中国建设工程合同管理现状与问题

我国建设工程从计划经济到市场经济转型过程中，将过去的市政工程建设由计划分配制改为市场招投标制，建设工程实施靠合同内容来约束合作双方的责任、权利及义务，从而实现合同约定的目标。这在一定程度上改善了建筑行业无序竞争的状况，促进了建筑市场的有序发展。但由于我国法制的不健全、市场经济发展不够完善，建设交易行为尚不规范，我国建设工程合同管理的现状及问题是：

1）市政工程建设招标投标的不规范

在市政工程建设招标投标过程中，尽管有《中华人民共和国招投法》作强有力的法制规定，但我国的建设市场还是存在一定的不规范行为，由于我国建筑市场准入门槛低，参建单位多，目前我国的建设市场是卖方市场，参建单位为了能承揽工程，总是想尽一切办法，通过围标、串标等手段来获得工程，或者通过恶性竞价、低于成本价格来获得工程，或者在投标时利用招标文件的不严密性编制投标文件，在投标文件中编制许多对投标单位有利的条款如故意漏项、不平衡报价、将招标文件中不准确部分的材料锁定为低品牌产品等。这些不规范行为都为后面合同履行过程中埋下高价索赔的突破口。

2）建设工程合同签订的不平等

建筑工程合同中双方的管理人才队伍悬殊，建设单位由于市政工程建设的不连续性，一个市政工程建设完成了，有时几年后才有新的市政工程建设任务，这时管理人员有待分流，相对固定的管理人员少，他们对建设工程相关政策了解的系统性不强，管理水平明显存在局限性。而工程的参建单位，每年同时建设的工程不止一个，他们有健全的组织机构，管理人员都是专业技术人才，组织内部还有相互交流学习的机会，他们对市政工程建设的相关政策了解的系统性强，在一个又一个的工程实际中积累了丰富的建设工程合同管理经验。于是在合同签订过程中，参建单位总占有一定的优势，如合同条款的呼应性较好，低标中标时会有低品质的材料呼应，会有较多的索赔条件作支撑，这就是俗称的"低价中标，高价索赔"。参建单位总能很巧妙地将建设工程合同中的风险转给建设单位。

3）建设工程合同履约不诚信

建设工程合同履行过程中，由于参建单位人才具有绝对的优势，他们在履行合同的过程中，首先考虑的是自身的成本与利润，不断寻求用最小的投入来完成合同规定的责任与义务，只要建设单位发现不了，他们就降低质量标准，减少服务内容，加上目前建筑市场材料档次高低范围宽，同是合格产品，材料价格档次相差大，有时参建单位以工程进度要求高为理由，多方位游说建设单位让步接收他们使用较低价位材料生产出来的产品或投入较少的服务到市政工程建设中，建设工程实施过程中"偷工减料"现象时有发生。

4）建设工程合同监管市场不力

目前我国建设工程合同实行的是合同备案制，建设工程合同监督管理市场很少有主动到建筑现场去检查工作的，只要合同的双方能协调处理不到监管部门去投诉，监督管理部门是不会发现合同签订、履行过程中的不合理现象。目前建设市场相对准入要求低，有资质的参建单位多，而建筑市场工程项目少，形成了"僧多粥少"的建筑市场，参建单位一旦中标一个工程项目，他们往往是挂靠或分包来完成建设单位的委托工作，在层层的转包分包挂靠过程中，合理的利润被层层瓜分，实际承担市政工程建设任务的组织不能很好地履行合同内容，监督管理部门从未主动发现这样的市场行为。目前建设工程和监督管理基本上是一些建筑业的协会，这些协会都是相同性质的参建单位组成的，参建单位定期向协会交纳会费，合同履行过程中发生了建设单位与参建单位的合同纠纷与投诉时，协会自然会为参建单位服务。

5）建设工程合同管理的相关法律法规不健全

目前我国建设工程领域，主要的法律法规依据是《中华人民共和国合同法》《中华人民共和国建筑法》《中华人民共和国招标投标管理办法》，这些法律只是对于签订合同双方的权利与义务及合同签订的政府主管部门进行了简单的说明，对于违反合同相关条款的规定是只有部分的说明，在这些法律中，都只是对合同管理进行了初步的说明，没有系统全面的阐述，而且涉及建设工程合同管理的法律更少，所以目前我国对建设工程领域的合同管理，高层次的建筑法规数量太少，而规章以下的低层次的规范性文件数量庞杂，其内容随意性强，彼此之间有矛盾之处。对于参建单位不严格履行合同规定的责任、义务没有相对应的法律法规制裁，市政工程建设单位也只能对其进行经济处罚或中止合同，但由于参建单位的不履行合同行为经建设单位带来的信誉、工期、市场机会等损失如何得到有效的补偿，目前没有相关法律法规来确保建设单位的权利。

6）建设单位合同管理的协调复杂

建设单位对工程合同管理是全寿命周期内的，从立项的咨询合同开始、设计合同、地质勘查合同、工程造价咨询合同、招标代理咨询合同、施工合同、监理咨询合同、材料采购合同、竣工结算审计咨询合同等。建设单位涉及的工程合同范围广、时间长、专业多。建设单位在人员少的情况下，针对不同建设时段、不同合作对象提炼出相对系统的合同管理方法是有难度的，要实现工程合同管理的主动性是需要不断研究的。

7）建设工程合同管理影响因素多、风险大

随着科学技术的不断进步，建筑业的新技术、新材料、新工艺不断涌现，建设工程的规模也不断扩大、使用功能也要求高且全、市政工程建设室外作业多、受自然环境影响大、受社会因素制约多、合同管理人员素质局限性等决定了建设工程合同具有风险性。建设工程的自然环境风险是不可抗的，而建设单位的管理风险、参建单位的诚信风险、社会影响风险可预防的。

8）建设工程合同管理信息化程度低，管理手段落后

建设工程合同管理是一项技术与经济专业性强的工作，同时还要求管理人员具有一定的法律专业知识。合同管理由于建设市政工程建设周期长，随着时间的连续又是一项动态的管理工作，而目前我国的建设工程合同管理工作对信息的采集、存储、提炼、维护等管理意识淡薄，应用软件的开发和推广相对滞后，建设工程项目的信息化程度低。

归结起来主要是两方面的问题，体制不健全和专业人才缺失。

4. 完善建设工程合同管理的对策与建议

（1）宏观角度分析及对策建议

从宏观上分析建设工程合同管理的现状后，针对我国目前建设单位合同管理特点，结合我国建设工程管理体系，为建设单位的合同管理提出如下建议：

1）建设单位加强市政工程建设合同管理离不开完善的社会体系

市场经济的建立需要公平、公正、完善的法律体系，诚实守信的社会秩序。市政工程建设是需要建设单位与工程参建方共同合作完成，建设单位选择合适的参建方按国际上先进的管理理念是通过工程招投标来公开、公平、公正地进行选择。要进一步完善招标、投标管理方法，建立国内外建设工程参建单位准入制度，打破我国现行的体制下的利益格局，实现政企分开，减少行政干预；制预防围标、串标的措施，建议通过加大投标保证金的比例、增加通过资格审查单位的数量来提高围标成本，减少或防止围标现象的发生；通过建设单位对项目经理在工程现场的工作业绩证明来建立投标项目经理的诚信档案，预防或减少合作过程中偷工减料、转包分包；积极推行工程担保制度，履约保函与工程实施同步进行，加大违约的成本，促进工程参建单位行业自律、诚实守信，推动市场经济健康发展。

促进行业自律、诚实守信，离不开强有力的市场监管，建设工程行政管理部门应制定完善的监管体系，加强市政工程建设信息公开力度，行政管理部门在监管的同时加强服务指导，建立公众参与监管的平台；同时充分发挥建设工程行业的协会作用，行业协会是建设市场行为不能成为行政管理部门的附属单位，行业协会加强自身建设，提高行业协会的威信，有独立、科学、权威的话语权，行业协会成员要有强烈的社会责任感，自觉远离腐败。通过协会的专业性、客观公正性、技术权威性来制定建设工程合同管理细则。

2）加强市政工程建设领域的人才队伍建设

社会的进步离不开人才的力量，市政工程建设领域的合同管理由于其专业性强、专业多、户外作业面广、技术与经济需同时考虑等决定了它需要高素质的人才队伍，人才的培养除需要高等学校进行专业的、系统的理论知识培养外，还需要社会、企业广泛的为人才提供实践机会，只在有不断的工程实践、系统理论学习、科学的提炼中，人才队伍才会得到充足的发展与锻炼。还可通过行业协会的专业技术能力来组织市政工程建设管理人员进行合同管理培训，提高他们的管理素质、职业道德情怀、专业技术能力，增加他们的责任感、使命感，促进他们忠诚于岗位，不断学习、勇于实践、总结、分析、创新，做好市政

工程建设的合同管理。行业协会要不断地对影响大的、典型的合同管理案例进行分析总结，定期对建设工程合同管理人员进行培训，使得在建设工程合同管理队伍始终有一批了解熟悉国家政策、法规又精通建设工程领域专业技术知识的人才。让他们形成一个独立、权威、稳定的建设工程合同管理队伍体系。

3）发挥建设工程行业协会的作用，尽快制定中国的土木工程合同条件标准

提高行业协会的入会门槛，要求在建设工程领域有专业技术知识、有一定的建设工程管理经验、能自觉维护协会声誉，较强的职业道德、能承担社会责任、远离腐败的工程师才能入会。充分发挥建设工程行业协会的作用能转换政府建设行政主管部门的职责，使他们依法管理为主，政策引导、市场调整为辅，依靠行业协会管理实现对市政工程建设过程的直接指导，发挥行业协会组织的专业人才作用。

让我国的建设工程行业协会能尽快制定出中国的土木工程合同管理标准。通过借鉴国外的先进管理理念，结合我国的法律体系，针对我国的市政工程建设工程的管理模式制定出具有可操作性、公平性的建设工程合同管理体系，维护合同责任双方的权益，同时对违约责任也应结合我国的现状制定明确的处理措施。

4）利用现代管理手段，加强合同管理信息化程度

随着建设工程数量增加，建设规模扩大，合同金额也不断增加，涉及合同的内容、合同的条款、合同对象也逐渐丰富，建设单位应运用现代的管理手段，借用计算机平台，录入本单位所有建设工程合同信息，对工程项目的数据进行收集、统计、分析、整理，实时地更新合同内容，从而提炼出系统的合同管理办法。还要利用社会管理机构、政府行政管理部门的合同管理平台，对比分析建设工程合同的特点，查询建设工程合同管理所需要的参建单位诚信资料、市场供求信息等，质量检验验收标准及政府行政管理部门对建设工程管理的强制性、指导性文件，为建设工程合同管理提供科学的依据。

（2）微观角度分析及对策建议

建设工程的具体实践是通过建设工程施工来实现的，随着工程项目的建设与装修，工程项目的实物逐渐清晰，这类建设工程的合同管理显得有形、实在、具体。建设工程施工类合同金额高，周期长，受自然环境、社会环境影响大，合同内容与自然人的接触多，这类建设工程合同管理方法具体、成熟。建设工程施工类合同管理的核心是工程质量、进度、造价及安全文明施工。

1）施工合同签订前的策划管理

由于建设工程造价高，建设工程施工合同签订前应按《中华人民共和国招标投标法》进行公开的招标投标，通过招标投标来选择施工队伍。建设单位或其委托的招标代理单位在编制招标文件时就应将招标文件内容与施工合同内容结合起来考虑，招标文件中就应策划好工程的质量目标、工期要求、安全文明施工要求、施工内容，明确合同风险范围，材料、设备的供应方式，提出竣工工程结算方式及合同价款支付等具体要求，为施工合同签订做好前期准备。这个阶段的合同管理是对建设单位最有利的，建设单位是最主动的，只

要招标文件的内容符合《中华人民共和国建筑法》《中华人民共和国招标投标法》及地方建设工程行政管理办法，建设单位尽可能地维护好自己的权利，充分考虑日后合同签订后合作中的不利因素，制定较好的应对措施。如在满足法律法规的前提下，结合自身的财务状况制定可行的、有利于财务成本的进度款支付方式，结合使用功能要求策划出施工用主材的采购方式及分包工程的内容。

2）施工合同签订过程管理

施工合同签订尽量用规范的合同文体，合同内容协调一致，合同文字严谨，不要出现相互矛盾或前后不一致的表述；合同目标清晰，合同的管理目标的核心部分即工程质量、工期、安全文明施工目标明确，工程造价控制中的结算办法、工程签证等约定明确具体，工程进度款支付方式科学具体；合同条款完整，既要有明确的责任、义务、权利约定也要有违反合同约定的处理措施，既要有施工过程约定也要有竣工验收合的质量保修约定，既要有工程实体管理的约定又要有工程资料管理的约定；施工合同内容的科学性合理性，合同内容既要体现合作双方的自愿、平等性，又要符合国家的法律法规要求；合同内容既要约定的合同内的风险范围也要约定合同风险外的风险共担的原则；合同内容既要有原则性又要有很强的可操作性。

3）施工过程中的合同管理

建设工程的施工过程，是按经审查合格的设计图纸进行施工，施工合同中一般有对施工过程管理的约定，施工过程的合同管理就是建设单位按照施工合同的约定，对施工单位按设计图施工进行管理的过程。在施工过程中，建设工程外形一天一个样，随着时间的推移，建设工程项目外观越来越具体，工程的质量、进度、安全文明施工控制节点越来越明确，施工合同管理也越来越具体，施工单位在施工合同约定的工期内，按设计图施工，经分部分项验收合格后，建设单位按合同约定支付工程进度款，建设单位、施工单位自觉履行合同约定的责任、义务，享受合同赋予的权利，使得建设工程施工在合同中约定的质量目标、工期目标、安全生产文明施工目标能顺利完成。在施工过程中，施工合同管理的难点主要在以下几种情况：①发生了工程变更；②发生了合同约定外的风险；③施工资料的真实性、全面性。

这三种情况是施工过程中合同管理的重点，对此，施工合同管理的主要措施及建议是：

①一般的工程变更，当涉及的金额不大、施工不困难时、对市政工程建设总的目标影响不大时，只要经施工现场的管理人员、监理、设计人员、建设单位施工现场代表共同论证，认为该变更是必要的、可行的就可获得批准通过。

②当工程变更涉及的金额较大、给施工增加困难、对建设工程影响较大的时，该变更将按市政工程建设前期论证的程序，组织相关咨询人员、专业技术人员进行论证，并报政府行政主管部门审批后方可通过。

③当合同约定的风险范围外的风险因社会环境、自然环境、政策法规影响变化较大时，建设单位及施工单位需要在咨询单位、监理单位的共同参与下，结合招标文件、合同文件

中对风险的约定原则，本着实事求是的精神，在政府行政文件的指导下及时、公平、公正地进行协商，达成一致意见后形成书面的合同的补充文件，及时完善施工过程中合同管理中的新问题，确保市政工程建设目标的顺利进行。

④设置专人对施工过程资料进行收集、整理，及时归档。施工过程资料主要有建设行政主管部门发布的管理性文件、建设单位与参建单位往来函件、设计图纸及工程变更单、地质勘查技术资料、施工过程质量保证资料、施工管理性资料、施工合同及补充协议等，专职的资料管理人员应工作严谨、归档及时、必要进借用现代计算机管理平台对施工过程资料实现动态的管理，运用数码技术对施工过程进行影像记录归档。

4）竣工验收时合同管理

施工单位在合同约定的管理的模式下，将合同约定的工作内容竣工后，向监理单位、建设单位提出验收申请，监理单位、建设单位审查合同内容已全部完成，具备验收条件时，由建设单位组织设计单位、地质勘查单位、咨询单位、监理单位、政府行政管理职能部门共同对竣工的工程项目进行质量验收，参与验收的专业人员按照国家对竣工工程验收的标准要求，通过查阅施工过程记录、查看建设工程外观、实测已完工程的分部分项检验值、现场检验试用材料设备等一系列的检验方法、手段，对竣工工程进行检验与验收，验收结果一般有三种，合格、存在一些质量缺陷需整改复查后合格、不合格。这个验收主要是针对工程质量的验收，工程广义的验收还有节能验收、环境影响评价验收、规划验收、消防验收、无障碍设施验收、绿化验收、电梯验收（如有电梯时）、高压供电验收（如发生时）等。这些验收均要在施工合同约定的原则下进行，分清职责，验收时发生的各项专业检测费用按合同约定的支付规定进行支付。工程竣工验收合格后，交付建设单位使用时，建设单位按合同约定支付工程进度款，并办理竣工工程结算手续。这一切都是常规的竣工验收合同管理，竣工验收时合同管理的难点主要有两种情况：

①到了合同约定工程竣工时间，由于施工单位的原因，工程竣工验收时，有质量缺陷或不合格导致不能使用，而建设单位又急需使用。

②到了合同约定的工程竣工时间，由于施工单位的原因，工程没有竣工，不能交付使用。

针对竣工验收时合同管理的难点，建设单位应采取的主要控制措施是：

①启用合同约定中对工期、质量违约的条款，按此条款要求及时地对施工单位发出书面通知，要求施工单位承担由此产生的一切后果，并接受合同约定的处罚。

②敦促施工单位、监理单位制定出应对措施、整改措施，尽快地完成合同约定的内容，积极对质量缺陷进行整改，满足合同约定的质量目标，将各方的损失降低到最低。

③必要时采取中止合同的措施，将未完成的工作委托给有资质、信誉好的第三方施工单位来完成，确保工程能尽快竣工合格能投入使用，减少建设单位运行、生产、使用的工期压力。

5）竣工验收合格后合同管理

工程竣工验收合格后，建设单位的施工合同管理分两个方面：

①竣工工程质量保修期合同管理。工程竣工验收合格后，按合同约定可以正常生产使用，在使用过程中，建设工程不可避免地暴露出一些质量缺陷，影响工程的正常使用。这时按质量保修条款约定来管理，如果是施工单位的责任，施工单位责无旁贷地维护，根据对工程使用影响的程度来定维修时间，监理要对维修过程予以监督，维修完成后，经建设单位组织验收；当施工单位不配合，为了不影响正常生产使用，建设单位自行委托有资质、信誉良好的第三方施工单位来维修，维修费用从预留的质量保证金中支付。如果不是施工单位的责任，是建设单位使用不当造成的，可以委托原施工单位维修，但建设单位应将此作为工程变更增加，支付增加工程的工程款；此时如果建设单位因为原施工单位质量意识不强、维修部分的综合单价过高、原合作不愉快等原因，也可将此维修委托给第三方施工单位维修，但不得影响、破坏原工程的结构，否则以后有什么质量缺陷让原施工单位维修，就会产生维修费用的纠纷。

②竣工工程验收后工程结算管理。建设单位、施工单位双方在施工合同约定下都能自觉地履行责任、义务，使得施工单位的施工内容圆满完成，建设工程竣工验收合格，建设单位可以正常投入生产使用。此时建设工程的质量、工期、安全文明施工目标都顺利实现，合作的双方开始对工程结算进行核对与审核了。施工单位提出完整的竣工资料及结算报告书报送建设单位，建设单位自己或委托有资质的中介单位对竣工结算报告书进行审核。结算审核的依据是施工合同及补充协议，如果施工合同签订、工程变更管理均是科学合理的，那么这个阶段合同管理的重点是：

a. 审核人员的素质。审核人员如果具有良好的工程造价管理知识、丰富的施工现场管理经验、高尚的职业道德意识，这样时审核人员在审核过程中能将工程量计算准确、综合单价测算科学、对合同及补充协议中相关结算条款理解深刻，同时不会被施工单位的各种经营手段所诱惑，这样的结算审核是公平、公正、科学、合理的。

b. 竣工资料的完整性、客观性。由于工程竣工后的结算审核，工程施工过程已经完成，审核人员只能从施工过程资料中查阅当时的施工情况，审核人员的审核结论是建立在竣工资料的完整性与客观性上，同时审核人员应善于从大量的竣工资料中找出资料中与客观实际不相符的地方，借用施工过程影像记录来还原施工过程，将施工单位高估冒算的地方剔除出来，将施工过程不满足合同要求的地方挑选出来，尽量找出挤干施工单位报送的结算报告书中的水分。使得竣工工程的结算价真实、科学、合理。

c. 注意索赔，争取反索赔。索赔是指在合同履行过程中，对于并非自己的过错，而是应由对方承担责任的情况造成的实际损失向对方提出经济补偿和（或）时间补偿的要求。市政工程建设过程中，由于工期长、金额大，建设单位由于地质条件的变化，或为完善使用功能，或由于内部管理需要等原因不可避免地对原工程设计内容进行变更与完善，同时由于建设管理市场环境的变化，行政主管部门会发布一些指导性调整建筑市场人工、材料、机械台班的单价，施工单位在竣工结算时会据此对建设单位进行索赔。建设单位专业合同管理人员或委托的结算审核人员应对索赔依据、内容进行系统的分析、整理、对比、运用，根据合同约定及行政主管部门发布文件的精神进行索赔计算，科学、合理地确定索赔内容。同时根据施工过程管理资料的收集、结合施工合同约定、行政主管部门发布的文件精神，建设单位还可以对施工单位进行反索赔。如施工单位拖延工期、降低施工过程中的质量标准，有证明其偷工减料的资料，结算审核时可据此扣减其结算价，实现反索赔。

如果施工合同签订、工程变更管理存在一定的不规范性，竣工结算审核时就会发生扯皮、纠纷现象，那么这个阶段合同管理的重点是：

a. 收集好建设工程招投标文件、各项技术资料、施工合同及补充协议、施工过程资料、竣工验收资料、双方往来资料等。

b. 充分借助监理单位、跟踪审计造价咨询单位的协调。

c. 必要时准备起诉与应诉。

二、施工过程合同管理

（一）目的

为规范企业合同履行工作，提高企业合同管理水平，保护企业权益，特制定本规定；

（二）职责及含义

职责：对建设工程施工合同的订立和履行进行指导、监督、检查和管理。

含义：指项目发包方和承包方根据合同规定的时间、地点、方式、内容、标准等要求，各自完成合同义务。

（三）合同履约部管理制度

1. 依法成立合同具有法律约束力。一切与合同有关的部门、人员必须本着"重合同、守信誉"的原则，严格执行合同所规定的义务，确保每个项目合同的实际履行或全面履行。未经审批部门同意，任何个人或部门不得消极处理或擅自变更、中止、终止合同。

2. 合同履行过程中的具体负责人，按照企业审核规定执行，即由谁审核，就由谁负责合同的事前监督、事中处理和事后总结。

3. 合同履约部等有关部门负责人应随时了解、掌握合同的履行情况，发现问题及时处理或汇报。否则，造成合同不能履行、不能完全履行的，要追究有关人员的责任。

4. 因企业合同履行部门过错而导致企业利益受损的，相关责任人应当承担赔偿责任并应及时采取补救措施；因客户过错给企业带来损失的，应按《中华人民共和国合同法》提请对方承担损害赔偿责任；双方都有过错的，各自承担相应责任。

5. 合同履行部应当组织工作人员对合同履行情况进行全程监控，以确认合同履行情况符合合同要求。重大复杂的合同项目，由总经理同意后可外聘专家参加合同履行控制工作。

6. 合同履行部应制订合同履约流程，明确履约控制指标，明晰参加合同履行工作人员的岗位职责，编制合同履行岗位职责书，工作人员应在岗位职责书上签字，并承担相应的法律责任。

7. 合同履行岗位职责书由企业法律部门负责编制，应标注所履行合同的编号、客户名称、合同内容、开始履行时间、全员审核部门等基本情况。合同履行中发生的情况应建立合同履行执行情况台账。

8. 合同履行完毕前五天，履行部门应向总经理办公室发出通知；即时清结的合同，应在履行之初与总经理办公室协商处理验收事项；涉及货物交接的合同，在接收货物时，应通知验收人员到场。

9. 合同履行部门应督促客户全面履行合同义务，合同已有规定的，按照约定执行；没有约定或约定不明的，必须符合国家、行业、地方标准执行及企业履约目标。

10. 重大、复杂合同的履行过程中，经办人员应定期与对方对账，确认双方债权债务。

11. 客户发生兼（合）并、分立、改制或其他重大事项以及本公司或对方当事人的合同经办人员发生变动时，应及时对账，确认合同效力及双方债权债务。

12. 客户未按合同约定的时间、地点或方式履约，继续交易将损害企业利益的，合同履行部门或验人员应及时通知客户改正并向总经理报告，并提出中止履行、变更履行、不予履行等意见，总经理应将合同履行情立即转告合同审核部门及相关负责人。

13. 合同负责人收到合同履行意外情形后，视具体情况做出继续履行、中止履行、变更履行、不予履行等意见。

14. 合同执行中如因我方原因需要变更合同或有任何偏离时，合同履行部门应及时向客户进行通报，以保证能得到客户的理解或更改要求。

15. 验收人员应具备与合同项目相关的专业知识和实践经验，本单位专业技术人员不足的，应邀请相关技术人员参加验收。

16. 验收人员收到验收通知后，应做好组织接收和验收的准备，在到货、工程竣工或服务结束后的五个工作日内或合同约定的期限内提出验收意见；重大复杂的合同项目可以延迟，但最迟不得超过二十个工作日。验收人员无正当理由拖延或拒绝验收致使企业违约的，应承担相应责任。

17. 合同履行完毕，应指定的专门验收人员对合同履行情况进行验收总结，填写合同履行情况总结书，向总经理呈报。合同履行情况总结书应标注履行合同的编号、客户名称、合同内容、合同履行的时间、企业收益、履行期间的困难、合同履行的启示等情况。

18. 合同验收过程中发现有严重问题或重大可疑情况的，验收人员应及时书面向总经理反映。经确认属客户过错的，应及时与其交涉，追究其民事违约责任或向相关部门举报，依法追究其行政违法责任直至刑事责任。

19. 合同履行完毕的标准，应以合同条款或法律规定为准。没有合同条款或法律规定的，一般应以物资交清、工程竣工并验收合格、价款结惰元遗留交涉手续为准。

20. 合同履行部工作人员和验收人员不得相互串通损害企业利益。合同履行部门工作人员与合同审核、验收人员的职责权限应当明确，并相互分离。

21. 合同履行部、验收等工作人员有下列情形之一，构成犯罪的，依法追究刑事责任；尚不构成犯罪的，处以罚款；有违法所得的，并处没收违法所得，按照企业有关规定给予行政处分：（1）与客户或其代理人恶意串通的；（2）接受客户贿赂或者获取其他不正当利益的；（3）关部门依法实施的监督检查中提供虚假情况的；（4）其他损害企业利益的情形。

22. 合同履行中的书面签证、来往信函、文书、电报等均为合同的组成部分，合同经办人员应及时整理、妥善保管。在合同履行过程中，对本企业的履行情况应及时做好记录并经对方确认。向对方当事人交付重要资料、发票时应由对方当事人出具收条，履行合同付款时应由对方当事人出具收条。

（四）合同履约流程

合同签订——合同履约部——工程部——财务室

合同履约部——收集资料建立档案（班组合同、施工方案、施工人员档案、开工报告、）——编制合同跟踪记录表——依据合同节点——协助各部开展系统工作——收集施工资料——整理竣工资料——办理决算（甲方及班组）——款清归档

（五）合同履约部各级岗位职责

1. 总经理岗位职责

（1）认真贯彻执行党和国家的各项路线、方针和政策；主持企业全面工作；负责处理企业的日常行政、人事、安全、生产管理等事务。

（2）严格执行国家政府职能部门制定的对建筑行业有关建筑施工工程作业方面的各项法规、决议和决定。

（3）加强对员工的安全、服务意识教育，牢固树立安全和文明生产观念。

（4）负责组织制定和审批公司各项管理制度、管理办法和各项作业流程，健全和完善企业各部门岗位职责。

（5）负责组织制定企业的发展规划、编报公司年度工作计划和工作总结，指挥、督促并检查下属各部门完成各项工作。

（6）负责确定企业部门的设置、定编、定员、定岗。

（7）对本企业各部门主管级（含）以上管理人员有任免权，并进行绩效考核，有权对考核结果进行处理。

（8）负责组织、领导本企业所有员工的业务、技能培训工作，提高员工的专业素质和工作绩效。

（9）负责贯彻实施质量管理体系文件内容，按要求做好相关工作的落实与检查工作。

（10）负责审核企业资金使用、费用开支、财务预算方案。

（11）负责对企业各种生产、生活物资采购计划进行审核。

（12）负责组织、参与项目竞标工作；负责与各项目经理签订相关经理责任合同，并督促检查合同执行情况和施工完成情况。

（13）了解和掌握国家对建筑业有关的新政策、新举措和行业动态，注重科学管理，抓好质量安全工作，实行"经理负责制"，不断提高企业的经济效益和社会效益，扩大企业知名度。

（14）定期组织召开企业部门负责人工作例会，总结、研究企业现阶段生产、经营及管理情况。

2. 合同履约部副部长、负责工程部领导工作。

（2）负责工程进场前的施工准备工作

（3）负责审批落实项目各分承包合同的谈判和签订工作，对工程分承包方进行评价和选择，建立合格分承包方名册，并负责分承包队伍的管理。

（4）在总经理的领导下，负责施工过程中的过程控制，包括落实年、月生产计划，并负责考核计划的完成情况。

（5）随时掌握工程进展情况，进行综合平衡，统筹安排，以加快施工进度，缩短施工工期，并负责工程部阶段性和年度的工作总结。

（6）在总经理领导下对各施工的现场的监督管理，安全文明施工，以及环境职业健康安全运行管理涉及的其他方面的监督检查工作。

（7）负责工程施工的成品保护检查，以及项目工程产品保护措施执行情况的监督检查工作。

（8）对部门内所有上报的申请、报告、报表、工程进度等文件的质量负责。

（9）负责组织在施过程管理、搬运、储运、防护、和交付管理，顾客、相关方满意度测评及服务管理，工程分承包管理，以及环境、职业健康安全运行的管理。

（10）在施工及交付的服务过程中，及时通过主动走访、电话、信件及交谈等方式收集顾客及相关方的满意信息并向项目分公司进行施工交底。

（11）对在施项目负责组织制订年度工程回访计划和进行顾客满意度调查，受理顾客投诉，组织回访、保修和服务工作，并将来自顾客的信息传递到相关部门。

（12）负责与部门内业务有关的环境因素、主要环境因素、危险源、主要危险源的测定和监督。

（13）定期召开部署会议，提出改进工作的目标和措施。

（14）完成总经理交付的其他工作。

3. 合同履约部副部长、总工程师岗位职责

（1）负责公司所有施工工程质量和技术工作的总体控制：

1）监督、检查施工技术操作规程的执行。

2）监督、检查设备维护使用规程的执行。

3）监督、检查安全技术操作规程的执行。

4）监督、检查其他有关的生产管理制度的执行。

（2）积极开展合理化建议工作，大力提倡采用新技术、新材料应用。

（3）负责对工程项目《施工组织设计》的审批。

（4）负责施工安拆方案技术内容的修改和方案审批。

（5）负责对工程项目基础、主体分部和单位工程的质量验收。

（6）负责各个项目投标方案的编报、对工程技术文件的审核工作。

（7）负责审批针对产品中严重不合格项的纠正措施，并评审实施效果。

（8）参加各工程项目重要部位和施工工程竣工验收会议。

（9）负责对顾客投诉进行处理并及时反馈各相关方。

（10）负责组织对重大质量事故的鉴定和处理；不定期对施工现场进行检查，随时监控工程质量，发现问题及时召集项目部、生产技术处等相关部门负责人进行处理。

（11）完成上级领导安排的临时性、重要性工作。

4. 合同履约部副部长、材料部经理岗位职责

（1）认真贯彻、执行并遵守国家的法律法规和公司的各项规章制度；负责材料设备处日常事务和人员的管理，直接对总经理负责。

（2）加大对质量管理工作的学习、贯彻执行力度，确保工程材料及设备的质量符合国家行业标准，杜绝伪劣材料进入施工现场。

（3）负责公司施工材料需求，严把工程材料的验收和发放环节，按计划供应材料，保证及时供应；随时掌握工程进度与材料进场的时间关系与使用情况，负责对施工现场各种余料的管控和回收工作。

（4）负责与供应商建立长期、稳定的业务关系和情感维系工作，为资金的良性循环创造良好、宽松的运行环境。

（5）认真分析、熟悉和掌握市场行情，严把材料价格关，保证采购价格的合理性和一定的利润空间，控制好采购成本。

（6）负责监督和管理施工现场材料使用情况，如有不符，督促有关人员限期查清原因、制定措施并处理、汇报；对铺张浪费、管理和使用不当等原因造成的材料损失，有权追究和处理。

（7）保证报表的真实性、完整连续性，做好材料的统计和分析工作。

（8）完成公司领导交办的其他工作和任务。

5. 合同履约部组长

（1）负责工程项目资料、图纸等档案的收集、管理。

负责工程项目的所有图纸的接收、清点、登记、发放、归档、管理工作：

（2）收集整理施工过程中所有技术变更、洽商记录、会议纪要等资料并归档：负责

对每日收到的管理文件、技术文件进行分类、登录、归档。负责项目文件资料的登记、受控、分办、催办、签收、用印、传递、立卷、归档和销毁等工作。负责做好各类资料积累、整理、处理、保管和归档立卷等工作，注意保密的原则。来往文件资料收发应及时登记台账，视文件资料的内容和性质准确及时递交总经办批阅，并及时送有关部门办理。确保设计变更、洽商的完整性，要求各方严格执行接收手续，所接收到的设计变更、洽商，须经各方签字确认，并加盖公章。设计变更（包括图纸会审纪要）原件存档。所收存的技术资料须为原件，无法取得原件的，详细背书，并加盖公章。做好信息收集、汇编工作，确保管理目标的全面实现。

（3）参加分部分项工程的验收工作

1）负责备案资料的填写、会签、整理、报送、归档：负责工程备案管理，实现对竣工验收相关指标作备案处理。对各工程项目备案资料进行核查。严格遵守资料整编要求，符合分类方案、编码规则，资料份数应满足资料存档的需要。

2）监督检查各项目施工进度：对施工单位形成的管理资料、技术资料、物资资料及验收资料，按施工顺序进行全程督查，保证施工资料的真实性、完整性、有效性。

3）在工程竣工后，负责将文件资料、工程资料立卷归档。

（4）负责计划、统计的管理工作

1）负责编制各项目当月进度统计报表和其他信息统计资料。编报的统计报表要按现场实际完成情况严格审查核对，不得多报，早报，重报，漏报。

2）负责与项目有关的各类合同的档案管理：负责对签订完成的合同进行收编归档，并开列编制目录。做好借阅登记，不得擅自抽取、复制、涂改，不得遗失，不得在案卷上随意划线、抽拆。

（5）负责工程项目的内业管理工作

1）协助项目经理做好对外协调、接待工作：协助项目经理对内协调公司、部门间，对外协调施工单位间的工作。做好与有关部门及外来人员的联络接待工作，树立企业形象。

2）负责工程项目的内业管理工作：汇总各种内业资料，及时准确统计，登记台账，报表按要求上报。通过实时跟踪、反馈监督、信息查询、经验积累等多种方式，保证汇总的内业资料反映施工过程中的各种状态和责任，能够真实地再现施工时的情况，从而找到施工过程中的问题所在。对产生的资料进行及时地收集和整理，确保工程项目的顺利进行。有效地利用内业资料记录、参考、积累，为企业发挥它们的潜在作用。

3）负责做好文件收发、归档工作。负责对竣工工程档案整理、归档、保管、便于有关部门查阅调用。

（6）完成项目经理交办的其他任务。

6.合同履约部组员项目部岗位职责

（1）认真执行公司的质量方针及作业指导书，严格按照质量保证体系和质量管理体系实施贯彻，确保工期进度、质量、安全、创建文明工地目标的实现。

（2）负责工地施工进度计划的编制及施工方案和质量计划的实施。

（3）全面负责项目部各分部分项工程的施工，严格按照施工规范、操作规范进行施工，合理安排工序，确保产品质量。

（4）负责劳动力、机械、材料等资源的调配与供应，有计划地安排施工机械和材料的进出场。

（5）负责按相关规定认真签写施工日志。

（6）全面负责项目部的安全生产活动，落实安全保证措施。

（7）协助项目经理做好与分包单位、建设单位、监理公司等单位的配合工作。

7. 合同履约部组员市场部岗位职责

（1）负责公司营销策略的制定、实施以及市场开拓。

（2）市场信息、行为的及时收集与反馈。

（3）各类项目的承接、合同签订和协助各工程项目款项回收。

（4）不断收集客户的需求信息，建立完善的客户资料管理体系；维护客户对公司服务的满意度和忠诚度。

（5）完成公司下达的年度考核指标。

8. 合同履约部组员、预算部岗位职责

（1）预算部门负责工程施工预算，竣工决算工作，成本核算等工作。并负责和分包队伍工程量的核算审核，按合同确定的单价进行核算。核算结果需要有项目经理，专职安全员，质检员的签字后生效。

（2）以施工方案管理措施为依据，消耗定额，作业效率等进行工料分析，根据市场价格信息，编制施工预算，开工前应完成预算编制。

（3）当某些环节或本部分项工程施工条件尚不明确时，可按照类似工程施工经验或招标文件所提供的计量依据计算暂结费用。

（4）成本分解

①按工程部位进行成本分解，为分部分项工程成本核算提供依据。

②按成本项目进行成本分解，确定项目的人工费，材料费，机械台班费，其他直接费和间接成本的构成。为施工生产要素的成本核算提供依据。

③对项目成本进行预测预控。

（5）施工过程中项目成本的核算，每月为一核算期，在月末进行，单位工程为核算对象，并与施工项目管理责任目标成本的界定范围相一致。项目成本核算应以施工形象进度，施工产值统计，实际成本归集体"三同步"。

（6）施工产值和施工成本的归集。

①应按统计人员提供的当月完成工程量的价值及有关规定，不包括各项上缴税费。作

为当期工程结算收入。

②人工费应按劳动管理人员提供的用工分析和受益对象进行账务处理，计入工程成本。

③材料费应根据当月项目材料消耗和实际价格，计算当期消耗，计入工程成本；周转材料应实行内部租赁（调配制）按当月使用时间、数量、单价计算，计入工程成本。

④机械使用费按照项目当月使用台班和单价计入工程成本。

⑤其他直接费应根据有关核算资料进行账务处理，计入工程成本。

⑥间接成本应根据现场发现的间接成本项目的有关资料进行账务处理，计入工程成本。

9. 合同履约部组员、财务部岗位职责

（1）在总经理领导下，依据《会计法》《企业会计准则》《企业会计制度》等相关法规，负责组织和实施公司的会计核算、会计监督、财务管理。

（2）根据《企业财务会计报告条例》要求，按期编制财务会计报表。

（3）建立健全公司内部财务管理的各种规章制度，并监督、检查其执行情况。

（4）核算公司内部各单位的收入和成本，分析、反映其完成情况，同时完成各种上交。

（5）积极配合有关部门的工作，促进公司取得较好的经济效益。

（6）负责清理公司债权，督促各项目工程欠款的催收。与法律顾问配合，积极采取措施防止公司债权超过法律诉讼时效。

（7）负责督促各工程项目及时办理竣工工程财务结算。

（8）完成领导交办其他工作。

三、施工索赔

（一）索赔分类

按照索赔的目的可以将工程索赔分为费用索赔和工期索赔。

费用索赔的目的是要求经济补偿。当施工的客观条件改变导致承包人增加开支，要求对超出计划成本的附加开支给予补偿，以挽回不应由承包人承担的经济损失。费用索赔的费用内容一般可以包括人工费、设备费、材料费、保函手续费、贷款利息费、保险费、利润及管理费等。在不同的索赔事件中可以索赔的费用是不同的。

工期索赔是由于非承包人责任的原因而导致施工进程延误，要求批准顺延合同工期的索赔。

（二）索赔的依据

索赔要有依据，证据是索赔报告的重要组成部分，证据不足或没有证据，索赔就不可能成立。提出索赔的依据主要有以下几方面：

1. 招标文件、施工合同文件及附件、补充协议，施工现场各类签认记录，经认可的工程施工进度计划、工程图纸及技术规范等；

2.双方的往来信件及各种会议，会谈纪要；

3.施工进度计划和实际施工进度记录、施工现场的有关文件及工程照片；

4.气象资料、工程检查验收报告和各种技术鉴定报告，工程中送停电、送停水、管路开通和封闭的记录和证明；

5.国家有关法律、法令、政策文件等。

（三）索赔证据应该具有真实性、及时性、全面性、关联性、有效性

（四）索赔成立的条件

1.构成施工项目索赔条件的事件

索赔事件又称干扰事件，是指那些使实际情况与合同规定不符合，最终引起工期和费用变化的各类事件。通常，承包商可以提起索赔的事件有：

（1）发包方违反合同给承包方造成时间、费用的损失；

（2）因工程变更造成的时间、费用损失；

（3）由于监理工程师对合同文件的歧义解释、技术资料不确切，或由于不可抗力导致施工条件的改变，造成时间、费用的增加；

（4）发包方提出提前完成项目或缩短工期而造成承包方的费用增加；

（5）发包方延误支付期限造成承包人的损失；

（6）合同规定以外的项目检验，且检验合格，或非承包人的原因导致项目缺陷的修复所发生的损失或费用；

（7）非承包人的原因导致工程暂时停工；

（8）物价上涨、法规变化及其他。

2.索赔成立的前提条件

索赔成立必须同时具备以下三个条件：

（1）与合同对照，事件已造成了承包人工程项目成本的额外支出，或直接工期损失；

（2）造成费用增加或工期损失的原因，按合同约定不属于承包人的行为责任或风险责任；

（3）承包人按合同规定的程序和时间提交索赔意向通知和索赔报告。

（五）索赔的程序

发包人未能按合同约定履行自己的各项义务或发生错误以及应由发包人承担责任的其他情况，造成工期延误或承包人不能及时得到合同价款及承包人的其他经济损失，承包人可按下列程序以书面形式向发包人索赔：

1.索赔事件发生后28天内，向工程师发出索赔意向通知；

2.发出索赔意向通知后28天内，向工程师提出延长工期和补偿经济损失的索赔报告

及有关资料；

3. 工程师在收到承包人送交的索赔报告和有关资料后，于28天内给予答复，或要求承包人进一步补充索赔理由和依据；

4. 工程师在收到承包人送交的索赔报告和有关资料后28天内未给予答复或未对承包人做进一步要求，视为该索赔已经认可；

5. 当该索赔事件持续进行时，承包人应当阶段性向工程师发出索赔意向，在索赔事件终了后28天内，向工程师送交索赔的有关资料和最终索赔报告。

承包人为未能按合同约定履行自己的各项义务或发生错误，发包人可按以上索赔程序和时限向承包人提出索赔。

（六）索赔的计算

1. 工期索赔的计算方法

（1）网络分析法：网络分析法通过分析延误前后的施工网络计划，比较两种工期计算结果，计算出工期应顺延的工程工期。

（2）比例分析法：比例分析法通过分析增加或减少的单项工程量于合同总量的比值，推断出增加或减少的工程工期。

（3）其他方法：工程现场施工中，可以按照索赔事件实际增加的天数确定索赔的工期；通过发包方与承包方协议确定索赔的工期。

2. 费用索赔计算方法

（1）总费用法：又称总成办法，通过计算出某单项工程的总费用，减去单项工程的合同费用，剩余费用为索赔费用。

（2）分项法：按照工程造价的确定方法，逐项进行工程费用的索赔，可以分为人工费、机械费、管理费、利润等分别计算索赔费用。

（七）承包人提出索赔的期限

1. 承包人按合同约定接受了竣工付款证书后，应被认为已无权再提出在合同工程接收证颁发前所发生的任何索赔。

2. 承包人按合同约定提交的最终结清申请单中，只限于提出工程接收证书颁发后发生的索赔。提出索赔的期限自接受最终结清证书时终止。

六、合同管理办法实施

（一）总则

1. 为了加强对工程施工合同的管理，规范公司的经营行为，依据《中华人民共和国合同法》《中华人民共和国建设法》等有关法律、法规，依据山东地产旅游有限公司《施工合同管理办法》制定本实施细则。

2. 合同内容要遵循国家法律、法规和政策，不得损害国家、社会和公司的利益。

3. 签订合同要贯彻平等自愿、互惠互利和诚实信用的原则。

4. 依法订立的合同具有法律约束力，应按照合同的约定享受权利、履行义务，不得擅自变更或解除合同。

（二）适用范围

适用于公司所签订的涉及建筑、安装、装饰、市政、园林、房屋修缮及保养维修等工程合同与相配套的监理合同。

（三）施工合同的拟订及谈判

1. 施工合同的谈判工作需要在招标定标工作完成、中标公示期满无任何异议后，方可进行。

2. 公司收到合同签订依据（中标通知书）后，通知中标单位按照招标文件要求提交证明文件及各项材料作为合同的共存附件；同时，公司成本部负责拟稿，并分发给项目公司工程部等相关部门进行合同初审。各职能部门根据其职责范围和要求，对施工合同约定的内容进行相应的调整及补充。

3. 合同初审通过后，由成本部牵头，组织项目公司工程部等相关部门共同参与工程承包方谈判。谈判小组必须由两人以上组成，共同参与施工合同的谈判，对达成共识的内容要形成会议纪要，参会人员要签字认可，并存档备案。

4. 公司在组织合同谈判过程中，主要就合同专用条款和附加条款达成一致，对在洽谈过程中无法解决的问题，由成本部及时向公司分管领导、总部工程管理部沟通和汇报，以便于公司领导进行决策。

5. 合同双方就合同内容达成一致后，由公司成本部完成合同的完善和修改工作，进入合同审批阶段。

说明：施工合同根据工程类别优先使用行业主管部门颁布的示范文本，可在专用条款后添加补充条款，要求内容全部打印，不得手写，空白部分应画波浪线。

（四）施工合同的审批

根据合同价款的范围，施工合同的审批权限和流程：

1. 合同价款在 500 万元以下的施工合同

合同经办人→法律顾问→成本负责人→工程部经理→财务负责人→分管工程副经理→公司经理

2. 合同价款在 500 万元～1000 万元的施工合同

合同经办人→法律顾问→成本负责人→工程部经理→财务负责人→分管工程副经理→

公司经理→地产旅游公司工程管理部经理

3.合同价款在 1000 万元以上施工合同

合同经办人→法律顾问→成本负责人→工程部经理→财务负责人→总工程师→分管工程副经理→公司经理→地产旅游公司工程管理部经理→地产旅游公司总经理。

为了确保施工合同签订的合法性、有效性，在合同审批的过程中，成本部将合同文本提交给法律顾问签署《律师意见书》，《律师意见书》在报项目公司分管工程经理签前提供。

（五）施工合同的签订

1.结合施工合同审批权限的界定，将合同进行逐步审批通过后（审批单全部签字完毕），项目公司成本部可通知中标单位提供已签字盖章的定稿合同。

2.项目公司成本部对定稿合同进行审核，并检验中标单位是否已按投标文件办理完相关承诺手续，如无异议，将合同原件提交项目公司经理签字后，由综合部加盖项目公司公章，合同签订完成。按照合同保管原则将正式合同文本存档备案。

说明：

1.无特殊情况下，施工合同应按招标文件中规定的时间内签订完毕。

2.合同双方法定代表人或其授权人（需出具法人代表授权委托书）在签订施工合同时，要注明合同签订日期，签字并加盖单位公章后，即产生法律效力。

3.需要总部工程管理部审批的合同，成本部须在招标文件定稿前，将招标文件报总部工程管理部审核。

（六）施工合同的归档与保管

1.在施工合同签订当日，成本部应将所签合同正本一份、合同审批单及相关证明文件原件（施工方营业执照、专业资质、资信证明、法人代表授权委托书等加盖公章的复印件）交综合部存档，合同副本交由财务部、工程部分别留存，成本部及综合部应保存好电子版。

2.根据合同价款合同保存的程序：

（1）施工合同价款在 500 万元以下的：一式捌份（其中正本贰份），合同甲方陆份、乙方贰份；施工合同签订后三日内，成本部将电子版报地产旅游公司工程管理部存档备案。

（2）施工合同价款在 500 万元以上的：一式拾份（其中正本贰份），合同甲乙双方各执伍份；施工合同签订后三日内，成本部将其电子版及原件一份报地产旅游公司工程管理部存档备案。

根据实际情况，经总部工程管理部或项目公司经理同意后，可增加或减少施工合同的份数。

3.项目公司成本部应设专人负责合同的保管工作。合同管理人员对已生效的合同要及时编号登记，逐项建立档案，凡与合同有关的文书、信函、补充协议等都要附在合同卷内归档，不得出现缺损、遗失。

4.成本部合同管理人员必须建立合同台账，注明合同名称、金额、付款方式等主要内容（台账表格详见附件3），并于每月的20号之前发给地产旅游公司工程管理部。

5.所有施工合同均属企业机密。各使用单位或部门在使用合同的过程中，未经公司分管工程经理同意，不得将有关资料在任何商业或技术文献上刊登或披露，或转交、复印给其他无关人员，更不允许将电子版合同随意外传，否则由此造成的后果由责任人承担。

（七）施工合同的执行与监督

1.自施工合同生效之日起，项目公司工程部应督促合同双方严格按照合同的约定，履行自己的权利和义务。

2.地产旅游公司不定期地对项目公司合同的签订、审查、履行和归档情况进行检查，以便于施工合同、工程付款、工程结算的统一；地产旅游公司总部将结合施工合同、台账、结算书以及项目公司的工程形象进度审核工程资金计划。

3.在施工合同的执行过程中，如需对合同内容进行变更，需严格按照施工合同变更程序执行，形成施工合同的补充协议。

4.未签订施工合同的工程一律不予付款。

5.合同在执行过程中出现纠纷时，项目公司工程部应及时将情况上报，项目公司成本部组织相关部门和分管工程经理进行处理，并把处理结果以报告形式存档，报地产公司工程管理部备案。

（八）施工合同的变更管理

1.合同变更分项目公司提出的变更和乙方（承包方、被委托方）提出的变更两种。

2.因项目公司需要提出变更的，可结合实际，按照以下程序办理：

由项目公司与乙方（承包方、被委托方）协调达成一致后，项目公司成本部向总部工程管理部提出变更合同的书面请示，请示应包括合同变更的原因、合同变更的内容、合同变更分析等项目，按审批程序报相关部门及人员批准后，依据原合同谈判、审批及签订程序办理合同变更事宜。

3.一般情况下，不允许乙方（承包方、被委托方）提出合同变更，因特殊原因乙方（承包方、被委托方）提出合同变更的，结合实际情况，可以按照以下程序办理：

乙方（承包方、被委托方）向监理单位提出合同变更书面申请报告，须详细说明变更理由、内容、造价、结算办法等。监理单位审核申请报告，根据实际情况提出书面意见，报项目公司成本部。项目公司成本部和工程部对乙方（承包方、被委托方）申请报告及监理单位审核结果进行核查，与项目公司工程部研究确定变更合同的必要性，经研究确定不必办理合同变更的，项目公司成本部向提出合同变更的单位做出相应回复；对确定需要办理合同变更的，由项目公司成本部向总部工程管理部提出变更合同的书面请示，将监理审核意见及乙方（承包方、被委托方）书面申请作为请示附件，按审批程序报相关部门及人员审批。经具有相关审批权限的负责人批准同意后，依据原合同谈判、审批及签订程序办理合同变更事宜。

说明：

1. 合同变更审批权限与第四章施工合同审批权限相一致

2. 合同变更中价款、工期增加的比例达到占原合同 20% 范围以外的情况，应重新办理合同变更事宜并签订补充协议；20% 范围内，经项目公司经理召开专题会议审查通过后，形成纪要的书面资料并上报总部工程管理部。

（九）惩罚与奖励

1. 项目公司把施工合同管理纳入企业管理的重要内容，并作为一项重要的评议指标，定期检查、考核。

2. 在合同签订、履行的过程中，成绩显著和为避免或挽回重大经济损失做出贡献的有关人员，应视情况给予精神和物质的奖励。

3. 有以下行为之一的，经查证属实，将追究相关责任人的行政、法律责任，并处以一定的经济处罚；情节严重构成犯罪的，移交司法机关追究刑事责任。

（1）违反本规定，未经公司法定代表人同意或超越代理权限，擅自对外签订合同，给单位造成经济损失的；

（2）与对方当事人恶意串通，为谋取个人利益而损害公司利益的；

（3）未对对方当事人严格审查，盲目签订合同，以致上当受骗，造成重大经济损失的；

4. 合同未按程序进行审批，条款不全，内容不清，引起经济纠纷并造成重大经济损失的；

5. 由于有关人员严重不负责任，致使合同不能履行，造成重大经济损失或故意隐瞒经济纠纷，使公司蒙受重大经济损失的；

6. 丢失或擅自销毁合同、合同附件和合同订立、履行、变更、终止等往来函件的；

7. 应当签订书面合同而没有签订，给公司造成经济损失的；

8. 在合同审查、签订、履行和管理的过程中，私自泄漏企业的商业秘密，给公司造成经济损失的；

9. 在合同签订、审查、履行过程中，玩忽职守、徇私舞弊，给公司造成损害的；

10. 其他依照法律、法规和有关规定需要追究其责任的。

第五节 施工项目的其他管理内容

一、生产要素管理

（一）定义

生产要素：生产力作用于施工项目的有关要素，也可以说是投入施工项目的劳动力、材料、机械设备、技术和资金等要素。

（二）管理目的

通过生产要素管理，实现生产要素的优化配置，做到动态管理，降低工程成本，提高经济效益，从而达到节约劳动和物化劳动。

（三）内容：

1. 劳动力的管理

劳动力的管理，关键在于使用，如何提高效率，就和职工劳动的积极性密切相关，只有加强思想政治工作和利用行为科学，从劳动力个人的需要和行为关系出发，进行恰当的激励机制，才能达到管理的效果。

（1）项目经理部应根据施工进度计划和作业特点优化配置人力资源，制定劳动力需求计划，特殊作业人员数量、普工数量、技能等级、身体状况，报工程管理部批准，并筛选合格施工队与之签订劳务合同。

（2）劳务分包合同的内容包括：作业任务、应提供的劳动力人数；进度要求及进场、退场时间；双方的管理责任；劳务费计取及结算方式；奖励与处罚条款。

（3）工程开工前一周，施工队应根据劳动力需求计划调配作业人员，经项目经理审核符合标准后，方可进入工地施工。

（4）项目经理部应对劳动力进行动态管理。劳动力动态管理应包括下列内容：

1）对施工现场的劳动力进行跟踪平衡，及时要求施工队进行劳动力补充或减员，必要时向工程部提出申请计划。

2）向进入施工现场的作业班组下达施工任务书，进行考核并兑现费用的支付和奖惩。

（5）项目经理部应加强对人力资源的教育培训和思想管理；加强对劳务人员作业质量和效率的检查。

（6）项目经理在施工过程中应对人力资源的技能进行培训，对劳动力进行恰当的激励和惩罚，调动其积极性。

（7）项目经理应在工程结束后对施工队进行评价，并注重骨干队员的培养，为公司发展做好人才储备工作。

2. 项目材料管理

（1）材料部按材料需要计划保质、保量、及时、供应材料。

（2）材料需求量计划应包括材料需求总计划、月计划、周计划。

（3）材料仓库的选址应有利于材料的进出和存放，符合防火、防盗、防风、防雨、防变质的要求。

（4）进场的材料应进行数量验收和质量认证，做好相应的验收记录和标识。不合格的材料应更换、退货或让步接收（降级使用），严禁使用不合格的材料。

（5）材料的计量设备必须经具有资格的机构定期检验，确保计量所需要的精确度。检验不合格的设备不允许使用。

（6）进入现场的材料应有生产厂家的材质证明（厂名、品种、出厂日期、出厂编号、实验数据）和出厂合格证。要求复验的材料要有取样送检证明报告。新材料未经实验鉴定，不得用于工程中。现场配制的材料应经试配，使用前应经认证。

（7）材料储存应满足下列要求：

1）入库的材料应按型号、品种分区堆放，并分别编号、标识。

2）易燃易爆的材料应专门存放、专人负责保管，并有严格的防火、防爆措施。

3）有防湿、防潮要求的材料，应采取防湿、防潮措施，并做好标识。

4）有保质期的库存材料应定期检查，防止过期，并做好标识。

5）易损坏的材料应保护好外包装，防止损坏。

（8）建立材料使用台账，记录使用和节超状况。

（9）应实施材料使用监督制度。材料管理人员应对材料使用情况进行监督；做到工完、料净、场清；建立监督记录；对存在的问题应及时分析和处理。

（10）班组应办理剩余材料退料手续。设施用料、包装物应回收，并建立回收台账。

（11）制定周转材料保管、使用制度。

3. 项目机械设备管理

程序是：选择——使用——保养——维修——改造——更新

（1）项目所需要的机械设备可从工程部自有机械设备调配，或租赁，或购买，提供给项目经理部使用。远离公司的项目经理部，可有企业法定代表人授权，就地解决机械设备来源。

（2）项目经理部应编制机械设备使用计划报工程部审批。对进场的机械设备必须进行安装验收，并做到资料齐全准确。进入现场的机械设备在使用中应做好维护和管理。（应有技术交验文件）

（3）项目经理部应采取技术、经济、组织、合同措施保证施工机械设备合理使用，提高施工机械设备的使用效率，用养结合，降低项目的机械使用成本。

（4）机械设备操作人员应持证上岗、实行岗位责任制，严格按照操作规范作业，搞好班组核算，加强考核和激励。

（5）项目工程结束后，施工机械应清理维修完好办理退库手续，损坏的照价赔偿。（内部施工方法）

4. 项目资金管理

程序：编制资金计划——投入资金——资金使用——资金核算与分析

（1）工程部应在财务部门设立项目专用账号进行项目资金的收支预测、统一对外收支与结算。项目经理部负责项目资金的使用管理。（建立台账）

（2）项目经理部应编制资金收支计划，上报财务部门审批后实施。

（3）项目经理部应配合财务部门及时进行资金计收。资金计收应符合下列要求：

1）新开工项目按工程合同收取预付款或开办费（项目周转金定一下）。

2）根据合同编制"工程进度款结算单"，在规定日期内报监理工程师审批、结算。如发包人不能按期支付工程进度款且超过合同支付的最后期限，项目经理部应向发包人出具付款违约通知书，并按银行的同期贷款利率计息。

3）根据工程变更记录和证明发包人违约的材料，及时计算索赔计金额，列入工程进度款结算单。

4）发包人委托代购的工程设备或材料，必须签订代购合同，收取设备预付款或代购款。

5）工程材料价差应按规定计算，发包人应及时确认，并与进度款一起收取。

6）工期奖、质量奖、措施奖、不可预见费及索赔款应根据施工合同规定与工程进度款一起收取。

7）工程尾款应根据发包人认可的工程结算金额及时回收。

5. 工程项目现场管理

（1）现场管理的定义

施工项目现场管理是对施工现场的质量、安全防护、安全用电、机械设备、技术、消防保卫、场容卫生、环保材料等各方面的管理。

（2）现场管理的目的

通过严密的管理组织，严格的要求，标准化的管理，科学的施工方案和职工较高的素质，实现工程项目优质、高效、低耗的目的，使其有良好经济效益和社会效益。有利于培养一支懂科学，善管理、讲文明的施工队伍。

（3）现场管理的一般规定

1）项目经理部应认真做好现场管理，做到文明施工、安全有序、整洁卫生，不扰民、不损害公众利益。

2）现场项目经理部应根据工程的总体规划和部署，搞好承包施工区域的场容文明形象管理。严格执行并纳入总承包人或甲方的现场管理范畴，接受监督、管理与协调。

3）项目经理部应在现场入口处的醒目位置公示以下内容（五牌二图）：

①工程概况牌（工程规模、性质、用途、发包单位、施工单位、设计单位、监理单位、施工开、竣工日期）

②安全纪律牌

③防火须知牌

④安全无重大事故记时牌

⑤安全生产、文明施工牌

⑥施工总平面图

⑦项目经理部组织框架及主要管理人员名单图。

4）项目经理部应把施工现场管理列入经常性的巡视检查内容，与日常管理有机结合。认真听取总包、甲方、监理、邻近单位及社会公众的意见和反映，及时抓好整改。

（4）规范施工现场场容

施工现场场容应规范化、合理化、标准化施工现场布置合理，物料堆放有序，便于施工操作。

1）项目经理部必须结合现场施工条件，按施工方案和进度计划的要求，认真进行施工平面图规划、设计布置、使用和管理。

2）项目经理部应严格按照已审批的施工平面图和相关单位划定的位置进行以下内容的规划布置：

①布置：施工主要机械设备、脚手架、安全网和围挡。

②规划：临路、水、电、暖、线路。

③规划：现场办公、食宿、仓库。

④布置：材料的码放整齐，挂标识牌（产品名称、规格、数量、产地）。

3）按施工平面布置图设置各项临时设施，堆放大宗材料、成品、半成品和机具设备，不得侵占场内道路及安全设施。

4）施工机械应该按照施工平面布置图规定位置和线路设置，不得任意侵占场内道路及安全设施。施工机械进场必须经过安全检查，合格后方可使用，施工机械操作人员必须建立机组责任制，并依据有关规定持证上岗，禁止无证人员操作。

5）严格按要求架设施工现场用电线路，严禁任意拉接电线，用电设施的安装必须符合安装规范和安全操作规程。

6）设置夜间施工照明设施，必须符合施工安全的要求，危险潮湿场所的照明以及手持照明灯具应符合安全的电压。

经常清理建筑垃圾，每周举行依次清扫和整理施工现场活动，以保持场容整洁。把不需要的人、事、物分开。再将不需要的人、事、物加以处理，对施工现场现实摆放和停滞各种物料进行分类，对于不需要的剩料，多余的半成品、料头、片屑、垃圾废品、多余的工具、报废的设备要坚决清理出场。以增大施工操作面积。保证现场整洁，行道通畅提高工作效率，减少磕碰机会保证安全和质量，消除管理上的混放、混料等差错事故，节约资金减少库存。另一方面改变人的拖拉习惯，振奋人的精神，提高工作情绪。

7）确定废品、料头、切头的集散地，并设置标志，做到人人皆知。物料摆放要科学合理，经常使用的应放近一些，偶尔使用的应放远一些。

8）施工现场道路保持畅通，必要时现场应设置畅通的排水沟，不能积水，保持施工道路干燥坚实。

（5）环境保护

1）项目经理部应根据《环保管理系列标准》（GB/T2400-ISO14000），建立相应的管理体系，不断反馈监控信息，采取整改措施。

2）不准在现场熔化沥青和油漆，不得焚烧可产生有毒有害的废弃物。

3）施工垃圾应在指定的地点堆放，每日进行清理。应采取有效措施控制施工过程中的扬尘，生活垃圾场和零星建筑垃圾实行袋装化。

4）施工中需要停水、停电、封路而影响环境时，必须经有关单位批准，事先告示。

5）在行人、车辆通行的地方施工，应当设置相应的标志。

6）施工噪音大时，应错开居民或人员休息时间，夜间施工时不得超过规定休息时间。

（6）防火保安

1）单位工程现场（钢结构一家），应设门卫、警卫负责现场保卫工作，要有防盗措施。

2）施工现场管理人员，应当佩戴证明其身份的胸卡，其他施工人员宜有标识。

3）现场建立健全消防、安全制度及措施，配置消防灭火器材，如灭火器、消防桶等。

4）现场严禁吸烟，用火要开动火证并设专人看火，备有水源及灭火器材。

5）电焊作业是应注意电焊火星落如木脚手板缝中或其他易燃品上，应派专人看火。配备消防设施。

（7）卫生防疫及其他事项

1）施工现场不宜设置职工宿舍，需设置的尽量和施工现场分开。

2）根据需要，宿舍应采取防暑降温、防寒保温和消毒防毒措施。

3）项目经理部应进行现场节能管理，有条件应下达节能措施。

4）现场的食堂、厕所应符合卫生要求，食堂工作人员必须有健康证，体检合格方可上岗。炊具应严格消毒，生熟食品应分开。

5）由于工地现场难点是厕所问题，应考虑施工人员人数设置厕所，要求通风良好，封闭严密，定期清除粪便。现场随地大小便问题只有在解决相关设施后方能彻底解决。

6）施工现场食堂严禁出售酒精饮料，现场施工人员在工作期间严禁饮用酒精饮料，现场应设饮水设备，炎热季节应供应清凉饮料。

二、施工现场管理

（一）技术管理基础工作

1. 建立健全施工项目技术管理制度

技术管理制度主要有：技术责任制度、图纸会审制度、施工组织设计管理制度、技术交底制度、材料设备检验制度、工程质量检查验收制度、技术组织措施计划制度、工程施工技术资料管理制度以及工程测量、计量管理办法、环境保护工作办法、工程质量奖罚办法、技术革新和合理化建议管理办法等。

2. 技术责任制度

首先建立以项目技术负责人为首的技术业务统一领导和分级管理的技术管理工作系统，并配备相应的职能人员，然后按技术职责和业务范围建立各级技术人员的责任制。

3. 贯彻技术标准和技术规程

项目经理部在施工过程中，严格贯彻执行国家和上级颁布的技术标准和技术规程及各种建筑材料、半成品、成品的技术标准及相应的检验标准。

4. 建立施工技术日志

施工技术日志是施工中有关技术方面的原始记录。内容有设计变更或施工图修改记录；质量、安全、机械事故的分析和处理记录；紧急情况下采取的措施；有关领导部门对工程所做的技术方面的建议或决定等。

5. 建立工程技术档案

施工项目技术档案是施工活动中积累形成的、具有保存价值并按照一定的立卷归档制度集中保管的技术文件和资料，如图纸、照片、报表、文件等。工程技术档案是工程交工验收的必备技术资料；同时也是评定工程质量、交工后对工程进行维护的技术依据之一；还能在发生工程索赔时提供重要的技术证据资料。

6. 做好技术情报工作

项目经理部在施工中应注意收集、索取技术信息、情报资料，通过学习、交流，采用先进技术、设备，采用新工艺、新材料，不断提高施工技术水平。

7. 做好职工技术教育与培训

通过对职工的技术教育、技术培训，提高职工的技术素质，使职工自觉遵守技术规程，执行技术标准，开展群众性的技术改造、技术革新活动。

（二）施工项目的主要技术管理工作

1. 设计文件的学习和图纸会审

图纸会审是施工单位熟悉、审查设计图纸，了解工程特点、设计意图和关键部位的工程质量要求，帮助设计单位减少差错的重要手段。它是项目组织在学习和审查图纸的基础上，进行质量控制的一种重要而有效的方法，图纸审查的内容包括：

（1）是否是无证设计或越级设计，图纸是否经设计单位正式签署。

（2）地质勘探资料是否齐全。如果没有工程地质资料或无其他地基资料，应与设计单位商讨。

（3）设计图纸与说明是否齐全，有无分期供图的时间表。

（4）设计地震烈度是否符合当地要求。

（5）几个单位共同设计的，相互之间有无矛盾；专业之间平、立、剖面图之间是否有矛盾；标高是否有遗漏。

（6）总平面与施工图的几何尺寸、平面位置、标高等是否一致。

（7）防火要求是否满足。

（8）建筑结构与各专业图纸是否有差错及矛盾；结构图与建筑图的平面尺寸及标高是否一致；建筑图与结构图的表示方法是否清楚，是否符合制图标准；预埋件是否表示清楚；是否有钢筋明细，如无，则钢筋混凝土中钢筋构造要求在图中是否说明清楚，如钢筋锚固长度与抗震要求是否相符等。

（9）施工图中所列各种标准图册施工单位是否具备，如无，如何取得。

（10）建筑材料来源是否有保证。图中所要求条件，企业的条件和能力是否有保证。

（11）地基处理方法是否合理。建筑与结构构造是否存在不能施工、不便于施工，容易导致质量、安全或经费等方面的问题。

（12）工艺管道、电气线路、运输道路与建筑物之间有无矛盾，管线之间的关系是否合理。

（13）施工安全是否有保证。

（14）图纸是否符合监理规划中提出的设计目标描述。

2. 施工项目技术交底

建立技术交底责任制，并加强施工质量检验、监督和管理，从而提高质量。

（1）技术交底的要求

所有的技术交底资料，都是施工中的技术资料，要列入工程技术档案。技术交底必须以书面形式进行，经过检查与审核，有签发人、审核人、接受人的签字。整个工程施工、各分部分项工程，均须作技术交底。特殊和隐蔽工程，更应认真作技术交底。在交底时应着重强调易发生质量事故与工伤事故工程部位，防止各种事故的发生。

（2）施工项目技术负责人对工长、班组长进行技术交底。

应按工程分部、分项进行交底，内容包括：设计图纸具体要求；施工方案实施的具体技术措施及施工方法；设计要求；规范、规程、工艺标准；施工质量标准及检验方法；隐蔽工程记录、验收时间及标准；成品保护项目、办法与制度；施工安全技术措施。

（3）工长向班组长交底

主要利用下达施工任务书的时候进行分项工程操作交底。

3. 隐蔽工程检查与验收

隐蔽工程是指完工后将被下一道工序所掩盖的工程。隐蔽工程项目在隐蔽前应进行严密检查，做出记录，签署意见，办理验收手续，不得后补。有问题需复验的，须办理复验手续，并由复验人做出结论，填写复验日期。建筑工程隐蔽工程验收项目如下：

（1）地基验槽。包括土质情况、标高、地基处理。

（2）基础、主体结构各部位的钢筋均须办理隐检。内容包括：钢筋的品种、规格、数量、位置锚固或接头位置长度及除锈、代用变更情况，板缝及楼板胡子秀处理情况，保护层情况等。

（3）现场结构焊接。钢筋焊接。钢筋焊接包括焊接型式及焊接种类；焊条、焊剂牌号（型号）；焊口规格；焊缝质量检查等级要求；焊缝不合格率统计、分析及保证质量措施、返修措施、返修复查记录等。

（4）高强螺栓施工检验记录。

（5）屋面、厕浴间防水层下的各层细部做法，地下室施工缝、变形缝、止水带、过墙管做法等，外墙板空腔立缝、平缝、十字缝接头、阳台雨罩接头等。

4. 施工的预检

预检是该工程项目或分项工程在未施工前所进行的预先检查。预检是保证工程质量、防止可能发生差错造成质量事故的重要措施。预检时要做出记录。预检项目如下：

（1）建筑物位置线，现场标准水准点，坐标点（包括标准轴线桩、平面示意图），重点工程应有测量记录。

（2）基槽验线，包括：轴线、放坡边线、断面尺寸、标高（槽底标高、垫层标高）、坡度等。

（3）模板，包括：几何尺寸、轴线、标高、预埋件和预留孔位置、模板牢固性、清扫口留置、施工缝留置、模板清理、脱模剂涂刷、止水要求等。

（4）楼层放线，包括：各层墙柱轴线、边线和皮数杆。

（5）翻样检查，包括几何尺寸、节点做法等。

（6）楼层 50cm 水平线检查。

（7）预制构件吊装，包括：轴线位置、构件型号、构件支点的搭接长度、堵孔、清理、锚固、标高、垂直偏差以及构件裂缝、损伤处理等。

（8）设备基础，包括：位置、标高、几何尺寸、预留孔、预埋件等。

（9）混凝土施工缝留置的方法和位置，接槎的处理（包括接槎处浮动石子清理等）。

（10）各层间地面基层处理，屋面找坡，保温、找平层质量，各阴阳角处理。

5. 技术措施计划的编制

技术措施是为了克服生产中的薄弱环节，挖掘生产潜力，保证完成生产任务，获得良好的经济效果，在提高技术水平方面采取的各种手段或办法。要做好技术措施工作，必须编制、执行技术措施计划。

（1）技术措施计划的主要内容

1）加快施工进度方面的技术措施。

2）保证和提高工程质量的技术措施。

3）节约劳动力、原材料、动力、燃料的措施。

4）推广新技术、新工艺、新结构、新材料的措施。

5）提高机械化水平、改进机械设备的管理以提高完好率和利用率的措施。

6）改进施工工艺和操作技术以提高劳动生产率的措施。

7）保证安全施工的措施。

（2）施工技术措施计划的编制

1）施工技术措施计划应同生产计划一样，按年、季、月分级编制，并以生产计划要求的进度与指标为依据。

2）编制施工技术措施计划应依据施工组织设计和施工方案。

3）编制施工技术措施计划时，应结合施工实际，公司编制年度技术措施纲要；分公司编制年度和季度技术措施计划；项目经理部编制月度技术措施计划。

4）项目经理部编制的技术措施计划是作业性的，因此在编制时既要贯彻上级编制的技术措施计划，又要充分发动施工员、班组长及工人提合理化建议，使计划有群众基础。

5）编制技术措施计划应计算其经济效果。

（3）技术措施计划的贯彻执行

1）在下达施工计划的同时，下达到栋号长、工长及有关班组长。

2）对技术措施计划的执行情况应认真检查，发现问题及时处理，督促执行。如果无法执行，应查明原因，进行分析。

3）每月底施工项目技术负责人应汇总当月的技术措施计划执行情况，填写报表上报、总结、公布成果。

6. 施工组织设计工作

施工组织设计工作是一项重要的技术管理工作，是指导工程从施工准备到施工完成的组织、技术、经济的一个综合性的设计文件，对施工的全过程起指导作用。

（1）编制施工组织设计应遵循的原则：

1）认真贯彻基本建设工作中的各项有关方针、政策，严格执行基本建设程序和施工程序的要求；

2）施工、建设、设计单位及其他各有关单位应密切配合，了解市政工程建设的性质和目的，明确上级要求，做好调查研究，充分掌握总设计的资料和依据；

3）结合实际情况，统筹规划全局，做好施工部署，分期分批、配套组织施工，缩短工期，为早日发挥投资的经济效益创造条件；

4）在做好技术经济分析和多方案比较的基础上，选择最优施工方案和先进施工机具；

5）积极采用新技术、新工艺，努力提高机械化程度、工厂化生产程度；采用有效办法和措施，节约劳动力，提高劳动生产率；

6）分析生产工艺，合理安排施工项目的顺序；应用网络计划方法，分析主要矛盾；合理调配力量，组织流水施工和立体交叉施工；做好冬、雨季施工安排，力争全年均衡有计划施工；

7）坚持质量第一，重视施工安全，切实拟订保证质量和安全的有效措施；

8）贯彻勤俭节约的原则，因地制宜，就地取材；制订节约能源和材料措施；尽量减少运输量；合理安排人力、物力，搞好综合平衡调度；

9）节约用地，少占农田好地；搞好施工总平面规划和管理，做到文明施工；

10）土建、安装、机械化等各专业施工的总包、分包单位，要互相配合，协调施工顺序，互相创造条件，保证施工顺序进行。

（2）施工组织设计的贯彻执行

施工组织设计是指导施工的设计。其经批准后，在施工现场各项准备工作和施工活动开始前，各级技术负责人要根据施工组织设计的有关规定，向执行工程项目施工的有关施工人员交底，使他们了解其内容和要求及有关事项，交底时应做记录，不能走过场。各级生产和技术领导人是实现和贯彻施工组织设计的组织者，各施工计划、技术物资供应、劳动及加工单位或部门，都应按施工组织设计的有关要求，安排各自的工作。

在施工过程中如果施工条件发生变化、施工方案有重大变更、设计图纸有很大变动等情况，应对施工组织设计及时修改或补充，经原审批单位批准之后，按修改的方案执行。

在执行过程中，应当随时检查，发现问题，及时解决。施工组织设计作一些必要的、局部的调整也是经常可能发生的；但总的原则、方案、工期都不能随意变动；或者编制以后，不去执行，从而造成严重事故者，应当追究执行者的事故责任。

同时，施工组织设计在执行中，要做好执行记录，总结经验，积累资料，以便不断提高施工组织设计的编制水平。

（三）施工质量保证措施

1. 制定科学周密的质量计划（或施工组织设计），内容包括：

（1）工程特点及施工条件分析

（2）履行施工承包合同所必须达到的工程质量总目标及其分解目标；

（3）质量管理组织机构人员及资源配置计划；

（4）为确保工程质量所采取的施工技术方案和施工程序；

（5）材料、设备质量管理及控制措施；

（6）工程检测项目计划及方法等。

2. 设置质量控制点

凡属关键技术、重要部位、控制难度大、影响大、经验欠缺的施工内容以及新材料、新技术、新工艺、新设备等均可列为质量控制点，实施重点控制。

3. 加强对施工生产五大要素的质量控制。

（1）劳动主体——人员素质，即作业者、管理者的素质及其组织效果。

（2）劳动对象——材料、半成品、工程用品、设备等的质量。

（3）劳动方法——采取的施工工艺及技术措施的水平。

（4）劳动手段——工具、模具、施工机械、设备等条件。

（5）施工环境——现场水文、地质、气象等自然环境，通风照明安全等作业环境以及协调配合的管理环境。

4. 对施工作业过程的质量进行控制

（1）过程控制的基本程序

1）进行作业技术交底。

2）检查施工工序、程序的合理性、科学性，防止工序流程错误，导致工序质量失控。

3）检查工序施工条件是否符合施工组织设计的要求。

4）检查工序施工中人员操作程序、操作质量是否符合质量规程要求。

5）检查工序施工中间产品的质量即工序质量、分项工程质量。

6）对工序质量符合要求的中间产品（分项工程）及时进行工序验收或隐蔽工程验收。

7）质量合格的工序经验收后可进入下道工序施工。未经验收合格的工序，不得进入下道工序施工。

（2）施工工序质量控制要求

工序质量是施工质量的基础，工序质量也是施工顺利进行的关键。为达到对工序质量控制的效果，在工序管理方面做到以下几点：

1）贯彻预防为主的基本要求，设置工序质量检查点。对材料质量状况、工具设备状况、施工程序、关键操作、安全条件、新材料新工艺应用、常见质量通病，甚至包括操作者的行为等影响因素列为控制点作为重点检查项目进行预控。

2）落实工序操作质量巡查、抽查及重要部位跟踪检查等方法，及时掌握施工质量总体状况。

3）对工序产品、分项工程的检查应按标准要求进行目测、实测及抽样试验的程序，做好原始记录，经数据分析后，及时做出合格及不合格的判断。

4）对合格工序产品应及时提交监理进行隐蔽工程验收。

5）完善管理过程的各项检查记录，检测资料及验收资料，作为工程质量验收的依据，并为工程质量分析提供可追溯的依据。

（四）安全生产措施

1. 认真进行施工现场危险源的辨识与评价，制定针对性的控制措施

2. 编制切实可行的施工安全技术措施计划

其主要内容包括：工程概况、控制目标、控制程序、组织机构、职责权限、规章制度、资源配置、安全措施、检查评价、奖惩制度等。

3. 保证安全技术措施计划的实施

（1）建立安全生产责任制，保证施工安全技术措施计划的实施。

（2）加强安全教育。

1）广泛开展安全生产宣传教育，使全体员工真正认识到安全生产的重要性和必要性，懂得安全生产和文明施工的科学知识，牢固树立安全第一的思想，自觉遵守各项安全生产法律法规和规章制度。

2）把安全知识、安全技能、设备性能、操作规程、安全法规等作为安全教育的主要内容。

3）对新入场的工人进行"三级"安全教育。

4）电工、电焊工、架子工、机操工、起重工、机械司机等特殊工种工人，除一般教育外，还要经过专业安全技能培训，经考试合格后方可独立操作。

5）采用新技术、新工艺、新设备施工和调换工作岗位时也要进行安全教育，未经安全教育培训的人员不得上岗作业。

（3）认真进行安全技术交底

1）项目经理部实行逐级安全技术交底制度，纵向延伸到班组全体作业人员。

2）技术交底做到具体、明确、针对性强。

3）技术交底的内容应针对分部分项工程施工中给作业人员带来的潜在危害和存在的问题。

4）技术交底应优先采用新的安全技术措施。

5）必须将工程概况、施工方法、施工程序、安全技术措施等向工长、班组长进行详细的交底。

6）定期向由两个以上作业队和多工种进行交叉施工的作业队伍进行书面交底。

7）安全技术交底必须以书面形式并履行签字手续。

（4）积极开展各种安全检查。

1）安全检查的类型分为：日常性检查、专业性检查、季节性检查、节假日前后的检查和不定期检查。

2）安全检查的主要内容为：

查思想；查管理；查隐患；查整改；查事故处理。

安全检查的重点是违章指挥和违章作业。

结　语

市政工程建设是城市建设中非常重要的基础设施建设工作，与城市居民的生活息息相关，同时建造时对居民生活有着影响，如施工过程中产生的噪音、粉尘、交通拥挤以及产生的各类垃圾等给居民的生活和出行带来干扰。因此，市政工程建设需要周边居民的支持。市政工程的建设程序复杂、配套建设项目多，地上地下管网综复杂、拆迁困难，施工场地狭窄，施工难度较大。特别是给水排水、电力电信、绿化、煤气、路灯、有线电视等配套项目，因参建单位多，常有多家施工单位进场作业或交叉施工，而施工队伍素质参差不齐，违反规范要求的作业现象比较常见，这些都会造成市政工程协调与管理上的困难。另外，市政工程中隐蔽工程较多，质量问题初期暴露不明显，容易被监理和管理人员所忽视。市政工程还涉及当地政府政绩以及外部的投资环境，这些因素都会造成工期紧、任务重，而市政工程建设队伍往往和地方政府的关系复杂，有的受到地方政府袒护，这也给市政工程建设管理规范化带来不便和困难。

未来几年，"十二五"规划完成之后，中国的高速公路网、铁路网等基本形成，因此未来政府投资方向还是会转向市政建设领域，解决老百姓的生活环境问题，提高城市的管理水平。而城镇化是最核心的东西，这对于市政建设行业是巨大的机遇，对于市政施工领域的企业来讲任重道远。相信未来几年中国市政工程领域会发展得更好，更有活力。市政施工单位要千方百计找方法适应市场，提升企业自身的融资能力，抓住国家经济结构转型的历史机遇，转变自身的生产经营方式，拒绝过去粗放经营的发展方式，找到适合自身发展的土壤。